Der über die Stadtmauer springende Floh.

Ulrich Stadler

Der ewige Verschwinder

Eine Kulturgeschichte des Flohs

Schwabe Verlag

MIX
Papier | Fördert gute Waldnutzung
FSC® C089473
www.fsc.org

Bibliografische Information der Deutschen Nationalbibliothek
Die Deutsche Nationalbibliothek verzeichnet diese Publikation in der Deutschen Nationalbibliografie; detaillierte bibliografische Daten sind im Internet über http://dnb.dnb.de abrufbar.

Coverabbildung: Hoffmann, E. T. A.; und Thiele, Carl Friedrich: Originalumschläge (Vorder- und Rückseite der Erstausgabe) von *Meister Floh. Ein Mährchen in sieben Abentheuern zweyer Freunde.* Frankfurt am Mayn: Friedrich Wilmans 1822. Privatbesitz, Basel. Fotos: Ulrich Stadler.
Covergestaltung: icona basel gmbH, Basel
Korrektorat: Anna Ertel, Göttingen
Layout: icona basel gmbh, Basel
Satz: 3w+p, Rimpar
Druck: Beltz Grafische Betriebe GmbH, Bad Langensalza
Printed in Germany
ISBN Printausgabe 978-3-7965-4945-8
ISBN eBook (PDF) 978-3-7965-4946-5
DOI 10.24894/978-3-7965-4946-5
Das eBook ist seitenidentisch mit der gedruckten Ausgabe und erlaubt Volltextsuche.
Zudem sind Inhaltsverzeichnis und Überschriften verlinkt.

rights@schwabe.ch
www.schwabe.ch

Meinen Lehrern Karl Pestalozzi und Peter Szondi zum Gedenken.

Das ganz Nahe und das ganz Ferne entweicht
der bürgerlichen Öffentlichkeit.
(Siegfried Kracauer, *Abschied von der Lindenpassage*, S. 32.)

Zweitens gibt es auf der Erde keine Vergrößerungen,
sondern nur Verkleinerungen; und der Floh ist noch größer
als er unter jedem Vergrößerungsglas erscheint, weil wir
das stärkste, d. h. die *nächste* Nähe noch nicht kennen und haben.
Jede Ferne verkleinert und belügt, und so wird der winzige Floh
so gut von ihr verringert als die riesenhafte Sonnenwelt.
(Jean Paul, *Selina oder über die Unsterblichkeit der Seele*, S. 1125.)

Was! Wollt Ihr etwa auch wie Cervantes im Fliehen siegen?
(Georg Christoph Lichtenberg, *Sudelbücher* E,
Nr. 327= *Schriften und Briefe*. 1. Bd., S. 418.)

Inhalt

Einführung

1 Über die Eigenart des Buches: Erläuterungen zu Titel und Untertitel

Leser allen Alters und aller Geschlechter – was Sie hier vor sich haben, ist eher ein Geschichten- und Geschichtsbuch als eine strenge literaturwissenschaftliche Abhandlung. Ich habe versucht, möglichst wenig Anmerkungen und Fußnoten zu machen, und die wenigen habe ich obendrein in den Anhang verbannt. Auch bei den Nachweisen habe ich mich zurückgehalten. Sie sollten aber ohne allzu große detektivische Begabung mithilfe der Bibliographie und anhand der Namen- und Seitenangaben im Text leicht zu eruieren sein.

Der Titel meines Buchs wird Befremden auslösen, und zwar nicht nur, weil ich mit einem Neologismus aufwarte. Die Vorstellung, dass der Floh *auf ewig* verschwinden, also aussterben könnte, erscheint zwar denkbar, ja sogar in Zeiten des massiven Artensterbens realistisch – nicht aber die, dass er ewig entschwinden würde. Gerade das wird jedoch im Titel behauptet. Die Kombination des Adjektivs mit dem Substantiv modifiziert nämlich die Bedeutung von ‹ewig›. Was immer wieder entschwindet, muss zuvor auch immer wieder präsent gewesen sein. Die ungewöhnliche Verknüpfung der beiden Wörter bezeichnet also einen fortwährenden Wechsel von An- *und* Abwesenheit. Das Tier ist ein Hungerkünstler. Es kann monatelang ohne Nahrung auskommen, aber wenn es einen warmblütigen Wirt wittert, ist es nicht zu halten. Sobald der Floh jedoch entdeckt und verfolgt wird, flüchtet er. Dann taucht er – oder ist es ein anderer Floh? – plötzlich wieder auf und ist ebenso plötzlich wieder verschwunden.

Meine Formulierung erscheint erst recht mirakulös, wenn der Floh – wie ich das tue – als ein ‹Fast-Nichts› verstanden wird.[1] Schon die Vorstellung von einem Nichts, das verschwindet, erscheint ein wenig abenteuerlich.

Wäre ein reines Nichts immer vorhanden, dann gäbe es nie etwas, und was ist, wenn dieses Nichts nie da wäre? Wie erst hat man sich vorzustellen, dass ein ‹Fast-Nichts› vorhanden bzw. nicht vorhanden wäre? Solche Fragen lassen schon eine Vorrangstellung dieses winzigen Insekts unter den Parasiten an Menschen und Tieren erahnen.

Mit der Bezeichnung ‹Kulturgeschichte› im Untertitel greife ich auf einen etwas verstaubten Begriff zurück. Ich möchte zumindest kurz erklären, wie und warum ich glaube, an ihm festhalten zu können. ‹Kultur›, der erste Teil der Wortverbindung, bezieht sich auf Gegenstände und Angelegenheiten, die das Verhältnis zwischen Menschen und Flöhen betreffen oder es in Wort und Bild schildern. Ich beanspruche nirgends, auch wenn das zuweilen so scheinen mag, etwas über den ‹Floh an sich› auszusagen. Es geht mir stets um jenes Verhältnis. Von ihm künden Artikel des menschlichen Bedarfs, aber auch Mittel zur Flohbekämpfung; und von ihm erzählen auch einschlägige Texte und Bilder. Einerseits versuche ich ihre Funktion als Dokumente aufzuzeigen, andererseits geht es mir darum festzustellen, inwiefern solche Gegenstände über ihren dokumentarischen Wert hinaus auch Kunstwerke sind und als solche eine genaue literaturwissenschaftliche und kunsthistorische Analyse erfordern. Gerade die Stücke meiner Sammlung, die ich unter den Rubriken «Meisterwerke» oder «Kabinettstücke» präsentiere, sind mehr als nur dokumentarische Belege; sie diskutieren und problematisieren sie – nicht zuletzt auch durch ihre Form. Es liegt mir allerdings fern, Kunstwerke und Dokumente gegeneinander auszuspielen; beide sind deutbar, beide verfügen über eine gewisse Materialität und beide dürfen, ja sollen in meiner Darstellung zur Geltung kommen.

Mit ‹Geschichte›, also dem zweiten Teil der Wortverbindung im Untertitel, beziehe ich mich auf eine Ereignisabfolge, die nicht einlinig oder gar teleologisch verläuft. Ich halte mich bei der Ordnung und Gliederung meines Stoffs an den frühromantischen Autor und Ästhetiker Friedrich Schlegel. Dieser kritisierte in seinen *Athenäum*-Fragmenten eine allzu straffe Ordnung in Abhandlungen. Er verspottete die «Denkart mancher Philosophen», die ihr Thema wie ein «Regiment Soldaten *en parade*» behandeln (S. 189). In Anlehnung an Schlegels Kritik widersetze ich mich der Annahme, dass man Texte und Bilder nach der Entstehungszeit hintereinander aufreihen und dann im Gleichschritt durch die Jahrhunderte aufmarschieren lassen könnte. Mein Thema ließe das auch gar nicht zu. Der Sprunghaftigkeit des Flohs kommt man nicht bei mit Chronologie! Zudem widerstrebt es mir, die Ordnung meines Buchs allein dem Diktat der Zeit zu unterwerfen.

Allerdings gibt es historische Daten, die nicht einfach übergangen werden können. So verdient Robert Hookes *Micrographia* von 1665 besondere Beachtung. Das Werk hat viele vergleichbare Versuche ausgelöst und viel zur Nobilitierung des Flohs beigetragen, aber auch manches Missverständnis in die Welt gesetzt. Mit anderen Worten: Es hat Epoche gemacht. Das soll und wird auch in meinem Buch erkennbar werden.

Andererseits existieren zusätzliche, gleichfalls relevante Ordnungskriterien. Floh-Darstellungen in der Bildenden Kunst verlangen anders behandelt zu werden als Floh-Texte. Und selbst diese weisen Gattungsunterschiede auf, die bei einer bloß zeitlichen Anordnung ungenügend zur Geltung kämen. Darum sollen verschiedene Gattungen, wie Fabeln, Lob- und Schmähschriften, Märchen und Gedichte, nicht einzig nach der Entstehungszeit präsentiert werden. Man müsste das Kriterium der zeitlichen Abfolge mit anderen Ordnungskriterien kombinieren; gleichzeitig aber sollte ein Durcheinander bei der Kapitelabfolge verhindert werden. Ich habe das Problem zu lösen versucht, indem ich mich – wie schon in früheren Büchern[2] – am Modell des Museums orientiert habe. Die einzelnen Kapitel wären demnach als Exponate zu verstehen; die in Versalien (Großbuchstaben) gesetzten Übertitel wären mit Vitrinen vergleichbar. Sie weisen auf leitende Gesichtspunkte hin, die zeitliche, gattungsspezifische, inhaltlich-sachliche oder solche der künstlerischen Qualität in den Vordergrund rücken. Da man bekanntlich nicht alles auf einmal sagen und schreiben kann, habe ich in meinen Text *Emojis* eingefügt, die Bezug nehmen auf andere Kapitel des Buchs.[3] Ein nach links kriechender Floh () soll auf eine Textstelle weiter oben verweisen, während sich ein nach rechts gewendeter Floh () auf eine Stelle weiter unten bezieht. Auf diese Weise sollen verschiedene Ordnungssysteme zur Geltung kommen, die dem Buch zumindest ansatzweise eine räumliche Struktur verleihen. Das hat zumindest den Vorzug, dass gezeigt werden kann, wer es war, der die Texte und Bilder arrangiert hat.

Es bliebe noch der Singular mit dem bestimmten Artikel im Untertitel («des Flohs») zu erläutern. Das soll jedoch erst in den nächsten Kapiteln geschehen; ich habe schon zu viele methodische Erörterungen in dieses Anfangskapitel gepackt. Die – oben angesprochenen – Leser seien versichert:

Methodische Fragen sollen in diesem Buch keinen breiten Raum einnehmen. Kommen wir darum zur Sache und springen gleich ins Thema.

2 Der Floh – die Flöhe – das Flöhen

Den Floh gibt es eigentlich nicht; und dennoch war und ist von ihm immer wieder die Rede. Psylander etwa – in seiner Kampfschrift *Der belobte Floh, Als rechtmässiger König aller Tiere* von 1720 – spricht von *einem* Floh und bezieht sich auch ausschließlich auf ihn. Er dient ihm als Metapher des guten, des «rechtmässige[n]» Monarchen, während dessen französischer Gegenspieler mit dem Löwen verglichen und als räuberischer, unrechtmäßiger König scharf kritisiert wird ( ). Psylander ist trotz seiner Kritik an Louis XIV. ein Monarchist und vermeidet den Plural. Bei Autoren, die der Monarchie kritisch gegenüberstehen, verhält es sich eher umgekehrt. E. T. A. Hoffmanns Meister Floh ist zwar ein besonderer Floh, aber einer, der ausdrücklich *kein* König sein will; seine Artgenossen hätten – so sagt er selber – einen «unbezähmbaren Freiheitssinn» sowie eine republikanische Verfassung ( ). Ähnlich verhält es sich bei Philopsyllus (= William Marshall), der mit Vorliebe von den Flöhen spricht und sie zugleich als Demokraten bezeichnet (S. 41). Und auch in Kafkas Erzählung *Vor dem Gesetz* gibt es nur Flöhe, keinen einzelnen Floh! Als Faustregel darf gelten, dass die Option für den Plural zumeist eine herrschaftskritische Tendenz zum Ausdruck bringt.

Diese Faustregel gilt jedoch nicht im Bereich der Bildenden Kunst. Auch für die Texte der Mikroskopisten und Flohforscher ist sie zumindest problematisch. Hooke und seine Nachfolger haben es zwar in ihren Abbildungen und den dazugehörigen Kommentaren auf einen einzigen Floh abgesehen. Dabei sollte jedoch immer beachtet werden, dass für die Darstellung dieses einen unzählige Flöhe gefangen, betrachtet und getötet worden sind. Die Flohforscher zeigten selten mehrere Exemplare auf einmal – es sei denn, sie wollten die Kopulation von einem männlichen und einem weiblichen Tier vorführen ( ). Ansonsten war für sie ein Floh wie der andere; sie sammelten ihre Beobachtungen und verwendeten ihre Befunde, die sie an verschiedenen Flöhen gemacht hatten, für die Abbildung eines einzigen, stark vergrößerten Insekts. Dieser Floh war ein Konstrukt, das zuerst gezeichnet worden war, bevor es dann gestochen und publiziert werden konnte. Wenn

Abb. 1: Insektengestöber aus Guillaume de Perrière: *Le Theatre des Bons Engins.*

Hooke und seine Nachfolger von einem oder von dem Floh sprachen, dann bezeichnete der Singular nicht so sehr ein einzelnes Exemplar; er sollte vielmehr das Wesen des Flohs erfassen (s. Böhme, S. 386 f.).

In der Bildenden Kunst wurde die Verwendung von Einzahl und Mehrzahl vor allem durch die Winzigkeit des Sujets bestimmt. Ein einzelner Floh war ja nahezu unsichtbar und ließ sich darum auch nicht leicht abbilden. Es war jedoch möglich, sehr viele Flöhe auf einmal darzustellen, d. h. ein Insektengestöber vorzuführen in Form vieler, sehr kleiner Flecken und unregelmäßiger Punkte. Guillaume de la Perriere im 16. Jahrhundert (Abb. 1) und Wil-

Abb. 2: Insektengestöber aus Wilhelm Busch: *Pater Filucius.*

helm Busch im 19. (Abb. 2) behalfen sich zuweilen mit dieser Technik, die lediglich andeuten konnte, dass hier Flöhe gemeint sind. Sehr viel effizienter war es, sie *indirekt* darzustellen, indem man Personen (zumeist Frauen) zeigte, die sich oder ihre Hunde flöhten. Von dieser Möglichkeit machten, wie sich zeigen wird, sehr viele bildende Künstler Gebrauch ().

3 Vom Floh – von Floharten – von Menschen und Flöhen und von den kontroversen Meinungen über den Floh

Von einem oder von dem Floh zu sprechen ist also nicht unproblematisch. Trotzdem wurde und wird es immer wieder getan. Dass es verschiedene Floh*arten* gibt, wird selten erwähnt. Ihr Vorkommen ist zwar in jüngster Zeit, wie das aller Insekten, rückläufig. Ihre Anzahl wird jedoch noch immer auf etwa 2000 geschätzt, und fast alle Entomologen – das sind die Insektenforscher – sind der Meinung, dass es noch viel mehr Arten gebe, die bislang bloß noch nicht entdeckt worden seien. Die bekannten Floharten wurden zumeist nach den Wirten benannt, die sie mit Vorliebe heimsuchen. Es gibt z. B. Rattenflöhe, Hundeflöhe, Katzenflöhe, Igel- und Taubenflöhe wie eben auch Menschenflöhe. Sie alle sind so genannte temporäre ‹Ektoparasiten›, die mit ihren Mundgliedmaßen in die Haut ihrer Wirte stechen und Blut saugen.

Auffällig ist nun, dass in den von mir untersuchten Texten nahezu ausschließlich vom «Floh» die Rede ist. Einzig die *Hardcore*-Entomologen legen Wert auf die Kennzeichnung der jeweiligen Flohart. Warum die überwältigende Mehrheit der Autoren auf eine Differenzierung verzichtet, ist indes leicht nachvollziehbar. Die Flöhe nämlich, die uns zu schaffen machen, sind nur etwa zwei Millimeter groß und halten niemals stille – auch wenn man sie gar nicht töten, sondern nur genau betrachten möchte. Dank ihrer mirakulösen Sprungkraft entziehen sie sich uns; selbst ihre Stiche ermöglichen nur den Fachleuten eine genauere Bestimmung der Flohart.

Es gibt noch eine weitere Eigentümlichkeit, die eine solche akribische Untersuchung erschwert: Die meisten Flöhe sind wenig wählerisch; sie befallen keineswegs nur die Wirte, nach denen sie benannt sind. Darum ist es nicht verwunderlich, dass die Menschen gar nicht wissen, mit welcher Art von Flöhen sie zu tun gehabt haben, obschon Gelehrte des 17. Jahrhunderts, wie Athanasius Kircher (1602–1680) und Francesco Redi (1626–1697), auf unterschiedliche Floharten hingewiesen hatten. Letzterer hat in seinem lateinisch geschriebenen Buch *De insectis* 29 Arten des *pulex* unterschieden, allerdings dabei auch Heuschrecken zu den Floharten gezählt!

Wie schon angedeutet, ist für mich die *Rede* vom Floh oder, wie man noch vor einigen Jahren zu sagen pflegte: der Diskurs über den Floh wichtig. Meinem Buch liegt die Auffassung zugrunde, dass Natur und Kultur schwerlich voneinander getrennt werden können. Wenn es «vom Floh» erzählt, dann meint es die Art und Weise, wie Menschen solche Tiere behandelt, wahrgenommen und in Wort und Bild geschildert haben. Menschen sind darum – ausdrücklich oder unausgesprochen – immer miteinbezogen. Ihre Meinungen werden, selbst wenn sie von einem rein entomologischen Standpunkt her nicht (mehr) haltbar sein mögen, ernst genommen. Entscheidend soll sein, was Flöhe auslösen, was sie für Menschen bedeuten. Dass sie trotz ihrer Kleinheit Bedeutungsträger sein können, wird sich im Folgenden immer wieder erweisen. Sie sind in der Lage, ganz unterschiedliche, ja widersprüchliche Gedanken und Gefühle, Hoffnungen und Ängste auszulösen. So wurden sie etwa einmal als liebenswerte, gesellige und hübsche Wesen dargestellt, die aufgrund ihrer «rühmlichen Qualitäten» dem Löwen und dem Adler «an Stärck und Witz» überlegen seien (Psylander, Titelblatt und S. 24). Ein anderes Mal wurden sie als Geschmeiß bezeichnet, das nichts Besseres als den Tod und den Aufenthalt in der «Höllen» verdiene (Zaunschliffer, S. 118). Noch im 19. Jahrhundert kann der Dramatiker Friedrich Hebbel seinen Abscheu vor den Flöhen kaum unterdrücken.[4]

Die krass divergierenden Urteile legen weniger die reale Beschaffenheit des Insekts als vielmehr die extreme Parteilichkeit der jeweiligen Redner offen. Und diese Parteilichkeit wurde in vielen Fällen auch ausdrücklich einbekannt. Schon Pseudonyme wie «Philopsyllus» (= der Liebhaber des Flohs) oder Titel wie *Der belobte Floh* verraten, was die Verfasser im Schilde führen. Noch beliebter aber war es, ein Verfahren zu wählen, bei dem Anklage und Verteidigung in *einer einzigen* Schrift neben- und gegeneinander gestellt sind. Der Straßburger Johann Fischart hat mit seiner *Flöh Haz* von 1577 hierin Schule gemacht (). Er kombiniert und konfrontiert die Klage eines Flohs über die grausame Verfolgung durch die «Weiber» mit einer Anklage, bei der sich ebendiese Frauen gegen die Flöhe wenden. Dieses kontroverse Schema übernehmen Grimmelshausen in der Jupiterepisode seines Romans *Simplicissimus Teutsch* und der unter dem Namen «Otto Philipp Zaunschliffer» bibliographisch erfasste «Simplicismus Spring ins Feld» mit seiner *Curieusen Flöh=Jagt.* In allen drei Fällen werden parteiliche Reden und Gegenreden als «Rechtshändel» dargestellt, deren Sieger im Endeffekt nicht eindeutig feststeht; vielmehr wird die Entscheidung des Streits jeweils dem Leser anheimgestellt oder nahegelegt. Immer aber löst der Floh extreme Stellungnahmen aus. Er ist unbestreitbar ein Insekt, das sich vom Blut des Menschen ernährt wie die Wanze und die Laus. Aber im Unterschied zu diesen trägen, ‹bleiernen› Insekten kann der Floh auch als ein agiler, sympathischer «Ritter», «Knappe» oder «Junker» erscheinen, den man «allezeit [...] lustig und guter Ding / hüpffende und wachsahm siehet» (Zaunschliffer, S. 105). Selbst Naturforscher, die ihre Abneigung gegen tierische Schmarotzer nicht verbergen können wie Moritz Willkomm, ziehen die Flöhe als «ungleich vollkommnere und dabei weniger ekelhafte Thiere» den Milben und Läusen vor (S. 279).

Über den Umgang mit Flöhen

4 Der Floh bei den Wortforschern

Das Substantiv ‹Floh› ist im Deutschen, anders als im Französischen, Spanischen und Italienischen, ein Maskulinum. Das war nicht immer so. In Süddeutschland und in der deutschsprachigen Schweiz war die weibliche Form bis weit ins 18. Jahrhundert hinein auch in der Schriftsprache üblich, wie sich etwa bei Johann Jacob Scheuchzer zeigt (). Die Durchsetzung der männlichen Form ist folgenreich gewesen für die Bedeutung des Flohs und der Flöhe in der deutschsprachigen Literatur. Die Reinlichkeitsfanatiker unter den Sprachwissenschaftlern insistierten zwar auf einer strikten Unterscheidung von grammatischem und biologischem Geschlecht und tun das immer noch. Die Anerkennung des Unterschieds darf jedoch nicht dazu führen, die wechselseitige Einflussnahme der beiden Geschlechterformen aufeinander zu übersehen. Der französische Kulturphilosoph Jacques Derrida hat mit Recht einmal in seinem Kafka-Büchlein *Prejugés* von einer «semantischen Ansteckung» gesprochen (S. 63). Im Fall der deutschen Literatur über den Floh jedenfalls hat sich die grammatisch männliche Form sehr deutlich auch «semantisch» bemerkbar gemacht. Bei meiner Beschäftigung mit deutschsprachigen Gedichten und Prosatexten über den Floh stieß ich *ausschließlich* auf männliche Autoren, die zumeist eine spezifisch männliche Perspektive favorisierten. Der Floh war erfolgreicher oder erfolgloser Konkurrent des Mannes, wenn es um die Gunst einer geliebten Frau ging (). Auf diese hatte es der Floh abgesehen. Sein Saugrüssel, der ihm eigentlich zur Nahrungsaufnahme dient, musste für mehr oder weniger verhüllte sexuelle Anspielungen herhalten, was vielen Floh-Texten mitunter einen pornographischen Anstrich verlieh (). Einen Floh hingegen, der als Metapher einer Frau gedient und ihre Situation zum Ausdruck gebracht hätte, konnte ich in der deutschen Literatur nicht finden. Einzig im Französischen und im Englischen verhielt es sich anders. Von der heute vergessenen Dichterin Catherine Des Roches gibt es ein Gedicht mit dem Titel *La Puce* () und von John Donne eines, das geschlechtsneutral *The Flea* heißt (). In beiden Werken ist eine ausschließlich männliche Perspektive aufgekündigt. Bei Donne wird ein veritabler Floh zur Barke, in der zwei Liebende die Erfüllung ihrer Liebe finden können; ihre Geschlechtszugehörigkeit bleibt offen. Bei Des Roches ist der Floh sogar eindeutig weiblich konnotiert. Ihr 1587 entstandenes Gedicht ragt aus der Unzahl viriler Floh-Texte einsam heraus. Es schildert die Gedanken und die Gefühle einer Frau, die in extremem Maße männlichem Begehren ausgesetzt ist. Sie sieht im Floh – oder sollte man sagen: in einer Flöhin? – eine verwandelte, ehemals schöne Jungfrau, die sich aus Furcht vor den Nachstellungen der Männer verkleinert und verunstaltet und gleichzeitig ein gesteigertes Fluchtvermögen erlangt hat. Freilich spricht selbst dieses Gedicht nicht ausdrücklich von weiblicher Sexualität; es thematisiert allerhöchstens die Angst einer Frau vor Sexualität im Allgemeinen und bestätigt so auf indirekte Weise doch wiederum die Vorherrschaft der Männer ().

Ob der Ausnahmecharakter der beiden erwähnten Gedichte allerdings allein auf die Eigenart der französischen und der englischen Sprache zurückgeführt werden kann, ist damit noch nicht erwiesen. Wohl aber ist anzunehmen, dass sowohl das männliche wie auch das weibliche grammatische Geschlecht von ‹Floh› eine wichtige Inspirationsquelle für Dichter gewesen ist. Im Deutschen jedenfalls hat offenkundig die Maskulinität des Substantivs besonders «ansteckend» gewirkt.

Eine «semantische Ansteckung» freilich anderer Art ist auch von dem Wort ‹Floh› selber ausgegangen. Zwar liegt der Ursprung des Worts, wie üblich, im Dunkeln; das hat aber nicht verhindert, dass eine Theorie über diesen Ursprung den Status von Gewissheit und Tatsächlichkeit erhalten konnte. Der schon erwähnte Johann Fischart hat in seiner *Flöh Haz* auf eine besonders frühe Quelle hingewiesen; genauer: er hat den Ursprung ins Mythologische, ja ins Religiöse geschoben. Die Einführung des Wortes gehe auf die Stammmutter aller Menschen, nämlich Eva, zurück. Sie habe einen Floh gefangen und geglaubt, ihn zwischen den Fingern zerdrücken zu können. Dann habe sie ihn auf ein Brett gelegt,

> Und maint nit anders, er wär tod.
> In dem sie ain weil bei im stoht,
> da wischt er auff und floh darvon.
> «Ach», sprach sie, «das ist wol ain ho[h]n!
> Vom flihen will ich Floh dich nennen,
> Dich allenthalb berennen, trennen
> Denn wer da flücht, den sol man iagen
> Und wer verzücht, den sol man schlagen.»
> (V. 2903–2910, S. 86).

Eva verbindet ihre Benennung mit der Aufforderung, den Floh zu jagen und zu zerschneiden («berennen, trennen»). Offenbar hat sie sich frustriert gefühlt durch die stupende Fähigkeit, mit der sich dieses Tierchen unsichtbar machen kann. Bei ihr ist der Eindruck einer Niederlage zurückgeblieben und hat zugleich Aggressionen ausgelöst. Der Floh war ihr zu nahe gekommen; sie wollte ihn töten, aber er verschwand in eine nicht bestimmbare Ferne.

Ob Fischarts Worterklärung wirklich zutrifft, sei dahingestellt; entscheidend und wahrhaft erstaunlich ist ihr Erfolg. Der Fischart-Nachfolger Simplicismus Spring ins Feld alias Otto Philipp Zaunschliffer beruft sich auf sie in seiner Sammelschrift *Des galanten Frauenzimmers Curieuse Flöh=Jagt* (vermutlich um 1691).[5] Und auch das repräsentative *Universal-Lexicon* der deutschsprachigen Aufklärung, der so genannte *Zedler*, übernimmt die Erklärung, wenn dort auch der Deutung noch ein «vielleicht» beigefügt ist und sie mit der zeitüblichen Behauptung von der Vorliebe des Flohs für das weibliche Geschlecht verknüpft wird:

> Den Teutschen Namen *Floh* hat vielleicht dieses kleine Thierlein von seiner grossen Geschwindigkeit bekommen, daß er gleichsam davon flöhe, wenn er bey dem Frauenzimmer genaschet, und ihnen gleichsam das Blut abgestohlen, wiewohl er offt den Raub mit seinem eigenen Blute bezahlen muß (Bd. 9, Sp. 1265).

Die These, wonach sich das deutsche Wort vom Fliehen herleitet, findet sich in nahezu allen etymologischen Nachschlagewerken (im *Wörterbuch der deutschen Sprache* der Gebrüder Grimm, bei Friedrich Kluge und Hermann Paul)[6] wie auch in Richard Rieglers Artikel über den Floh im *Handwörterbuch des deutschen Aberglaubens*[7] und in den meisten Konversationslexika, etwa im *Großen Brockhaus*. Erwiesen ist damit nicht, dass sie *stimmt*; wohl aber, dass sie die Wirklichkeit maßgeblich *bestimmt* hat. Auch ich habe sie berücksichtigt, ja ich habe die dem Floh nachgesagte Fähigkeit zu einer besonders effizienten Flucht schon durch den Titel meines Buchs gewürdigt. Das flügellose Tier kann wie sein nächster biologischer Verwandter, die zweiflügelige Stubenfliege, außerordentlich gewandt *fliehen*; es verschwindet ins Unauffindbare und sichert so den Fortbestand seiner Gattung.

5 Der Floh am Rande der Sichtbarkeit

Lange Zeit galt der Floh als das kleinste Tier überhaupt, bis ihm die Käsemilbe diesen Rang streitig machte. Die Position eines Schiedsrichters bei der Beurteilung der Größe und Kleinheit hatte sich seit jeher der Mensch angemaßt, wobei er die Leistungsfähigkeit seiner Augen der Beurteilung zugrunde legte. Was er nicht sehen konnte, erschien ihm unerheblich, ja inexistent. Das sollte sich freilich spätestens in der Frühen Neuzeit mit der Erfindung und der wissenschaftlichen Verwendung der neuen optischen Instrumente ändern.

Der Glaube an eine automatische Verbindung des Nicht-Sichtbaren und des Nicht-Existierenden verschwand jedoch nie restlos. Die Versuche, die Schwelle des ganz Winzigen, gerade noch Sichtbaren in Richtung des noch Kleineren zu überschreiten, konnten über das Unauffindbare bis zum Nicht-Existierenden führen. Es stellte sich überdies heraus, dass nicht nur die Größe, sondern auch die Geschwindigkeit ausschlaggebend war für Sichtbarkeit oder Unsichtbarkeit eines Objekts.

Hans Blumenberg war es, der gezeigt hat, dass die Zeit eine wichtige Rolle beim Erkenntnisvorgang spielt. Dieser werde durch die Beweglichkeit des Erkenntnissubjekts, aber auch durch die des Erkenntnisobjekts entscheidend beeinflusst. Blumenberg sieht in der Ruhe und in der Bewegung der beiden Instanzen sogar wichtige Kriterien für die Unterscheidung der vorkopernikanischen von der nachkopernikanischen Ära:

> Die vermeintliche Zentralstellung des Menschen im Kosmos hatte den Typus des ruhenden, alles in schöner Gleichzeitigkeit um sich passieren lassenden Zuschauers der Welt […] und die Zeitform der Ewigkeit als der reinsten Simultaneität zur höchsten Glücksverheißung; der exzentrisch im Kosmos kreisende und mit den Künsten seiner Technik und Optik sich das Unsichtbare erobernde nach-kopernikanische Mensch ist [hingegen] in die Zeitform der perspektivischen Ungeduld und

> Unruhe der Zeitform des unendlichen Durchlaufens seiner Möglichkeiten gestürzt, in das ständige Noch-Nicht, in dem sich die Wahrheitsrelevanz der Zeit für ihn entdeckt hat (S. 16).

Der Floh darf demzufolge als ein typisches Erkenntnisobjekt der nachkopernikanischen Epoche gelten ( ). Er ist schon aufgrund seiner Winzigkeit kaum mit dem bloßen Auge wahrnehmbar; aufgrund seiner ungeheuren Sprungkraft und der raschen, unberechenbaren Bewegungen wird er vollends so gut wie unauffindbar. Er kann blitzschnell das 750-fache seiner Beinlänge hoch und das 1500-fache seiner Beinlänge weit springen, und zwar keineswegs nur nach vorne, sondern in alle Richtungen, «kreuz und quer» (Philopsyllus, S. 15). Wenn der Mikroskopist ihn mit seinem Instrument betrachten will, hat er häufig genug nur das Nachsehen: Diese Situation hat der heute kaum noch bekannte Schriftsteller, Zeichner und Musiker Johann Peter Lyser (1803–1870)[8] in einem treffenden Bild dargestellt, das diesem Buch als Frontispiz dient und das uns noch in einem späteren Kapitel beschäftigen wird ( ). In einer Illustration zu der Goethe untergeschobenen *Juristischen Abhandlung über die Flöhe*, die angeblich zuerst von Otto Philipp Zaunschliffer verfasst worden sei, sieht man eine Gruppe von Gelehrten, die einen Floh beobachten wollen, der über eine Stadtmauer springt. Statt mit Mikroskopen versuchen sie ihr Glück mit Fernrohren. Was ihnen misslingt und misslingen muss, ist das gewöhnliche Schicksal der meisten Flohforscher. Der quicklebendige Floh entzog sich ihnen; sie konnten, wenn überhaupt, nur einen Kadaver, ein totes Tier, unter ihre Objektive legen. Damit aber entging ihnen eine Eigenheit des Flohs: das Zusammenspiel von Winzigkeit und Wendigkeit. Die Kleinheit allein macht noch nicht das Besondere dieses Insekts aus. Der Floh teilt sie mit anderen Insekten wie der Laus, der Milbe und der Zecke.

Überhaupt ist der Begriff der Kleinheit wegen seiner Relativität zu den Objekten, an denen er gemessen wird, unbefriedigend. Das hat schon Goethe in Mephistos Floh-Lied veranlasst, mit dem Wort und seinen möglichen Bedeutungen ein furioses, irritierendes Spiel zu veranstalten ( ). Der Dramatiker Friedrich Hebbel, alles andere als ein profunder Kenner des zu seiner Zeit aktuellen naturwissenschaftlichen Forschungsstands, hat es in seinem Tagebuch durch ein anderes Wort ersetzt:

> Das niedrigste Tier hat den Vortheil, daß nicht ein noch niedrigeres auf dasselbe angewiesen ist. Die Flöhe haben keine Flöhe (Bd. 3, S. 214, Nr. 4049).

Das ist schön formuliert. Das Prädikat des Niedrigen, das hier für das Kleine steht, hat aber einen despektierlichen Beigeschmack, und nicht zuletzt: Hebbels Behauptung trifft nicht zu. Flöhe können zwar keine Flöhe «haben», wohl aber Bakterien und Viren in oder auf sich tragen. Letztere werden von den meisten Naturwissenschaftlern nicht zu den Lebewesen gezählt, weil sie keinen eigenen Stoffwechsel haben. Sie beziehen ihre Energie von anderswo, d. h., sie brauchen einen Wirt. Damit aber wird offenkundig, dass der Schmarotzer Floh selber zum Wirt von Schmarotzern werden kann. Nichts scheint also zu gering, als dass es nicht selber noch etwas Geringeres in sich bergen könnte. Diese Einsicht ist freilich im 19. Jahrhundert noch nicht allgemein anerkannt gewesen.

6 Der Floh als Bedeutungsträger

Tiere waren für den Menschen von jeher lebenswichtig. Er jagte sie; er ernährte sich von ihnen; er benutzte sie für alle möglichen Zwecke, aber auch unabhängig von ihrer Nützlichkeit beschäftigten sie ihn. Ihre Größe und ihre Stärke regten seine Einbildungskraft an, wenn auch in sehr unterschiedlichem Maße. «Über Elefanten / Macht man sich Gedanken, / Über eine Maus / Denkt es sich schnell aus», heißt es in einem kürzlich erschienenen Gedichtband von Wolfgang Marx (S. 83).

Wenn diese Charakteristik zuträfe, was müsste dann erst vom Floh gelten? Macht ihn seine noch geringere Körpergröße nicht gänzlich untauglich zum Bedeutungsträger? Kann er überhaupt ein bildnerisches und literarisches Sujet sein? Fragen und Zweifeln dieser Art sei hier schon vorausgreifend die Maxime entgegengehalten: *Nichts ist zu klein, um bedeutungslos zu sein.* Um aber Bedeutung übernehmen zu können, muss der Bedeutungsträger sichtbar gemacht werden oder aber Gelegenheit zu einem Auftritt erhalten. Die These von einer universellen Bedeutungstauglichkeit muss darum noch differenziert werden. Dabei wird sich zeigen, dass es das winzige Tier in der Bildenden Kunst schwerer hat als in der Literatur (). Zumindest im Rahmen eines realistischen Kunstkonzepts bereitet es größere Mühe, einen

Floh auf frischer Tat abzubilden als zu beschreiben. Die bildenden Künstler haben sich darum häufig für indirekte Verfahren entschieden. Statt ihn als Akteur zu zeigen, haben sie eine Gegenreaktion auf ihn dargestellt: *das Flöhen*, also die Jagd der in Mitleidenschaft gezogenen Personen auf den Floh, was freilich zusätzliche Probleme hervorrufen sollte ().

Der Grundsatz, wonach sich alle Sujets, unabhängig von ihrer Größe, als Bedeutungsträger eignen, ist in der Geschichte der Bildenden Kunst wie auch in der der Literatur immer wieder angezweifelt worden. Pseudo-Longin, ein Autor aus dem ersten nachchristlichen Jahrhundert, bestand in seiner Schrift *Περι υψους* darauf, dass die von ihm propagierte Rede- und Schreibweise sich großer, ja übermäßig großer Sujets bedienen solle (). Damit war im Umkehrschluss die Darstellung kleiner und erst recht ganz kleiner Sujets, wie etwa eines Flohs, als fehlerhaft ausgewiesen. Was Pseudo-Longin, aber auch antike Fabeldichter empfohlen und verworfen hatten, ist in den nachfolgenden Jahrhunderten immer wieder debattiert worden. Man optierte für die großen, großartigen Sujets – zum Nachteil der kleinen und winzigen.

Trotzdem konnte sich das Kleine, und mit ihm der Floh, zumindest in der Literatur immer wieder Geltung verschaffen. Ein Beispiel, bei dem Flöhe sogar für eine Gesellschaftsanalyse verwendet werden und darum zu ganz einschneidenden Bedeutungsträgern avancieren, liefert die 1840 erschienene Denkschrift *Ludwig Börne*. Ihr Autor Heinrich Heine kritisiert darin die in Berlin weit verbreitete Neigung vieler Juden, zum christlichen Glauben überzutreten. Er vergleicht ihre Konversion mit dem Versuch von Läusen, zu Flöhen zu werden, was «Selbstbetrug, wo nicht gar Lüge» sei und diese Leute nur zu Spottfiguren mache (S. 36). Die Kritik ist schon darum irritierend, weil der Autor 15 Jahre zuvor selber diesen Schritt getan hatte und Protestant geworden war. Seine Kritik ist also nicht nur ein Urteil über seine jüdischen Zeitgenossen, sondern auch eines über sich selber und seinen problematischen Versuch, «das Entreebillet zur europäischen Kultur» zu erwerben, wie er sich später einmal ausdrückte (S. 407). «Glauben Sie», so fragt er rhetorisch den (verstorbenen!) Börne,

> daß man Läuse in Flöhe verwandeln kann, wenn man sie mit Wasser begießt? «Ich glaube nicht.» «Ich glaub's auch nicht und ein ebenso melancholischer wie lächerlicher Anblick ist es für mich, wenn die alten Läuse, die noch aus Egypten stammen,

> aus der Zeit der pharaonischen Plage,[9] sich plötzlich einbilden, sie wären Flöhe, und christlich zu hüpfen beginnen […]» (S. 36 f.).

Heine spielt hier einerseits auf die Taufe, andererseits auf die obsolet gewordene Theorie des Aristoteles von der Entstehung des Flohs aus verwesender Materie und Wasser an (). Seine Rede über Läuse und Flöhe betrifft nicht nur ganz allgemein konvertierte und nicht-konvertierte Juden, sondern beruht auch, wie erwähnt, auf eigenen Erfahrungen, ist also weniger Denunziation als vielmehr Resultat einer Selbstreflexion. Der Autor hat Feindschaften und Benachteiligungen erlebt – wie fast alle Juden in der preußischen Gesellschaft, auch wenn die Animositäten unterschiedlich motiviert, nämlich einmal mehr antijüdisch, also religiös, ein anderes Mal mehr antisemitisch, also rassistisch, gewesen sein mochten. Die konvertierten Juden jedoch hätten sich obendrein lächerlich gemacht und zugleich einen melancholischen Anblick geboten. Sie seien wie «alte Läuse», die sich als Flöhe gerieren und zu hüpfen versuchen. Wenn sie schon als Juden benachteiligt und verachtet würden, dann sollten sie nicht noch zusätzlich sich selber verleugnen und sich selber schädigen.

Der breit ausgeführte Vergleich baut auf der Geringschätzung der Läuse und der Flöhe auf, wobei diese deutlich weniger der Verachtung ausgesetzt seien als jene.[10] Beide Insekten aber sollten ihre Eigenart nicht mutwillig aufs Spiel setzen. Die Läuse, die versuchen, Flöhe zu sein, schädigten sich noch zusätzlich. Heine registriert also zunächst einmal die verbreitete Abneigung gegenüber beiden Insekten wie auch die gesellschaftliche Herabsetzung der konvertierten und der ungetauften Juden, aber gerade darum plädiert er hier gegen eine Konversion. Wenn man schon verachtet werde, dann sollte man sich nicht auch noch selbst verleugnen! Mit dieser Haltung unterläuft er zugleich die Verachtung und Geringschätzung beider Tiere zumindest ein Stück weit, indem er beide als Bedeutungsträger anerkennt. Eine ähnliche Ambivalenz wird uns später bei Kafka wieder begegnen ().

Ganz allgemein lassen sich vier Argumente anführen, die ein winziges Tier wie den Floh aufwerten und ihm zu einer Rolle als Bedeutungsträger verhelfen können.

1) Ein Kleines kann wachsen, kann groß werden und *dann* besondere Beachtung verdienen und Bedeutung erlangen. Dieser Gesichts-

punkt, der freilich nicht für jedes Kleine gilt,[11] ist vor allem von Edmé Boursault gegen zeitgenössische Konkurrenten (La Fontaine) und gegen antike Fabeldichter (Äsop) vorgebracht worden (). Boursault lobte in seinem Gedicht *Le Fleuve et sa source* (S. 62 f.) die Quelle und die kleinen Bächlein und bezog sich damit kritisch auf Pseudo-Longin, der die großen Ströme als besonders geeignete Sujets für die Dichter gepriesen hatte ().

2) Das Kleine kann Großes bewirken oder zur Entstehung von Großem beitragen. Bevor die Rolle des Flohs als Zwischenwirt und Überträger des Bakteriums *Yersinia pestis* entdeckt und damit der Anteil der Flöhe bei der Entstehung und der Ausbreitung der Pestepidemien erkannt wurde, hatten Autoren wie Heinrich von Kleist und Johann Peter Hebel schon die ungeheuren Wirkungsmöglichkeiten von kleinen Gesten und kleinen Tieren hervorgehoben.[12]

3) Das Kleine kann mithilfe von optischen Gläsern nahezu beliebig vergrößert und reproduziert werden und dadurch besondere Aufmerksamkeit erhalten. Das hat als Erster der englische Naturforscher Robert Hooke (1635–1703) vorexerziert (). Unter den sehr kleinen Dingen und den sehr kleinen Tieren hat er sich besonders des Flohs angenommen und ihn in 120-facher Vergrößerung reproduziert. Andere Mikroskopisten und vor allem die Physikotheologen sind ihm gefolgt und haben diesem Insekt gleichfalls besondere Aufmerksamkeit geschenkt ().

4) Der Floh nahm von jeher eine Sonderstellung ein. Sein Verhältnis zu den Menschen war intensiver und intimer als das der Katze und des Hundes. Er lebte nicht *mit*, sondern zumindest zeitweise *auf* ihnen. Als Blutsauger suchte er sich den Weg unter den Kleidern zur Haut. Insofern wurde seine Beziehung zum Menschen häufig sexuell interpretiert. Der Floh avancierte zu einer Projektionsfigur ungeheuren Ausmaßes vor allem für männliche Phantasien, ohne dass er selber dagegen Einspruch hätte erheben können. Flöhe sind ja stumm. Der Mensch jedenfalls kann sie nicht hören, oft nicht einmal verorten. Er spürt nur ihre Stiche. Das reizt seine Emotionen, heizt seiner Phantasie ein. So wurden Flöhe zu Bedeutungsträgern ganz divergierender Sachverhalte, die sie metaphorisch veranschaulichen konnten. Ihre Sonderstellung unter den blutsaugenden Insekten lässt sich mit

einem einfachen Beispiel belegen. Es gab im 18. Jahrhundert ein *Poetisches Lexicon*, in dem – so der Titel – ein *Nützlicher und brauchbarer Vorrath von allerhand poetischen Redensarten, Beywörtern, Beschreibungen, scharffsinnigern Gedanken und Ausdrückungen* zusammengetragen waren. Der Verfasser oder besser der Herausgeber war der Schriftsteller Johann George Hamann (1697–1733), den man zumeist mit seinem sehr viel berühmteren gleichnamigen Neffen verwechselt. Sein alphabetisch geordnetes Handbuch erschien 1725 zum ersten Mal und erlebte mindestens vier Auflagen, war also sehr erfolgreich. Es sollte der studierenden Jugend und den angehenden Poeten das Dichten erleichtern, indem es – wie es in der Vorrede heißt – «die Qualität der Sachen», also die Eigenschaften von Gegenständen und Tieren, zusammentrug. In dem Lexikon findet man *keine* Stichworte zur Laus, zur Zecke, zur Stechmücke und zur Milbe, wohl aber ein Lemma zum Floh! Als «Beywörter» über ihn werden aufgeführt: «Der leichte, hüpfende, entspringende, kühne, flüchtige, erhaschte, braune, ertappte, saugende, stechende, freche, bestrafte, schwarze, fertige, geknickte». Diese Attribute umreißen ziemlich genau, wie man sich den Floh vorstellte und welche Eigenschaften man ihm in der Poesie andichtete. Die Attribute lieferten einen Grundstock, mit dem mühelos einschlägige Werke hergestellt werden konnten, und bei zahlreichen Floh-Gedichten ließe sich die Nachhilfe durch jenen vergessenen Hamann leicht belegen.

7 Flohstiche und ihre Bedeutung (Glaßbrenner und eine Wochenschrift)

Die Rede über den Floh war immer auch eine über den Menschen. Das zeigt sich in besonderem Maße bei den Flohstichen. Sie lösten und lösen Unwillen, Verärgerung und Verfolgung aus – gewiss, aber dessen unerachtet spricht ihnen der verletzte Mensch unterschiedliche Bedeutungen zu. Zwei gegensätzliche Reaktionen sind häufig, die hier je an einem Beispiel vorgeführt werden sollen. Bei der einen ist der Mensch Floh-Opfer, das gestochen wird; bei der anderen übernimmt er selbst die Rolle des Flohs und sticht *wie ein Floh* auf lethargische Mitmenschen ein.

Der erste Fall sei hier an einem Gedicht des Berliner Schriftstellers und Journalisten Adolf Glaßbrenner (1810–1876) illustriert. Die 80 Verse müssen hier nicht vollständig wiedergegeben werden, da sie sich größtenteils wiederholen. Ich zitiere hier zunächst nur den Titel und die ersten drei Strophen bis zum Auftritt des Flohs:

Der brave Unterthan.

Ein Deutscher saß im grünen Gras,
Und wollte da studiren was:
Latein und Philologie
Und Anthropopologie.[13]
Da kam eine Fliege und kitzelt ihn,
Daß er mußt's Gesicht verziehn.
«Fliege, laß das Kitzeln!»
Die Fliege kitzelt weiter.
In Deutschland ist es heiter.

Ein Deutscher saß im grünen Gras,
Und wollte da studiren was:
Latein und Philologie
Und Anthropopologie.
Da flog eine Wesp' ihm auf die Nas',
Und stach ihm eine große Blas';
«Wespe, laß' das Stechen!»
Die Wespe sticht ihm Blasen,
Die Fliege kitzelt weiter.
In Deutschland ist es heiter.

Ein Deutscher saß im grünen Gras,
Und wollte da studiren was,
Latein und Philologie
Und Anthropopologie.
Da sprang ein Floh ihm auf die Brust
Und peinigt ihn nach Herzenslust;
«Floh, laß' mich zufrieden!»
Der Floh, der peinigt stärker.
Die Wespe sticht ihm Blasen,
Die Fliege kitzelt weiter,
In Deutschland ist es heiter.

Spätestens jetzt ahnt man den weiteren Verlauf des Gedichts. Es folgen noch weitere mehr oder weniger heftige tierische Quäler: ein großer Hund, ein Blutegel und ein Ochse, bis der Gequälte schließlich seinen akademisch gebildeten Geist aufgibt. Die letzte Strophe des Gedichts heißt:

> Zuletzt ist er gestorben nun,
> Um vom Vergnügen auszuruhn,
> Da sah' ich auf dem Denkmal stahn:
> «Das war ein braver Unterthan!
> Die Fliege thät ihn kitzeln,
> Die Wespe stach ihm Blasen,
> Der Floh hat ihn gepeinigt,
> Der Hund hat ihn gebissen,
> Der Egel sog ihm's Blut aus,
> Der Ochs thät ihn stoßen:
> Es thät ihn Nichts erboßen.»

Das nach dem Prinzip der Reihung im Stil mancher Märchen der Gebrüder Grimm gebaute, scheinbar naiv-unbeholfene Gedicht ist eine bittere Satire auf die Langmut des deutschen Untertans, den nichts, aber auch gar nichts «erboßen» kann. Glaßbrenner, der Anhänger der Revolutionen von 1830 und 1848, versucht seine Landsleute zu provozieren, indem er ihre Lethargie geißelt und diese ironisch als denkmalwürdige Bravheit ausstellt. Der Floh ist ihm dabei nur einer von sechs Peinigern, die allesamt dem braven Deutschen zusetzen, ohne dass dieser sich wehrt. Flöhe sind hier Gegner des ‹deutschen Michel› (); der kann, wenn überhaupt, nur durch Flohstiche zur Besinnung gebracht werden. Wer die Stiche erträgt, wer duldet, dass er fortlaufend gepiesackt, geärgert, verletzt wird, der wird an seinen Schmerzen, die hier als sein «Vergnügen» ausgegeben werden, zugrunde gehen.

Eine andere Rolle ist den Flöhen und den Flohstichen hingegen in einer Zeitschrift zugedacht, die immerhin ein halbes Jahrhundert, von 1869 bis 1919, in Wien und (Buda-)Pest erschien. Im Zusammenhang mit dem Ende der weltlichen Herrschaft des Papsttums und der österreichischen Wahlreform von 1873, welche die direkte Wahl der Abgeordneten (ohne Umweg über die Landtage) ermöglichen sollte, rückte die Zeitschrift *Der Floh* eine programmatische Erklärung ein, in der es hieß:

> Der «Floh» hat schon bisher, als humoristisches-satyrisches Blatt, Bedeutung und Einfluß im Reiche gewonnen. Er denkt deshalb auch nicht daran, die Geißel des Spottes, mit welcher er so manchen tüchtigen Erfolg errungen, so manchen Feind des Volkes und der Freiheit geschreckt, aus der Hand zu legen. Der Blitz des Vatikans ist machtlos geworden, aber der Witz wird seine Wirkung in aller Ewigkeit behalten. Wir wollen denn auch diese göttliche Waffe nach wie vor führen im Dienste der Freiheit und des Fortschritts, und die Wochenausgabe des «Floh» bleibt demzufolge unverändert in Form und Inhalt. [...] In der That wird kein illustrirtes, satyrisches Blatt von einem solchen Vereine gediegener schriftstellerischer und künstlerischer Kräfte getragen, wie derjenige es ist, aus welchem der «Floh» hervorgeht (zit. nach Estermann, Bd. II, S. 193).

Als «göttliche Waffe» wird den Machern des Blatts der «Witz» zugeschrieben. Dieser habe schon «so manchen Feind des Volkes und der Freiheit geschreckt». Für das, was hier Schrecken ausgelöst hat und auch weiter auslösen soll, steht der Name der Zeitschrift ein. Anders als bei Glaßbrenner ist hier der Blick auf die stechende, nicht auf die gestochene Instanz gerichtet. In beiden Fällen geht es um bürgerliche und nationale Tugenden, die einmal verschlafen und versäumt werden, ein anderes Mal kämpferisch vertreten wurden und weiterhin kämpferisch hochgehalten werden sollen. Die «Geißel des Spottes», die zum Schrecken der Feinde «der Freiheit und des Fortschritts» geschwungen wird, entspricht dem Stich des Flohs.

Die heute weitgehend vergessene Wochenschrift rief übrigens gleich im ersten Jahr ihres Erscheinens einen Skandal hervor, der bezeichnend war sowohl für die Arbeit der Redakteure als auch für die provinzielle Enge des Publikums, mit dem *Der Floh* zu tun hatte. Am 19. Dezember 1869 veröffentlichte die Zeitschrift eine etwas freizügige Karikatur der Opern- und Operettensängerin Hermine Meyerhoff (1848–1926). Es kam zu einem Strafverfahren, das dem verantwortlichen Redakteur eine Haftstrafe von einem Monat eintrug. Der Name dieses Redakteurs lautete – war es Zufall oder war es die Magie des Markenzeichens? – genau wie die Zeitschrift: *Carl Floh*.

8 Über die Gefährlichkeit der Flöhe

Es gibt ein kindliches, ja wohl eher ein etwas kindisches Spiel, das inzwischen auch im Internet zu sehen ist und dort zu Werbezwecken missbraucht wird. Es fragt nach den zehn Tieren, die den Menschen am gefährlichsten werden, wobei die Gefährdung gemessen wird an der Anzahl der Toten, die jährlich auf das Konto dieser Ungeheuer zurückzuführen sind. Der überraschende Effekt dieses Spielchens ist: Auf den vorderen Plätzen befinden sich nicht die großen, starken Tiere: der Löwe, der Tiger, der Elefant, das Flusspferd, der Grizzlybär, die Kobra oder der Hai; vielmehr rangiert an erster Stelle die Stechmücke. Sie überträgt die Malaria-Krankheit, der jedes Jahr am meisten Menschen zum Opfer fallen. Hätte man dieses Ratespiel um 1900 durchgeführt, nachdem man entdeckt hatte, dass der Floh als Zwischenträger von Bakterien für die großen Pestepidemien des Mittelalters und der Frühen Neuzeit (mit)verantwortlich gewesen ist, dann wäre er mit Sicherheit auch auf der Liste der Zehn gelandet. Da man dieses Wissen vor 1894 nicht hatte, wurde der Floh lange unterschätzt, selbst von den Biologen. Einer der berühmtesten, der schwedische Naturforscher und Systematiker Carl von Linné (1707–1778), legte für den Menschenfloh (die Flohart, die in Europa am meisten verbreitet war) 1758 den Namen *Pulex irritans* fest. Das lateinische Verb ‹irritare›, das unserem ‹irritieren› zugrunde liegt, heißt so viel wie ‹reizen›, ‹provozieren›, ‹erzürnen›. Diesem wissenschaftlichen Namen zufolge ist der Floh demnach einer, der uns zu schaffen macht, und zwar auf doppelte Weise: Er bewirkt durch seine Stiche eine Reizung unserer Haut, und er frustriert uns dadurch, dass wir ihm gegenüber machtlos erscheinen und er sich uns durch seine rasche Flucht entzieht.

Der Floh ist darum schon früh Verfolgungen ausgesetzt gewesen, aber seine Irritationen erschienen den Geplagten doch nicht gravierend genug, um ihn als ein *lebensgefährliches* Tier einzustufen. Von seiner tatsächlichen Gefährlichkeit hatten manche Poeten allenfalls eine Ahnung. Lange schon vor der Entdeckung des Pesterregers durch Emile Jean Yersin wurde das Tier als Zwischenwirt und Überträger dargestellt. Und auch eine andere Eigenschaft des Flohs, die für Ansteckungen mitentscheidend werden sollte, kannte man schon sehr früh, nämlich im 16. Jahrhundert: Wie ein Emblem des Guillaume de La Perrière zeigt (), bevorzugt ein Floh *warmes* Blut, d. h., sobald sein Wirt tot ist, verlässt er ihn und sucht sich einen neuen Wirt.

Die Vorliebe der Flöhe für warmes Blut und damit für einen lebendigen Wirt diente und dient bis heute zur Stützung der These, dass der Floh für das Aufkommen der Pest mitverantwortlich sei.[14] Die tropische Flohart *Xenopsylla cheopsis*, der so genannte Rattenfloh, befiel – so die Argumentation – zunächst Mäuse oder Ratten und steckte sie an. Die Säugetiere starben an der Infektion, während der Floh offenkundig resistent war und sich einem neuen Wirt, etwa einem Menschen, zuwandte und diesen mit dem tödlichen Erreger ansteckte. Der Übertragungsvorgang ereignete sich vor allem in Hafenstädten und auf Warenumschlagplätzen und verbreitete die Krankheit entlang der Transportwege in abenteuerlicher Geschwindigkeit. Man unterscheidet, je nach bakteriellem Erreger, die Beulenpest und die Lungenpest. Vermutlich wurde nur die Beulenpest in dieser Weise übertragen, während sich die Lungenpest durch Tröpfcheninfektion von Mensch zu Mensch verbreitete. Beide Krankheiten konnten gleichermaßen zum Tod führen, und beide sind auch im 21. Jahrhundert noch nicht gänzlich verschwunden. Behandelbar sind sie heute mit Antibiotika, doch ist auch deren Wirkung begrenzt, wenn die Behandlung erst bei fortgeschrittener Erkrankung einsetzt. Der Umgang mit den beiden meldepflichtigen Krankheiten ist in Infektionsschutzordnungen der einzelnen Länder geregelt – in Deutschland durch ein Gesetz aus dem Jahre 2001, das im Zusammenhang mit der Coronavirus-Krankheit 2019 (Covid-19) am 22. April 2021 durch das *Vierte Gesetz zum Schutz der Bevölkerung bei einer epidemischen Lage von nationaler Tragweite* revidiert und verändert wurde.

Als hervorragende «Springer» – so ihre Bezeichnung bei Blumauer und Kafka ( ) – sind Flöhe geradezu prädestiniert für die so genannte Zoonose, also für die Übertragung vom Tier auf den Menschen. Schon sehr früh kam man auf die Idee, dass sie durch ihre Stiche nicht nur sich mit ihren Wirten verbinden, sondern obendrein auch eine Verbindung der Gestochenen untereinander herstellen. Petrarca und die Petrarkisten wie auch John Donne, Johann Fischart, Zaunschliffer und Pfeffel sahen im Floh einen Überträger, dessen Stiche Liebesbande knüpfen, Blutsverwandtschaften herstellen und Eigentumsverhältnisse begründen können. Ansteckungs- und Vereinigungsvorgänge wurden also vielfach erotisch, rechtlich und politisch interpretiert; sie waren aber noch nicht mit seuchenhygienischen Überlegungen verknüpft.[15] Man kann diese literarischen Deutungen jedoch auch als Antizipationen medizinischer Erklärungsversuche von Infizierungen bei Endemien, Epidemien und Pandemien verstehen.

An der Verbreitung von Covid-19 haben die Flöhe wohl keinen Anteil gehabt, aber in den kontroversen Debatten über die nach wie vor ungeklärten Umstände der Entstehung von Corona sind sie zumindest sprachlich beteiligt gewesen. Das in den Diskussionen beliebte Wort vom «Überspringen» verdankt sich wohl der herausragenden Eigenschaft der Flöhe: Sie befielen Warmblütige in ihrer Nähe – ganz gleich, ob es sich um Tiere oder Menschen, um Angehörige privilegierter oder unterprivilegierter Schichten handelte. Das konnte ein Schoßhündchen sein (), aber auch «die Königin und die Zofe», wie es im Mephisto-Lied von Goethes *Faust* hieß (). Die außerordentliche Sprungkraft weitete den Aktionsradius des Flohs auch außerordentlich aus; für dieses Insekt kamen Wirte selbst in größerer Reichweite infrage. Wanzen und Läuse hingegen waren bei der Wahl ihrer Opfer deutlich eingeschränkt. Ihr Aktionsradius war begrenzt und veränderte sich kaum. Wo sie sich bemerkbar machten, war rasch die Rede von mangelnder Hygiene. Noch immer leiden Personen, die von Wanzen und Läusen angefallen wurden, neben ihren Wunden auch noch unter dem Vorwurf, nicht reinlich genug gewesen zu sein. Der Floh hingegen hielt sich nicht an eine bestimmte Klasse oder Schicht, und er kümmerte sich auch nicht darum, ob seine Opfer sauber oder ungewaschen waren. Das verschaffte ihm nicht nur bei Christiane Neukirch und Marion Reisinger einen Sympathie-Bonus:

> Er ist zwar ein Quälgeist, das schon; er sticht, er piekst, er nervt, er stört die Nachtruhe. Aber unter dem Strich ist er […] ein Draufgänger, ein Schabernack, eigentlich ein ganz sympathischer Kerl mit sehr menschlichen Zügen (S. 7 f.).

Diese Charakteristik erfasst recht genau die Sonderstellung des Flohs unter den blutsaugenden Insekten im Urteil vieler Menschen. Die beiden Autorinnen des Rundfunk-Essays waren sich freilich bewusst, dass jenes Urteil ergänzungsbedürftig ist und in einem entscheidenden Punkt auch differenziert werden muss. Es berücksichtigt nämlich nicht den Anteil der Flöhe bei der Entstehung und Ausbreitung der Pestepidemien und lässt auch außer Acht, dass die Flöhe zwar nicht bei ihrer Nahrungssuche, wohl aber bei ihrer Fortpflanzung auf eine (nach menschlichem Ermessen) eingeschränkte Hygiene angewiesen sind. Sie kennen nämlich keine Brutpflege; das Weibchen lässt die befruchteten Eier einfach fallen. Diese brauchen Feuchtigkeit und Wärme und vor allem benötigen sie Ritzen, Fugen oder Löcher im Fußboden. Auf versiegeltem Parkett etwa und bei reger Benützung eines Staubsaugers und chemischer Putzmittel gehen die Eier, die Larven und die Puppen zugrunde. Flöhe können sich darum nur in eher ärmlichen Verhältnissen fortpflanzen und vermehren; ein hoher Lebensstandard der Menschen und eine luxuriöse Wohnkultur sind Gift für sie. Trotz ihrer Fruchtbarkeit sind sie darum in bestimmten Kulturkreisen und in manchen Gebieten selten geworden. Manche glauben sogar, sie seien in unseren Breiten bereits ausgestorben.

Merkwürdigerweise ist auch das Interesse an einer literarischen Darstellung der Gefährlichkeit der Flöhe seit der Entdeckung des Pesterregers nicht sonderlich gestiegen. In dem 1947 erschienenen Roman *La Peste* von Albert Camus werden zwar infizierte Ratten, ihr massenhaftes Auftauchen und Sterben in den Straßen Orans eindrücklich geschildert, von Flöhen ist indes nur kurz die Rede. Zehntausende von ihnen hätten – so heißt es – «die Infektion in einer geometrischen Progression übertragen» (S. 74). Ganz anders verhält es sich in dem Kriminalroman *Pars vite et reviens tard* (zu Deutsch: *Fliehe weit und schnell*), den die 1957 geborene Französin Frédérique Audoin-Rouzeau unter dem Pseudonym Fred Vargas veröffentlicht hat. Darin spielen Flöhe *die* zentrale Rolle. Das 2001 und zwei Jahre später auch auf Deutsch erschienene, sehr erfolgreiche Buch schildert den irrwitzigen, aber scheiternden Versuch eines Mörders, mithilfe von eigens gezüchteten infizierten Flöhen in Paris eine Pest ausbrechen zu lassen, die an die beiden großen Epidemien in London von 1665 und in Marseille von 1722 anknüpfen soll.

Ansonsten aber ist es eher still geworden um die Flöhe, zumindest verbreiten sie keine Alarmstimmung unter den Menschen. Dass sie ihnen gefährlich sein können, wird zumeist ausgeklammert. Rudolf Schenda bezeichnet sie in seiner Enzyklopädie *Das ABC der Tiere* als «lästige, wenngleich relativ harmlose Blutsauger» (S. 94). Auch in der Umgangssprache leben sie nicht als Überträger des Pestbazillus fort, sondern als mehr oder weniger lustige, komische (Waggerl, S. 13 f.) und subversive Unruhestifter.

9 Über die Mittelchen gegen die Flöhe

Flöhe waren massenhaft verbreitet und haben *allen* Bevölkerungsschichten zugesetzt. Heute macht man sich keine Vorstellung mehr vom Ausmaß der Plage in den vergangenen Jahrhunderten. Einen, wenn auch schwachen Eindruck von der Verbreitung der Flöhe vermittelt eine Aufzeichnung, die Goethe auf seiner ersten Schweizer Reise gemacht hat. Unter dem Datum des 10. November 1779 notierte er sich ein nächtliches Ereignis im Walliser Dorf Leukerbad. Einerseits fand er es immerhin buchenswert, was er da erlebt hatte, andererseits ertrug er den Überfall von einem «Heer hüpfender Insekten» offenkundig relativ gefasst und ärgerte sich vor allem über eine schlaflose Nacht, die er wegen der Flöhe hatte.

> Diese Nacht habe ich ziemlich unruhig zugebracht. Ich lag kaum im Bette, so kam mir vor als wenn ich über und über mit einer Nesselsucht befallen wäre; doch merkte ich bald, daß es ein großes Heer hüpfender Insekten war, die den neuen Ankömmling blutdurstig überfielen. Diese Tiere erzeugen sich in den hölzernen Häusern in großer Menge. Die Nacht ward mir sehr lang und ich war zufrieden, als man uns den Morgen Licht brachte (Artemis XII, S. 44).

Goethe erwähnt nicht, ob er und wie er gegen die Flöhe vorgegangen ist. Offensichtlich fand er kein wirklich effizientes Mittel, da sie als «ein großes Heer» auftraten. Als Schwarm waren sie unbesiegbar; es gab höchstens Etappensiege, d. h., einzelne Flöhe ließen sich erwischen. Im Wissen, dass er dem Flohgestöber nicht gewachsen war (), bilanzierte er seine Niederlage, ohne darüber verzweifelt zu sein. Seine Zuversicht am nächsten Morgen war nicht getrübt; das «gute Glück», das ihn bisher begleitet habe, sei ihm treu geblieben – befindet er. Goethe ist sich sicher, dass er die nächste Nacht an einem anderen Ort, in einem anderen Bett zubringen wird, das vielleicht weniger Flöhe aufweisen würde. Mit einer – keineswegs gänzlich abwegigen – Hypothese über das massenhafte Vorkommen von Flöhen in Holzhäusern verlässt er Leukerbad leidlich «zufrieden».

Andere Floh-Geschädigte konnten sich nicht so leicht durch einen Ortswechsel von der Plage befreien. Sie verschafften sich mehr oder weniger taugliche Mittelchen aus allen drei Reichen der Natur (dem mineralischen, dem vegetabilischen und dem animalischen), die im Mittelalter und auch noch in der Neuzeit auf Jahrmärkten angepriesen wurden. Die Galanterie-

Krämer verdienten viel Geld mit ihren Angeboten gegen den Flohbefall, wobei sie nur allzu oft vom Aberglauben und von der Notlage ihrer Kundschaft profitierten.

Berühmt, wenn auch nicht besonders wirksam, waren der Flohpelz, der Flohflecken und die Flohfalle. Der Flohpelz, auch ‹Krawatte›, ‹Palatin› oder ‹Contenance› genannt, und vor allem der Flohflecken waren vermutlich schon vor der Flohfalle verbreitet. Sie hatten allerdings noch einen Vorgänger, nämlich den Hund, genauer: den Schoßhund. Vermögenden Frauen diente er als Begleitschutz; er sollte von ihnen ablenken, wobei sie sich zunutze machten, dass die Flöhe auch Tiere als Wirte nicht verschmähten, sofern diese warmblütig, d. h. lebendig waren (). Schon Fischart hatte in seiner *Flöh Haz* behauptet, dass die «Weiber [...] gros kosten» aufwenden würden, um solche Schoßhündchen zu bekommen (V. 3165). Statt solcher von weit her (insbesondere aus Malta) importierten lebendigen Floh-Magneten setzten sich dann die Flohflecken und Flohpelze durch. Sie waren entschieden billiger. Die Flohflecken waren am billigsten und wurden vielfach benützt. Es waren «kleine Lappen aus Flanell oder Baumwolle, die man unter der Kleidung trug und in die sich die Flöhe flüchteten» – so Rainer Schmitz, der auch darauf hinweist, dass man diese Lappen noch zu Beginn des 20. Jahrhunderts in Niedersachsen unter dem Namen ‹Jagdscheine› hat kaufen können (S. 35). Flohpelze waren teurer, wobei es sehr davon abhing, aus welchem Fell sie bestanden. Je nach dem sozialen Stand der Besitzerinnen – es waren vor allem, wenn nicht sogar ausschließlich Frauen, die sie trugen (Weiss, S. 180) – entschied man sich für Felle von Katzen und Eichhörnchen oder aber für solche vom Nerz, Hermelin, Luchs und Zobel. Immer aber waren es Felle von *toten* Tieren. Sie wurden dennoch von Flöhen aufgesucht, da sie angewärmt wurden durch ihre Trägerinnen, die sich ihrerseits mit den Pelzen wärmten. Schon im 16. Jahrhundert wurden Flohpelze große Mode, und zwar auch und gerade in den allerhöchsten gesellschaftlichen Kreisen, wie Günther Schiedlausky schreibt:

> Ein erhöhter Luxus war es, die natürlichen Köpfe und Tatzen dieser kleinen Raubtiere durch kostbare Goldschmiede- und Juwelierarbeit zu ersetzen. [...] Wie etwa 35 nachweisbare Darstellungen von Damen mit künstlerisch gestalteten Flohpelzen belegen, wurde dieses modische Accessoire entweder kragenartig über der Schulter

> oder an der Hüfte, in beiden Fällen fast immer an einer Kette befestigt, getragen (S. 4).

Der Antiquitäten-Spezialist Schiedlausky kennt auch die Gründe, warum diese Flohpelzmode heute weitgehend in Vergessenheit geraten ist: Die Felle wurden im Laufe der Jahrhunderte von Motten zerfressen und weggeworfen; die Verzierungen aus Edelmetall waren damit funktionslos geworden und wurden fast ausnahmslos eingeschmolzen. Einzig in den «Darstellungen von Damen», also: auf gemalten Porträts, habe sich die Kunde von der Bedeutung dieser Flohbekämpfungsmittel erhalten. Von ihnen gelte: Je schmuckloser sie waren, desto seltener sind sie noch vorhanden und desto weniger weiß man etwas über ihre Verbreitung.[16]

Die Recherchen von Schiedlausky und Jakob Heinrich von Hefner-Alteneck zeigen, dass die Vorrichtungen und Geräte gegen die Flöhe in der Form wie auch im Material sehr stark variierten. Die Benennung war gleichfalls nicht einheitlich; Flohpelze konnten auch als Flohfallen bezeichnet werden.

Ganz unabhängig davon, ob sie aus Fell oder aus Stoff bestanden, ihr Nutzen hielt sich in Grenzen, denn selbst wenn sich die Flöhe tatsächlich darin angesammelt haben sollten, waren sie damit noch lange nicht *gefangen*. Unversehens sprangen sie, wenn man sie erwischen und töten wollte, davon; sie wurden unauffindbar – und retteten so ihr Leben.

Originale Flohpelze haben sich hingegen aus den angegebenen Gründen so gut wie gar nicht bis in unsere Zeiten erhalten, und auch Abbildungen von ihnen sind selten geworden. Hier sei nur auf zwei Beispiele verwiesen. Das eine habe ich erst kurz vor Drucklegung des Buchs kennengelernt.[17] In der Sonderausstellung des Berliner Kupferstichkabinetts mit dem Titel *Muse oder Macherin? Frauen in der italienischen Kunstwelt 1400 bis 1800* war vom 8. März bis 4. Juni 2023 ein Bild zu sehen, das sich normalerweise in der *Berliner Gemäldegalerie* befindet. Gemalt hat es die Hofmalerin und Patriziertochter Sofonisbe Anguissola (ca. 1532–1625) aus Cremona. Das 1557 entstandene Gemälde stellt ihre Mutter Bianca Ponzoni dar (Abb. 3). Diese hält in ihrer linken Hand einen überreich mit Gold geschmückten Flohpelz, den sie an einer Kette aus dem gleichen Metall um ihre Hüfte trägt (Abb. 4). Das andere Beispiel – ebenfalls aus dem 16. Jahrhundert – zeigt einen Flohpelz, und auch dieser hat offensichtlich zugleich als Schmuck einer begüterten

Abb. 3: Sofonisba Anguissola: *Bildnis ihrer Mutter Bianca Ponzoni.*

Abb. 4: Flohpelz aus Sofonisba Anguissola: *Bildnis der Bianca Ponzoni,* (Detail).

Abb. 5: Hans Mielich: *Flohpelz der Herzogin Anna, Frau des Herzogs Albrecht V. von Bayern.* (Vorder- und Rückseite).

Dame gedient. Der Maler Hans Mielich (1516–1573) hat ihn akribisch genau festgehalten. Die beiden Seiten des Schmuckstücks – Vorder- und Rückseite – sind nebeneinander dargestellt (Abb. 5). Nach Hefner-Alteneck besteht dieser Schmuck

> aus dem Pelze eines Edelmarders, an welchem sich der Kopf wie die Tatzen des Thieres, schön von Gold gearbeitet, befinden; ersterer ist mit einem prachtvollen emaillierten und mit Edelsteinen besetzten Saume versehen; mittelst der Kette an demselben wurde das Ganze an dem Gürtel der Dame befestigt. In der Mitte [des Bildes] sieht man ein Stückchen der Kette, zwei Theile des Saumes und eine Tatze in Originalgröße (S. 12).

Der Kommentator aus dem Jahre 1887 kann sein Befremden über die in seinen Augen seltsame Mode kaum unterdrücken. Jener kostbare Luxusartikel habe «ursprünglich die sonderbare, nach unseren jetzigen Sitten kaum begreifliche Bestimmung [gehabt], verschiedenartiges kleines Ungeziefer zu fangen, welches dieser Pelz besonders anzog» (ebd.). Und «gewöhnliche Frauen» in Italien, Deutschland und anderswo hätten solche Pelzchen «ohne diese prachtvolle Ausschmückung» getragen (ebd.).

Auch die von Franz Ernst Brückmann (1697–1753) angepriesene Flohfalle ist heute weitgehend vergessen, obwohl sie ein sehr viel effizienteres Mittel zur Bekämpfung der Flöhe gewesen sein dürfte. Der Mediziner und Naturforscher widmete ihr ein Buch, das anonym 1725 unter dem Titel *Die Neu=erfundene Curieuse Floh=Falle / zu gänzlicher Ausrottung der Flöhe* erschien und mindestens fünf, zum Teil «sehr vermehrte» Auflagen hatte. Die große Nachfrage nach diesem Buch belegt eindrücklich, wie verbreitet die Flöhe gewesen sind und wie stark das Bedürfnis war, sie zu beseitigen. Der Titel ist ein wenig gar reißerisch, ja er ist unverschämt, denn die vom Verfasser propagierte Flohfalle war keineswegs «neu erfunden». Schon Johann Fischart hatte in seiner *Flöh Haz* von 1577 mehrfach eine Flohfalle erwähnt (V. 1086, 2346 und 3098); allerdings wissen wir nicht, wie man sich sie vorzustellen hat und wie sie funktioniert haben soll. Offensichtlich gab es sehr verschiedene Modelle. Mehr als ein Jahrhundert nach Fischart aber haben Otto Philipp Zaunschliffer im vierten und fünften Teil seiner *Curieusen Floh=Jagt* von 1691 und Michael Bernhard Valentini in der zweiten Auflage seiner enzyklopädischen Naturkunde *Museum museorum* von 1714 Flohfallen sehr detailliert vorgestellt, die große Ähnlichkeit mit Bruckmanns Modell besitzen und nach demselben Prinzip konstruiert sind.[18] Sie wurden – so schreibt Zaunschliffer – mit einem Ringlein «unter die Kleider an denjenigen Ort / wo die Flöhe ihr Corps de Garde haben / angehängt» (Teil I, S. 76b). Brückmann hat ganze Passagen unverändert aus der Zaunschliffer zugeschriebenen Sammelschrift übernommen. Streng genommen beging er damit ein Plagiat, was allerdings viele taten und weniger verpönt war als heute. Sein Büchlein ist schluderig zusammengeschustert,[19] verdient aber dennoch Interesse, weil es eine frühe Abbildung enthält, wie seine Flohfalle ausgesehen hat und wie sie getragen wurde (Abb. 6).

Der Autor präsentiert sich als Aufklärer; er wendet sich vehement gegen alle erdenklichen und bedenklichen Mittelchen, mit denen man Flöhe töten könne; er lehnt «superstitiöse amulete» ab (S. 35) und verurteilt auch exorzistische Praktiken (S. 37). Den Kampf gegen den Aberglauben führt er jedoch offensichtlich vor allem, um seine Flohfalle als bestes, wirksamstes und

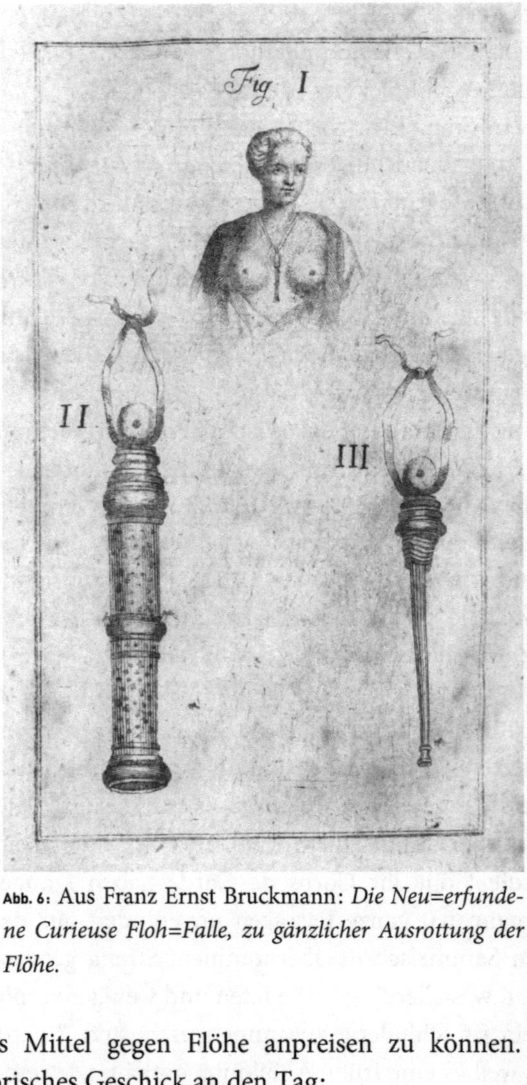

Abb. 6: Aus Franz Ernst Bruckmann: *Die Neu=erfundene Curieuse Floh=Falle, zu gänzlicher Ausrottung der Flöhe.*

preisgünstigstes Mittel gegen Flöhe anpreisen zu können. Dabei legt er durchaus rhetorisches Geschick an den Tag:

> Weg / weg [...] weg mit Bären= und Igel=Schmalz / weg mit Ziegen=Blut [...] Weg mit Flöh=Kraut und Niese=Wurzel! man hoft von ihnen vergebens eine Hülfe. Weg mit Arsenico, Mercurio sublimato und Kalk! Sie sind Gift und können den Menschen aus Unvorsichtigkeit ums Leben bringen; Weg unflätiger Kuh=Mist / du stinkest / was wirst du nicht erst thun / wenn man mit dir räuchern wolte / ich glaube / du vertriebest mit deinem Geruch den Plutonem aus der Höllen? (1739, S. 70)

Und so wettert und wütet der Autor mehr als eine Seite lang, bis es dann heißt:

> Komm du hergegen her du höchst=gepriesene Schnee=weisse Floh=Falle / du kanst statt aller dieser Dinge dienen! (1739, S. 71 f.)

Schneeweiß war diese Flohfalle, weil ihre äußere Hülle manchmal aus Elfenbein bestand. Es gab jedoch auch billigere Fallen aus Knochenbein, Bambus- oder Buchsbaumholz. Die Hülle bestand aus einem Rohr, das unten fest verschlossen, oben aber aufschraubbar war und an den Seiten Löcher hatte, so dass Flöhe hineinkriechen konnten (Abb. 6). Ins Rohr wurde ein Kolben, ein so genanntes «Pistill», eingesetzt, das zuvor in warmes Blut und Honig oder eine andere klebrige Flüssigkeit getaucht worden war. Die Flöhe bemerkten die Lockspeise, schlüpften durch die Löcher und blieben am Pistill haften. Dieses wurde nach einer Weile herausgezogen und man konnte – so schreibt Brückmann – alle

> schwarzen Vögelgens [...] nach hohem Belieben / ermorden / ersäuffen / todt stechen / spiessen / köpfen / aufhängen und in das unterirdische finstere Reich der Maulwürfe senden (1739, S. 24).

Die martialischen Worte verwundern ein wenig bei einem Schriftsteller, der von sich behauptet, kein «Reimenschmidt / noch weniger ein Poete» sein zu wollen, und der «das Tichten» keineswegs zu seiner Profession machen möchte – so wenig, «als das Kinder=machen des Pater Bernhards seine ist» (1739, S. 62). Das Geständnis mag Koketterie eines Autors sein, der immerhin Mitglied der angesehenen *Deutschen Akademie der Naturforscher Leopoldina* war. Es passt allerdings zu Brückmanns Vorliebe für alles Pornographische und Skatologische, die sich vor allem in der Übernahme anzüglicher und zotiger Gedichte und Sentenzen von gestandenen Poeten bekundet. Auch wenn ich diese Vorliebe nicht teile, erscheint es mir wichtig, darauf hinzuweisen, dass sein Text, der zu Beginn des 18. Jahrhunderts als ‹wissenschaftlich› galt oder zumindest gelten sollte, das so genannte «Galante» durchaus miteinbezog. Brückmann verstand es, wissenschaftliche und fachspezifische Begriffe metaphorisch zu verwenden und damit intime Details scheinbar zu verschleiern, in Wahrheit aber zu betonen und auf sie hinzulenken. So nennt er den Busen der Frau «das VorGebürge der guten Hoffnung»

(1739, S. 23) oder die «Schnee=Gebürge (S. 36), das «duplex genus fœmininum [!]» oder die «weibliche Canzeley» (S. 62 f.).

Solche Umschreibungs- und Verschleierungstechniken sollten nicht als moralisches Defizit des Autors gewertet werden; sie waren zeitüblich und finden sich in vielen poetischen und prosaischen Werken der so genannten ‹galanten› Poeten, auf die hier nicht weiter eingegangen werden soll. Vor allem aber gaben sie eine reale Situation wieder: Beim Umgang der Frauen mit Flohfallen, und zwar lange bevor diese in Büchern und Abhandlungen beschrieben worden sind, spielten sie eine gewichtige Rolle. Ihre wahre Funktion wurde verdeckt; man trug sie – wie die Flohpelzchen – als Schmuckstücke! Der «Floh=Büchse» kam also eine Doppelfunktion zu. Sie diente als Instrument der Flohbekämpfung und war zugleich geeignet, die Kavaliere in einer «Assamblée», also bei einem gesellschaftlichen Anlass, zu beeindrucken. Wie das verzierte Flohpelzchen leistete die Flohfalle Hilfe beim Flöhen und zugleich «Beihilfe beim Flirten» (Weiss, S. 178). Für beide Funktionen war ein gesellschaftlich akzeptiertes und etabliertes Wechselspiel von Verschleierung und Entblößung charakteristisch, das nicht zuletzt darum Mode werden konnte, weil Flöhe, Flohstiche, Flöhen und Knicken sexuell konnotiert waren. Solche unterschwelligen Verknüpfungen lagen den erotischen Spielchen zugrunde, von denen Scarron, Pater, Surugue und Fuchs auf je eigene Weise und mit unterschiedlicher Akzentsetzung Zeugnis abgelegt haben (). Und sie haben mich auch zur Hypothese verlockt, dass die Frau auf La Tours Gemälde unter ihren Händen eine Flohfalle verborgen haben könnte (). Bei einem Lokaltermin vor dem Original in Nancy hat sich gezeigt, dass sie am ehesten noch ein Flohpelzchen oder einen Flohflecken trägt. Die Frau auf dem Bilde La Tours ist – das wird sich zeigen – alles andere als kokett. Die Schwierigkeit, jenes Detail unter ihrer linken Hand zu identifizieren, lässt keine Rückschlüsse auf den Charakter wie überhaupt auf die individuelle Besonderheit der Frau zu, wohl aber unterstreicht sie möglicherweise den sozialen Status der Flohjägerin. Die Unsicherheit bei der Identifizierung ist zudem *mehr* als bloß ein Problem heutiger Bild-Interpreten. Sie wird schon durch die Art und Weise der Flohbekämpfung selber bewirkt. In der Einrichtung und Zurichtung der «Floh-Büchse» vergegenständlicht sich – das hat Brückmann offen zugegeben, und das hat auch Eduard Fuchs in seiner Analyse des erotischen Verhaltens der oberen Schichten im 18. Jahrhundert bestätigt () – gesellschaftliche Koketterie:

Man kann auch solche Fälgens [d. h. kleine Fallen] ganz sicher tragen / denn die *Cavalliers* in einer *Assamblée* werden nicht dencken / noch wissen können / was an dem um den Hals befindlichen schwartzen seidenen Bändgen herab hänget / und es eher vor ein Creutzgen von Gold und *Diamanten*, vor ein *Præsent* von einem *Galan*, (welches man öfters zu verstecken pflegt oder in die weibliche Cantzeley zwischen die Brüste / als welcher Ort *privilegirt* und nicht jeder Hand erlaubt dahin zu kommen / schiebet) vor ein *Amulet* oder dergleichen etwas / als vor ein Floh-Büchse halten / und werden also nicht sich Mühe geben / zu untersuchen / was vor ein Schatz da vergraben und bedecket liege (Brückmann, S. 62 f.).

Texte über Flöhe

10 Flöhe als Zwischenwirte (Psylander, Brückmann, Ebert und Pfeffel)

Die Rolle des Flohs als eines Überträgers ist schon früh in der Literatur diskutiert worden – allerdings ohne medizinische oder gar epidemiologische Argumente (). Einige Autoren des 18. Jahrhunderts haben sich jedenfalls schon mit dem Phänomen der Übertragung befasst. Der Flohstich beschäftigte sie nicht so sehr deshalb, weil er die Ernährung des Flohs sicherstellte und Juckreiz, wenn nicht Schmerz, bei den Gestochenen hervorrief. Er interessierte sie vor allem, weil er eine Beziehung zwischen Wirt und Floh schuf: Er stellte eine Ähnlichkeit oder eine Verwandtschaft her! Der erwähnte Psylander () – sein Pseudonym geht auf das griechische Wort ψυλλος für Floh zurück – behauptete in seiner Schrift *Der belobte Floh*, dass sich ein Schmarotzer seinem jeweiligen Wirt angleiche. Der Floh, so schrieb er, «vermenschet sich zugleich / wann er von Menschen speißt» (S. 16). Und der uns nun schon bekannte Brückmann interpretierte die Angleichung klassen- oder besser schichtenspezifisch. In seiner *Neu=erfundenen Curieusen Floh=Falle* stellte er die These auf, dass sich das Ansehen der Flöhe nach der gesellschaftlichen Position der jeweiligen Wirte richte. (Ich erlaube mir, die entsprechende Passage behutsam dem Neuhochdeutschen anzugleichen, um die Originalfassung lesbarer und verständlicher zu machen:)

> Denn das ist wol nicht ohne: dass derjenige Floh, der adelich Geblüt insich gesogen und stets um und bey den Fräuleins wohnet, edeler, besser und melioris conditionis seyn müsse denn derjenige, so etwa von einem dummen Kuh-, Stall- und Mist-Fräulein das Blut getrunken. Die Kühe des Schulzen behalten gegenüber den gemeinen Dorf Bauren-Kühen doch allezeit den Vorzug; ein adelicher Bedienter wird mehr estimirt als der, so etwa bey einem aus dem bürgerlichen Stand in Diensten stehet (S. 14).

Der Floh nahm – so Brückmann – durch seinen Stich nicht nur Nahrung zu sich, sondern übernahm auch Eigenschaften des Gestochenen. Er verlor seine Eigenständigkeit und wurde zum Eigentum seines Wirts – das jedenfalls versuchten auch Zaunschliffer und nach ihm Köchy zu beweisen (). Flohstiche konnten mehr oder weniger glückliche Liebesbeziehungen hervorrufen oder festigen – etwa in Mephistos Floh-Lied bei Goethe oder bei Basile und Brentano () –, und sie waren in der Lage, «Blutsverwandtschaft» herzustellen (so Zaunschliffer, S. 93 und 114). Eigenschaften des Flohs und des Wirts konnten sich vermischen, ja, wenn Letzterer wechselte, konnten Merkmale des zuvor gestochenen Wirts durch Stiche auf einen neuen Wirt übertragen werden.

Schon um 1600 hat John Donne einen solchen Aneignungs-, Vermischungs- und Übertragungsvorgang in Szene gesetzt (). In seinem Gedicht *The Flea* sieht sich ein «Ich» mit einem «Du» durch Stiche von ein und demselben Floh vereinigt; es behauptet, mit dem «Du» im Floh eine höhere Dreieinheit zu bilden.[20] Wohl in Anlehnung an dieses Gedicht hat William Marshall, der sich das Pseudonym Philopsyllus gab, den Floh als Verschmelzer der Liebenden gefeiert (S. 30–33). Vor ihm beschrieb Jacob Ebert (1737–1805), ein Mathematiker, Journalist und Verfasser von Kinderbüchern, in seiner *Biographie eines deutschen Flohes* den Vorgang der Angleichung von Floh und Wirt und betonte dabei auch das Phänomen der körperlichen Übertragung. Seine kurze antihöfische und antifranzösische Erzählung erinnert in manchem an Schubarts Fabel *Der Hahn und der Adler* (). Das «kleine, geschwindfüßige Thierchen» wächst in einer «armseligen» Hütte auf und genießt dort das «gesunde und überaus nährende Blut» eines jungen Bauernmädchens. Durch einen Zufall, aber auch durch eigene Schuld gelangt der deutsche Floh in die königliche Residenz, wo französische Unsitten herrschen. Seine «übertriebene Ehrsucht» verführt ihn dazu, Blut von Adeligen zu trinken. Er bemerkt zu spät, dass ihn der Aufenthalt am Hofe gesundheitlich ruiniert hat.

> Die mineralischen Dämpfe, die aus den feinen Oeffnungen seiner jetzigen Wohnung überall aufstiegen, und die eine große Aehnlichkeit mit den Dämpfen hatten, welche in den Quecksilber-Bergwerken bemerkt werden, zogen ihm eine unheilbare Krankheit zu (S. 91).

Der Floh stirbt. Dass er sich mit Syphilis, der so genannten französischen Krankheit, angesteckt hat, wird nicht ausdrücklich gesagt, wohl aber durch den Hinweis auf das Quecksilber nahegelegt. Die sehr grob gestrickte und überaus klischeebeladene Geschichte hat immerhin den Vorzug, dass sie den Zusammenhang von Ernährung, Gesundheit und gesellschaftlichem Umgang in einem Idealbild und in einem Zerrbild scharf herausstreicht. Ebert konnte freilich noch nicht erzählen, wie ein Floh einen Menschen infizieren kann. Er führte vielmehr den gegenteiligen Vorgang vor: Personen am Hofe, also Menschen, stecken den Floh an und verursachen seinen Tod. Ebert legt keinen Befund vor, der auf empirischen oder naturwissenschaftlich eruierten Untersuchungen beruhen würde. Und dennoch stellt er einen Ansteckungsvorgang dar, bei dem – das lässt sich jedenfalls im Nachhinein festhalten – eine Infektion durch einen bakteriellen Erreger stattgefunden haben muss. Im Fall der Syphilis wäre es das Bakterium *Treponema pallidum*, im Fall der Beulenpest das Bakterium *Yersinia pestis.*

Einen Übertragungsvorgang ganz anderer Art hat der Colmarer Fabeldichter und Reformpädagoge Gottlieb Conrad Pfeffel (1736–1809) in einer gereimten Fabel von 1795 geschildert, doch auch bei ihm ist der Floh ein Zwischenträger:

Die Spinne und der Floh.

Eine Spinne floh den Tod,
Den der rüstigen Lisette
Rauher Borstwisch ihr gedroht,
Barg sich mit genauer Noth
Hinter ihrer Feindin Bette
Und begann ihr Fischergarn
Mit gewohnter Kunst zu stellen.
Doch umsonst. Die finstern Zellen
Bieten flatterhaften Narrn
Keinen Köder und die Fliegen
Gaukeln gern im Sonnenschein.
Wirklich trat das Mißvergnügen
Und des Hungers größre Pein
Bey der Eremitin ein;
Als in ihrem seidnen Gitter
Sich ein fetter Floh verschlang.

Ha, sprach sie zum braunen Ritter,
Du bist mir ein seltner Fang;
Komm, du mußt vortreflich schmecken.
Wie, du mordest deinen Freund,
Rief der Floh voll Angst und Schrecken,
Ich, des Menschen ärgster Feind,
Ich und meine Brüder trinken
Täglich der Tyrannen Blut,
Die sich Herrn der Schöpfung dünken.
So? versetzt die Spinne, gut!
Doch auch ich schwur es zu trinken,
Wo ich es nur finden kann,
Und sie sog dem Rittersmann,
Um nicht mit dem Eid zu scherzen,
Jeden Tropfen aus dem Herzen
(Bd. VI, S. 119 f.).

Auf der Flucht vor dem Reisigbesen der Zimmerfrau Lisette verkriecht sich die Spinne hinter einem Bett, wo sie zwar keine Fliegen fangen kann, wohl aber einen fetten, braunen Floh. Um nicht gefressen zu werden, bezeichnet dieser sie als Verbündete im Kampf gegen den gemeinsamen Feind, den Menschen, doch gerade damit spricht er unbeabsichtigt sein eigenes Todesurteil aus: Die Spinne macht sich seine Argumentation zu eigen, indem sie aus ihm das Blut des Menschen saugt und so sich, wie sie erklärt, am Kampf gegen den gemeinsamen Feind beteiligt. Es liegt nahe, dass sie ihren Schwur, Menschenblut trinken zu wollen, wo auch immer sie es vorfinde, nur als Vorwand benützt, um den Floh vertilgen zu dürfen.

Auch hier kommt es zu einem Übertragungsvorgang. Anders aber als das in der epidemiologischen Forschung Jahrzehnte später dargestellt und nachgewiesen werden sollte, wird hier kein bakterieller Erreger *im und mit dem Blut*, sondern *Blut überhaupt* übertragen, und zwar das menschliche, das sich im Körper des Flohs angesammelt hat. Das behauptet jedenfalls die Spinne, um ihre Ermordung des gefangenen Flohs zu rechtfertigen.

Der Lehre dieser Fabel liegt als Pointe eine Einsicht Pfeffels in machtpolitische Verhältnisse zugrunde: Auch wenn zwei Personen, zwei Potentaten oder zwei Staaten denselben Todfeind haben, so bedeutet das noch lange nicht, dass sie Freunde wären. Im Gegenteil, es ist sehr wohl möglich, dass sie früher oder später einander angreifen, sich entmachten oder sogar vernichten. Sofern sie sich einen Vorteil versprechen, greifen sie auch zu den fadenscheinigsten Argumenten, um ein Alibi für ihre Machtgelüste zu haben. Pfeffel war, wiewohl nahezu blind, mit den gesellschaftspolitischen Verhältnissen seiner Zeit eng vertraut. Er hatte noch das Ancien Régime erlebt, aber auch die Revolution und die nachfolgenden Revolutionskriege. Als deutschsprachiger Franzose setzte er sich für die Wiedererrichtung der öffentlichen Erziehungsanstalten in Frankreich ein und wurde Mitglied und sogar Präsident der oberrheinischen Bildungskommission. Sein Biograph Johann Jacob Rieder bescheinigte ihm im Nachruf einen «scharfen Blick in die menschlichen Verhältnisse und in das menschliche Herz» (S. 79). Die etwas treuherzig-biedere Formulierung Rieders kann nicht verbergen, dass sich der «scharfe Blick» des Blinden auch kritisch auf politische Strukturen und auf die Machenschaften der jeweils Herrschenden gerichtet haben muss. So ist Pfeffel offenkundig nicht entgangen, dass manche Machthaber sich von der Vorstellung leiten ließen, der Feind ihres Feindes sei ihr Freund. Die auf ein arabisches Sprichwort zurückgehende Maxime hat die Handlungsweise vieler Politiker vom 18. Jahrhundert bis in unsere Zeit maßgeblich bestimmt. Trotz ihrer vordergründig nüchternen Ausrichtung erwies sie sich keineswegs immer als erfolgreich. Auch der Floh in Pfeffels später Fabel orientiert sich an jener Maxime, beruft sich auf sie, und beschwört damit prompt seinen eigenen Untergang herauf. Die Spinne lässt sich von dem Freundschaftsangebot des Flohs überhaupt nicht beeindrucken. Sie tötet ihn, indem sie sein – menschliches – Blut restlos aufsaugt.

Das Gedicht *Die Spinne und der Floh* prangert eine gängige, scheinbar realpolitische Praxis als lebensgefährliche Illusion an. Freilich, die eigentlich erstaunliche Pointe des Gedichts hat der Autor nicht voraussehen können; sie offenbart sich erst uns heutigen Lesern. Pfeffels Fabel stellt eine Handlungsmaxime vor und führt sie zugleich *ad absurdum*, der im Bereich der medizinischen Bakteriologie der Gegenwart noch eine große Karriere bevorstehen sollte. Die Maxime ist verwandt mit der Redensart ‹den Teufel mit Beelzebub austreiben›, die schon im Neuen Testament erwähnt wird (Matthäus 12, V. 24). Ein zerstörerisches Element soll durch ein anderes zerstörerisches vernichtet werden und so den kranken Körper gesund machen. In jüngster Zeit wird dieses Verfahren besonders im Kampf gegen Infektionskrankheiten wie die Malaria erprobt. Viren, so genannte *Bakteriophagen*, werden eingesetzt, die – wie der Name verrät – Bakterien fressen, also unschädlich machen sollen. Menschliche Zellen sollen dabei nicht verletzt oder vernichtet werden, sondern ganz im Gegenteil: Sie sollen gesunden! Unter den Stichworten ‹Der Feind meines Feindes ist mein Freund› und ‹Bakteriophagen› findet man im Internet zahlreiche Hinweise, die allerdings medizinischen Laien häufig nicht ohne weiteres verständlich sind. Während jene Maxime in Pfeffels Gedicht äußerst kritisch eingeschätzt wird und auch bei den Klügeren unter den Politikern auf große Skepsis stößt, ist sie in der Medizin unserer Gegenwart sehr aktuell: Man hofft, mithilfe von Viren die zerstörerische Wirkung von Bakterien aufzuheben und diese zu vernichten, so dass Menschen geheilt werden können. Auch wenn Spinnen wohl keine Bakterienfresser sind (sicher weiß man das nicht!), könnte Pfeffels späte Fabel *Hardcore*-Mediziner von heute vor allzu hohen Erwartungen und allzu großer Euphorie bei der Therapie bakterieller Infektionskrankheiten bewahren.

11 Flöhe in Rechtshändeln (Fischart, Hauffen, Grimmelshausen, Zaunschliffer und Köchy)

Die satirische Versdichtung *Flöh Haz / Weiber Traz* von Johann Fischart ist mit über 4100 Versen das umfangreichste Werk des 16. Jahrhunderts wie überhaupt der Frühen Neuzeit über den Floh.[21] Das Werk orientiert sich, so würde Heinrich Lausberg sagen (S. 20), an den aristotelischen Gattungen der Schulrhetorik, also an Reden und Gegenreden bei einem Strafprozess oder einer Volksversammlung. Der Titel nennt gleich anfangs die beiden Parteien, zwischen denen ein «Rechtshandel» ausgefochten wird: die Flöhe und die Frauen. Und zugleich lässt er erkennen, was sich abspielen wird: Die einen stechen, indem sie hetzen; die anderen wehren sich, indem sie trotzen. Beide Parteien fühlen sich wechselseitig von der Gegenseite bedroht. Aus der Sicht der Flöhe sind die Frauen «die rechten Erzflöhspinnen» (V. 693), also die Todfeinde (); sie brächten schon ihren Kindern das Töten bei. Aus der Sicht der Frauen verhält es sich genau umgekehrt: Die Flöhe sind die Erzfeinde; sie hätten es mit ihren Stichen vor allem auf das weibliche Geschlecht abgesehen.

Beide, sowohl die Flöhe – oder genauer: der eine verwundete Floh in seinem Dialog mit der «Muck» (der Stechmücke) – als auch die «Weiber» argumentieren in eigener Sache. Einzelne Aussagen von ihnen dürfen also nicht verabsolutiert oder automatisch als Meinung des Autors verstanden werden.

Die Plädoyers der beiden Parteien unterscheiden sich in der Machart. Der Floh erzählt von sich, von seiner Familie und von anderen Flöhen und klagt dabei die «Weiber» bei Jupiter an, während die Frauen ihre Sache vor allem vom Flohkanzler ausfechten lassen, der sich als Vertreter und Fürsprecher Jupiters ausgibt und die Flöhe scharf aburteilt. Einerseits haben die «Weiber» also eine göttliche Autorität hinter sich und scheinen darum eher im Recht zu sein als ihre Gegner, andererseits nimmt der Flohkanzler sehr einseitig Partei und verscherzt durch sein doktrinäres Auftreten seinen Ruf als Sachwalter eines übergeordneten, gerechten Richters. Man hat darum angenommen, dass die Sympathien des Autors in der Streitsache eher den Flöhen als den Frauen gelten (Haas, S. 156).

Freilich ist Fischarts *Flöh Haz /Weiber Traz* mehr als bloß ein Gemisch von «judizialer» und «deliberativer Rede» im Sinne Lausbergs. Gewiss, zunächst dominieren die Parteireden: Die Flöhe möchten nicht verhungern; sie kämpfen um ihren Lebensunterhalt, müssen also stechen und Blut saugen, während die Frauen auf dem Recht bestehen, ihre Peiniger abwehren, fangen und töten zu dürfen. Die gegenläufigen Plädoyers werden überlagert von einer dritten Stimme, die gleichfalls nicht mit der Meinung Johann Fischarts identifiziert werden sollte, obwohl sie diese wohl miteinschließt. In ihr macht sich eine zutiefst ambivalente Haltung gegenüber Frauen geltend. Neben dem zeittypischen verbreiteten Stereotyp vom ‹bösen Weibe› (Wilhelm Kühlmann) meldet sich auch eine mit Neidgefühlen verbundene männliche Phantasie über die sprungstarken, allzeit sprungbereiten Flöhe und deren privilegierte Zugangsmöglichkeiten zum weiblichen Körper. Diese dritte Stimme ist nicht die einer einzigen Figur; sie äußert sich in vielen Figuren, ja im ganzen Werk. Sie färbt die Reden der beiden Parteien und macht sich überall bemerkbar – bis in die Wortwahl und die Namengebung der Flöhe hinein.

Adolf Hauffen, der Herausgeber der immer noch besten *Flöh-Haz*-Ausgabe, hat fast alle Flohnamen in einer Liste aufgeführt,[22] die jene dritte Stimme eindrucksvoll vorstellt. Sie wird hier wieder abgedruckt, weil sie die durchgängig sexuelle Aufladung der Sprache Fischarts drastisch bezeugt. Die Zahlenangaben beziehen sich auf die Verszählung in der Ausgabe Hauffens; die meisten Namen seien in Befehlsform gehalten und «ohne Erklärung verständlich», meint der Herausgeber. Die im Klammern gegebenen Erklärungen stammen von ihm:

> Bauchtrom (Bauchtrommel 1526), Belzkrebs (1391), Bettraup (1623), Bortief (Bohre tief 1660), Buckelsprung (1708), Duttengeiger (1765), Fechtimbusch (2159), Filzfloh (1342), Finsterwald (1526), Habhindenacht (1785), Hackinsbäcklin (1705), Harwurm (1526), Hauindschramm (1616), Hechelhor (hechel das Haar 1707), Hindenpick (1391), Hindenzu (1281), Hochplitz (Hochspringer 1314), Huiauf (1812), Hundshummel (1316), Hupfvndschlück (2288), Jungfraugramm (1615), Jungfrauspor (1708), Kachelprut (Geschirrbrut 1915), Kalmaus (Kalmäuser, Schmarotzer 1616), Kammergail (1392), Keckimschlaf (1443), Knillenscheu (Scheue das Knillen, d. h. das Knallen, wenn die Flöhe zerdrückt oder verbrannt werden 2160), Laznaß (1282), Leistapp (1655), Markstich (1616), Mausambauch (1764), Nachtwacker (1444), Nägelspreiß (Spalte die Nägel? 1741), Nimmerru (1282), Pfezsielind (Kneipe sie sanft 1366), Pfinnenspur (der eine Spur von Pfinnen, roten Flecken hinterläßt 1656), Plutdurst (1659), Plutkropf (1707), Pruchfidel (Geige oder Folter im Unterkleid 1180, 1752), Pulsfüler (1738), Räsingfäs (Scharf im Hintern 1913), Rauschimbart (1775), Ropfflugs (Rupfe schnell 1660), Ruckhinan (2159), Schauderkalt (1525), Schlagein (1656), Schleichinsthal (1468), Schlizscheu (1335), Schneikinsthal (1242), Schratter (dürfte mit Schrattel, *scrato* = Kobold zusammenhängen 1335), Schrepfsie (Schröpfe sie 1660), Schwenckvndrenck (Schwenke und wende 2015), Senfimhemd (1281), Sommerflick (im Sommer flügge 1392), Sporsi (Sporne sie 1659), Springinsröckel (1761), Stampfhart (1533), Stechzumkranz (1713), Supfloch (1335), Tornzwang (Dornzwang 1659), Wezdenzan (2160), Wollenschreter (der die Wolle schneidet, benagt 1335), Zanhak (1707), Zanspiz (1525), Zopfsieckeck (1763), Zornzang (1660)
>
> (Fischart, S. XVII).

Die Vielzahl der Namen für den Floh ist zweifellos ein Beleg für ein ungewöhnliches sprachschöpferisches Vermögen des Autors. Zugleich aber weist sie auch auf Artikulationsprobleme Fischarts hin. Dieser muss immer wieder neue Namen aufbieten, weil ihm kein einziger in allen Situationen zureichend erscheint. Der Floh erweist sich demnach sogar sprachlich als eine Instanz, die es versteht, sich zu entziehen. Unübersehbar ist zudem, dass die Unzahl der Benennungen sich durchgängig einem einzigen Themenbereich zuordnen lässt: dem der Sexualität. Der Autor hat keine authentische Sprache für sie und flüchtet sich darum in unzählige umschreibende rhetorische Figuren. Der metaphorische Überschwang ist also vor allem einem Mangel, nämlich der Sprachnot, geschuldet. Dem Herausgeber Hauffen scheinen solche Überlegungen fremd gewesen zu sein. Er nannte die sprechenden Namen in seiner Einleitung ‹köstlich›. Mit dem Prädikat hat er, wie sich zeigen wird, ein Schlüsselwort aus der *Flöh Haz* aufgenommen.

Fischart beruft sich immer wieder auch auf die antike Fabeldichtung.[23] Ja, sein Werk ist selber eine groß angelegte Ansammlung von Fabeln, für die das poetologische Prinzip gilt, die Tiere mit Eigenschaften von Menschen auszustatten, um «eine Lehre der Lebensklugheit oder Moral» zu vermitteln. *Der Kleine Pauly*, das Lexikon der Antike, dem diese Formulierung entnommen ist, verweist ausdrücklich darauf, dass die Fabel keine Gattung im strengen Sinne ist, sondern an verschiedenen Gattungen partizipieren kann und zuweilen auch in Parteireden verwendet wird. In Fischarts Fabelwerk werden Eigenschaften der Flöhe, wie etwa die geringe Körpergröße und die Sprungkraft, aufgegriffen und mit Eigenschaften der Menschen verbunden. Ein Floh soll entsprechend seiner Winzigkeit bescheiden bleiben und sich bloß von lebendigen Tieren oder, noch besser: von tierischem Aas ernähren (was Flöhe in der Realität allerdings niemals tun!). Alles andere würde der göttlichen Schöpfungsordnung widersprechen:

Dann Jupiter hat euch zugeben,
Daß ir vom thirplut sollen leben,
Von Mäusen, Razen, hunden, Katzen,
Die euch fein können wider krazen;
Oder vom Todenas vnd flaisch,
Davon d'Thir leben allermaist,
Vnd nicht vom Menschen, der bei leben
Ist kainem Thir zur Speis nicht geben
(V. 2799–2806).

Die *Flöh Haz* vermittelt eine Moral, die man als ständisch-restaurativ bezeichnen könnte. Hält sich ein Floh nicht an diese Moral, so sei er zu bestrafen. Der Flohkanzler, der diese Meinung vertritt, fordert sogar, dass anspruchsvollere Flöhe mit einem Mühlstein um den Hals im Rhein ertränkt werden sollten (V. 2767 f.) – was technisch einige Schwierigkeiten bereiten dürfte. Die Forderung ist darum in Anbetracht des massiven Größenunterschieds zwischen Floh und Mühlstein nicht gänzlich frei von Ironie. Man sollte darum auch den Flohkanzler nicht umstandslos mit dem Autor gleichsetzen, selbst wenn dieser sich seiner Sache sicher zu sein scheint: Flöhe stellen überrissene Ansprüche, sofern sie das Blut von Frauen begehren. Obwohl eine solche spezielle Neigung der Flöhe bis heute umstritten ist,[24] wird sie unablässig in nahezu allen Floh-Texten wiederholt und liegt auch Fischarts *Flöh Haz* zugrunde. Alles Unglück entsteht, weil die Flöhe es besonders auf die «Weiber» abgesehen hätten, und zwar auf solche, die höheren Standes sind und «ain zartes Fleisch» haben (V. 860). Einer von ihnen, der schwer verwundete Floh, klagt seinem «Sommergsell» (V. 423), der Mücke, sein Leid und räumt ein, dass er wohl auch ein wenig selber an seinen Verletzungen schuld sei, weil er seiner Lust nach besonders zarter Speise nachgegeben habe. Wären er und seine Mitflöhe bei den «Mägden im Hünerhaus», bei der Köchin und dem Kindermädchen geblieben, so hätten sie sich nicht in Lebensgefahr gebracht. Das Gesinde sei viel «zu faul», um «Hemd und Klaid» hochzuheben und sie zu jagen (V. 791 f.); vielleicht hätte es nicht einmal etwas von den Flohstichen bemerkt. Die Haut dieser Personen sei zu derb, nämlich zu wenig *köstlich* gewesen, aber: «Wir wollten zu den Erbsen spek» (V. 782). Das Attribut des «Köstlichen» wird immer dann bemüht, wenn wirklich begehrenswerte Objekte gekennzeichnet werden sollen (V. 843). Es bezieht sich auf Frauen höheren Standes, Jungfrauen mit zarter, weißer Haut, denn: «Jungfrauplut ist köstlich gut» (V. 1025). «Ich maint», sagt die Mücke, dass «bey köstlichen Leuten / Auch köstlich speis wer zuerbeuten» (V. 825 f.). Der verletzte Floh stimmt dem zu, gibt aber zu bedenken, dass dort auch höchste Lebensgefahr besteht, wie er selber habe erfahren müssen:

> Ja wol bey köstlichen köstlich beut,
> Ja vil mehr ain gar stolzer Neid.
> Niman ist kärger dan die Raichen,
> Die iren aignen saich auch eichen,[25]
> Und ab aim jden han vertruß,
> Der sich nehrt bei jrm uberfluß.
> (V. 827–832)

Bei der Niederschrift seiner *Flöh Haz* hat Fischart wohl das protestantische Publikum seiner Geburtsstadt Straßburg vor Augen gehabt. Mit der Forderung nach einem Verzicht auf das «Köstliche» plädiert er vor diesem Publikum für die Einhaltung der Ständeordnung. Der Fischart-Herausgeber Adolf Hauffen (1863–1930) hingegen verwendet das gleiche Prädikat und macht sich dabei als Gourmet, als genussfreudiger Connaisseur, kenntlich; er beansprucht für sich, was sein Autor niederen Ständen vorenthalten wollte.[26] Die Lehre der *Flöh Haz* als Tierfabel nämlich lässt sich inhaltlich zusammenfassen in dem Aufruf: ‹Liebe Leser, ihr sollt nichts Köstliches begehren!›. Die Flöhe jedenfalls werden mit dieser Direktive konfrontiert und in die Schranken gewiesen. Zugleich aber wird ihnen in Fischarts Werk *formal* eine Kompetenz zugestanden, die ihnen bislang fast immer vorenthalten wurde. Flöhe galten – wir wissen es inzwischen – als nichtsnutzige Wesen, die aufgrund ihrer Winzigkeit nicht einmal in der Lage seien, «eine Lehre der Lebensklugheit oder Moral» zu veranschaulichen (). Von der lange Zeit gültigen und weit verbreiteten Auffassung, wonach Körper und Bedeutung sich proportional zueinander verhalten, hat sich Fischart mit seiner *Flöh Haz* zu lösen begonnen. Damit hat auch er dazu beigetragen, dass sich der schlechte Ruf der Flöhe langsam verbessern sollte. Der keineswegs geradlinig verlaufende Prozess der Aufwertung führte zu zweideutigen und ironischen Lobliedern auf dieses als Ungeziefer verschriene Insekt, deren Zweideutigkeit und Ironie sich schließlich manchmal verflüchtigte. Im Floh konnten sich nicht nur die zu kurz gekommenen Menschen wiedererkennen; er avancierte in der Literatur sogar zum eigentlichen König der Tiere ().

Fischart hat mit seiner *Flöh Haz* in vielerlei Hinsicht Schule gemacht. Hier sei zunächst auf zwei – sehr unterschiedliche – Texte verwiesen: Der eine ist die mehrere Kapitel umfassende Jupiter-Episode in Grimmelshausens Roman *Simplicissimus Teutsch* von 1668; der andere ein «gleichsam aus dem Ermel geschütteltes Wercklein» (S. 12), das schon mit seinem Titel *Des galanten Frauenzimmer Curieuse Flöh=Jagt* an Fischarts Werk anknüpft. Sein Verfasser nennt sich ‹Simplicismus [!] Spring ins Feld›. Der erste Teil des Namens bezieht sich, wenn auch in einer irritierenden Schreibweise, auf den Helden von Grimmelshausens Hauptwerk; der zweite ist eine geläufige Ersetzung des Wortes ‹Floh›; zugleich spielt er auf eine Figur aus dem *Simplicissimus Teutsch* und auf einen ihr gewidmeten anderen Roman Grimmelshausens an, den *Seltzamen Springinsfeld* von 1670.[27] Das ohne Erscheinungsjahr (vermutlich um 1691) und mit fiktiver Verlagsangabe erschienene Werk ist in der Forschung dem Marburger Juristen Otto Philipp Zaunschliffer (1653–1729) zugeschrieben worden, seine Verfasserschaft darf aber getrost als ungeklärt bezeichnet werden.

Zunächst zu Johann Jacob von Grimmelshausen: Der Autor des *Simplicissimus Teutsch* hat mehrere Handlungselemente aus der *Flöh Haz* übernommen. Auch er kombiniert die Institution eines Tribunals mit der Figur Jupiters, und auch er greift die heikle Beziehung zwischen Frauen und Flöhen auf. Bei Fischart wurde der *Rechtshandel der Flöh mit den Weibern* (so der Untertitel des Werks) unter Berufung auf eine göttliche Instanz entschieden, und zwar zu Ungunsten der Flöhe. Dabei blieb unerheblich, dass der Flohkanzler Menschen und Tiere aufgrund von Prämissen voneinander abgrenzte, die heute aus anthropologischer und auch aus zoologischer Sicht unhaltbar sind, ja die schon zu Lebzeiten Fischarts überholt waren, wie ein Emblem Guillaume de La Perrières belegt (). Der Flohkanzler schob den Streit zwischen Frauen und Flöhen kurzerhand auf eine metaphysische Ebene, und dabei zeigte sich: Gegenüber einer mit der Theologie im Bunde stehenden Parteinahme waren andere Beweggründe und Einwände chancenlos. Fischart hatte in seiner *Flöh Haz* zur – damals – schärfsten Waffe gegriffen, um den langwierigen Rechtshandel entscheiden und beenden zu können.

Ganz anders ist es im *Simplicissimus Teutsch.* Grimmelshausens Jupiter geht es hauptsächlich um die Beendigung des Dreißigjährigen Krieges, auf die er mit seiner Frage «Was bringst du neues von Münster?» (S. 387) anspielt. Er hegt wenig Hoffnungen auf den Erfolg der langwierigen westfälischen Friedensverhandlungen und möchte stattdessen selber eingreifen mithilfe eines ‹Teutschen Helden›, der mit Gewalt den Kriegsgräueln ein Ende setzen soll. Sein alternativer Friedensentwurf wird jedoch ironisiert und problematisiert – vor allem, weil Jupiter wohl nur ein Phantast ist, «der sich überstudirt / und in der Poeterey gewaltig verstiegen» hat (S. 209). Ob er wirklich wahnsinnig ist oder sich nur stellt, als sei er es, bleibt offen. Der Ich-Erzähler Simplicius versucht durch provozierende Fragen Klarheit über den Geisteszustand dieser seltsamen Person zu erlangen. Wie auch immer wir Lesenden den Mann einschätzen, seine An- und Absichten sind überrissen, selbst wo sie nachvollziehbar und sympathisch erscheinen. Im Unterschied zum Jupiter Fischarts ist der Grimmelshausen'sche *keine* Gottheit; er ist eher ein anderer *Don Quichotte*, der sich wie einer der vielen Narrengestalten aufführt, die der Romanheld Simplicius im Laufe seines Lebens übernimmt. Von Zeit zu Zeit ist dieser Jupiter «gantz hirnschellig und unwillig über das Menschlich Geschlecht» (S. 387). Sein Zorn richtet sich dann gegen die unterschiedlichsten Bevölkerungsgruppen, die er allein oder mithilfe seines ‹Teutschen Helden› abstrafen möchte:

gegen die Soldateska und ihre machtgierigen Anführer, gegen die Kriegsgewinnler und Profiteure, gegen die Feinde der «Teutschen Nation» und die Spalter der christlichen Religion, insbesondere aber gegen alle, die den Bewohnern des Olymps – also seinen angeblichen Götter-Kollegen – den Garaus machen wollen. Um diese Zerstörer aller moralischen Werte zum Schweigen zu bringen, schreckt er selbst vor brutalster Gewaltanwendung nicht zurück. Er, der einen allgemeinen Frieden durchsetzen möchte, gebärdet sich wie einer der schlimmsten «Kriegsgurgeln» (S. 213). Als ob er aber die Diskrepanz zwischen seinen Vorsätzen und den dafür eingeplanten Mitteln bemerken würde, verstummt er plötzlich und entkleidet sich:

> In dem Jupiter so drohete / zog er in Gegenwart meiner und der gantzen Partey die Hosen herunder ohn einige Scham / und stöbert die Flöh darauß / welche ihn / wie man an seiner sprencklichten Haut wol sahe / schröcklich tribulirt hatten (S. 218).

Der jähe Wechsel von zorniger Rede zu stummer, aber heftiger Geste zeigt nicht nur einen Leidenden, er macht auch deutlich, wie martialische Worte unversehens zu martialischen Taten werden. Nur *scheinbar* nämlich ist der Übergang mit einem Themenwechsel von der Politik zur Hygiene verbunden. In Wahrheit stellt er den ohnmächtigen und verzweifelten Versuch Jupiters dar, den zuvor artikulierten politischen Intentionen Nachdruck zu verleihen. Auf die Frage des verblüfften Simplicius, warum er (Jupiter) jetzt, statt große «heyllose Ehrendieb und Gotts *schändenden* Verläumder mit Donner und Blitz» zu verfolgen, «kleine Schinder» bestrafe (S. 218), erzählt der vorgebliche Göttervater eine Geschichte, die sich wie eine schlechte Zusammenfassung der Versdichtung Fischarts anhört. Eine Abordnung von Flöhen habe sich bei ihm beschwert über die Art und Weise, wie ihre Artgenossen von den «Weibern» geknickt, d. h. zu Tode gefoltert worden seien. Die Flöhe hätten das ihnen zugewiesene Territorium im Hundefell nur darum verlassen, weil manche «Weiber [...] ihr Schoßhündlein () mit Bürsten / Kämmen / Seiffen / Laugen und anderen Dingen dermassen» behandelt hätten, dass ihnen gar nichts anderes übriggeblieben sei, als zu fliehen und andere Wirtsleute aufzusuchen. Er, Jupiter, habe sich durch derlei Klagen erweichen lassen und den Flöhen Aufenthaltsrecht an seinen Körper eingeräumt; sie aber hätten ihm dermaßen zugesetzt, dass er nun seine Erlaubnis zurückziehen und wie die «Weiber [jene] schlimmen Kunden» ermorden müsse (S. 220). Auch gegenüber den Flöhen verhält sich Jupiter also inkonsequent: Er, der sie schonen wollte, betätigt sich als «schröcklicher Tribulierer», weil sie ihn «schröcklich tribuliert» haben. Sein Massaker an den Flöhen wird zum Gleichnis der schrecklichen Massaker an den Menschen, die der Roman mehrfach und in kaum zu überbietender Drastik vor Augen führt – in den Folterszenen der Soldaten und Bauern im ersten Buch etwa, in der Schlacht bei Wittstock und nicht zuletzt in dem großen allegorischen Traum von der Kriegseiche, wo es von den Soldaten heißt, dass sie «morden / und wieder ermordet werden / todt schlagen / und wieder zu todt geschlagen werden / *tribulirn* / und wieder *getrillt werden*» (S. 45). Dieser Jupiter mit seinem gemarterten Leib kann kein Tribunal erfolgreich durchführen; d. h., er kann nicht den von ihm beanspruchten erhöhten Ort einnehmen, von dem aus jemand *sine ira et studio* Gericht hält. Er ist ein geschundener Schinder – genau wie die Flöhe geschundene Schinder sind. Mit der Einbindung des selbsternannten Richters in die zu richtende Sphäre hebt sich das Tribunal auf, und der Unterschied zwischen Ankläger und Angeklagten verwischt sich.[28] Grimmelshausen lässt Menschen und Flöhe gleichermaßen als Täter und Opfer erscheinen. Beide erzeugen und erfahren Leid. In der Bildenden Kunst ist dem Floh eine solche Doppelrolle erst sehr viel später zugesprochen worden, und zwar in dem Gemälde *Der Floh* (*Blecha*) von Josef Čapek, das mitten im Ersten Weltkrieg entstanden ist ().

Grimmelshausens *Flöh Haz / Weiber Traz* ist also mehr als eine Parteirede gegen Flöhe und Weiber. Sie entwirft eine noch radikalere und umfassendere Welt als Fischarts groß angelegte Fabel. Ja, diese liest sich anders nach der Lektüre und mit der Kenntnis der Jupiter-Episode aus dem *Simplicissimus.* Der Rechtshandel zwischen Flöhen und Frauen wird bei Grimmelshausen zur Nebensache. Bei Fischart war er merkwürdig asymmetrisch behandelt worden (). Einerseits wurde der Partei der Flöhe sehr viel Aufmerksamkeit geschenkt; andererseits bekam die Sache der «Weiber» Sukkurs durch den Flohkanzler, der das Verhalten der Flöhe als Verstoß gegen die Schöpfungsordnung verurteilte. Er berief sich dabei auf Jupiter, einen wenn auch heidnischen Gott, der jedoch bezeichnenderweise als handelnde Erzählfigur gar nicht in Erscheinung trat. Die Partei der Frauen verzeichnete zwar einen knappen Sieg, aber die Berufung auf eine transzendente Instanz überzeugte zumindest aus heutiger Sicht nicht ganz – auch weil der Flohkanzler nur dekretierte, statt zu argumentieren. Was bei Fischart halbherzig blieb, findet bei Grimmelshausen eine entschiedene Antwort: Bei ihm nimmt der Kampf der Flöhe und der Flohgegner kein Ende und kennt auch keinen Sieger. Jupiter ist wie die Flöhe und wie die Menschen in *einen* Kampf hineingezogen als Täter *und* Opfer und – wie gesagt – als Schinder *und* als Geschundener. Die Flöhe in Fischarts und Grimmelhausens ‹Flöhhaz› haben aber eines gemeinsam: Rein formal tragen sie dazu bei, dass nach Fabelart «eine Lehre der Lebensklugheit oder Moral» anschaulich werden kann.

Das Zaunschliffer zugeschriebene Werk *Des galanten Frauenzimmers Curieuse Flöh=Jagt* enthält sechs verschiedene kleine Schriften, von denen der erste Teil später vorgestellt werden soll (). Der zweite und der dritte Teil besteht aus Parteireden, wie wir sie aus Fischarts *Flöh Haz* bereits kennen. Der zweite führt alles auf, was «zu der armen gefangenen Flöhen *Defension* und Unschuld» gesagt werden kann, während der dritte «auf den gäntzlichen Ruin und Untergang aller Flöhe überhaupt» hinwirken soll. Eine Verteidigungsrede steht also einer Anklagerede gegenüber. Die «Defension» preist in Anlehnung an physikotheologische Ansichten () den Floh als eines von den «allergeringsten und kleinesten Geschöpffen», an denen sich «des Schöpffers allergröste Allmacht und Weisheit zeige» (S. 91). Es folgt eine Aufzählung aller nur erdenklichen Vorzüge: Dieses Tier sei von uralter Abstammung, lustig, verschwiegen, gesund, stark, wohlgestaltet, ja es wird ihm sogar – wie bei John Donne und Robert Hooke – Schönheit zugesprochen (). Das «subtile und kaum mit dem Gesichte [d. h. mit dem bloßen Auge] erkennliche Thierlein» (S. 103) sei auf der Flucht so gut wie nie zu erwischen; es verstehe es meisterlich, sich unsichtbar zu machen, habe aber selber Augen wie ein Luchs.[29] Dass es Menschen und vor allem Frauen steche, sei nicht zu leugnen, aber es tue das nur, um nicht zu verhungern, und außerdem seien seine Stiche so wirksam und nützlich wie das Schröpfen, die über Jahrhunderte hinweg populärste Heilmethode, für die man ansonsten viel Geld den Ärzten zu bezahlen habe – ein Argument, das schon Fischart in der *Flöh Haz* (V. 233–236 und 2328) zugunsten der Flöhe vorgebracht hatte.

Der Aneinanderreihung von lobenswerten Eigenschaften folgt dann im dritten Teil der *Curieusen Floh=Jagt* eine Schmähschrift, die alle jene Vorzüge bestreitet und die Flöhe als «loose umher streiffendes Gesindel ins Exilium zu den Hunden () oder zu denen verdammten Seelen unter die Klauen der Höllischen Furien» jagen möchte (S. 130). In den beiden Schriftchen prallen also heftige Lobsprüche und ebenso heftige Verdammungsurteile aufeinander. Ihr Verfasser erweist sich als eifriger Leser und geschickter Kompilator nicht nur von Fischarts *Flöh Haz. Ein* Argument, das er zum Lob der Flöhe anführt, verdient dabei besondere Beachtung. Bei Fischart sagte die Stechmücke, sie glaube, dass «bey köstlichen Leuten / Auch köstlich speis wer zuerbeuten» (V. 825 f.). Das Prädikat des Köstlichen wurde oben vor allem auf das Vokabular und die Haltung des Herausgebers Hauffen bezogen (). Was mit der Köstlichkeit aber genau gemeint war, welche Bedeutung ihr für die Flöhe und darüber hinaus für die unteren und mittleren stadtbürgerlichen Stände zukam, wurde nicht erörtert. Insbesondere blieb offen, ob das Köstliche bloß eine delikate Speise sei oder aber eine Nahrung bezeichne, die den Floh von Grund auf verändere. Wenn es zuträfe, dass ihn das Köstliche selber köstlich macht, dann würde die Fabel Fischarts erheblich an politischer Brisanz gewinnen. Der soziale Aufstieg wäre möglich, ja die bestehende Ständeordnung ließe sich aushebeln zugunsten eines dynamischeren Modells, in dem anstelle der Schichten die Klassen stünden. Der Floh würde – frei nach dem berühmten Ausspruch Ludwig Feuerbachs – zu dem werden, was er ‹isst›, d. h. womit er sich ernährt hat. Ob Fischart diese trivialmaterialistische Position aus dem 19. Jahrhundert in seiner Tierfabel tatsächlich schon antizipiert hat, muss offenbleiben. Zweifellos wird sie aber in der *Flöh-Jagt* erwogen. Der Lobredner will sich in seiner Verteidigungsschrift «nicht nach der gemeinen Art / sondern nach einer neuen Façon» bei seiner Defension bedienen und wendet sich an die Flöhe mit den Worten:

> Meine allererste Mutter=Milch habe ich in euer Gesellschafft aus denen Brüsten gesogen / worbey ihr andre täglicher Gäste gewesen / und die kaum in Blut wieder verwandelte Milch / wieder aus meinem Körper in euren Wanst gesogen; ihr Flöhe habt in meinem aufgeschossenen Jünglings=Alter daheim und daraussen aufm Rath=Hauß und in den Feld=Lägern / mir jederzeit getreue Gesellschaft geleistet (S. 95).

Unüberhörbar ist zunächst der frivole Unterton dieser Fürsprache. Da der «General Flöh=Procurator» im selben Atemzuge die Flöhe als «Geschmeiß» bezeichnet und von ihrem «Wanst» spricht, ist seine Rede nicht frei von Ironie. Nichtsdestoweniger wird hier der Unterschied zwischen Menschen und Flöhen nahezu getilgt; die Letzteren werden als Milchgeschwister des Lobredners kenntlich gemacht. Weil sie einen menschlichen Wirt gehabt hätten, seien sie «von einem lebendigen Menschen entsprossen» (S. 97). Ihre Nahrung hat sie menschenähnlich gemacht. Zwischen ihnen und den Menschen besteht fortan «Bluts=Verwandschafft» (S. 93 und 114). Der mehrfach verwendete Begriff ist nicht erbbiologisch und schon gar nicht rassistisch zu verstehen; er bezieht sich allein auf den Sachverhalt, dass hier, ähnlich wie in dem Gedicht von John Donne (), zwei verschiedene Lebewesen durch ein und dieselbe Nahrung verbunden worden sind. Gleichwohl wird die These des Flohverteidigers, wonach es einen genealogischen Zusammenhang zwischen Menschen und Flöhen gebe, vom Ankläger, also in Teil III der *Curieusen Floh=Jagt*, heftig zurückgewiesen (S. 131 f.).

Wie der erste Teil jedoch belegt, hat sich jene These hartnäckig behaupten können – freilich nicht in dem Sinne, dass sie als Argument für die Selbstbehauptung der Flöhe gegenüber den Menschen gedient hätte. Der Redner dort gesteht zwar die enge, ja engste Beziehung zwischen den beiden Lebewesen ein, interpretiert sie aber – im Unterschied etwa zu Christoph Gottlieb Richter (S. 25 f.) – *ausschließlich* als Eigentumsverhältnis. Von einem dezidiert juristischen Standpunkt aus diskutiert er verschiedene, zuweilen sehr spitzfindig ausgedachte Situationen, die rechtlich ungeklärt seien. Die selbst gestellten Hausaufgaben beantwortet er dann vor allem unter Berufung auf seine Erfahrung und seine Kenntnis des römischen Rechts. Die sechste Frage («Quæst. VI») etwa diskutiert, «ob nemlich der Floh von einem Adelichen Frauenzimmer edler und von besserer Condition Haut und Ansehen / als der von einer gemeinen Person» ist. Die langfädige und gestelzte Antwort dieses Richters lautet (etwas abgekürzt):

> Ich sage ohn Bedencken im ersten Moment: Ja freylich / allerdings / und *sens Disput.* 1) Weil es in *Praxi* also heißt: daß des Schultzen seine Kühe vor andern den Vorzug haben. 2) Der ander Haupt=Beweiß ist[:] Gleichwie derjenige / der ein besser und ansehnlicher Ehren=Amt vorstehet / besser und grösserer Ehren würdig geachtet wird: also auch gegentheils / sind Unterthanen eines grossen Fürsten in höheren Ansehen / als eines Fürsten der nicht so viel zu bedeuten hat [...]. Aus diesem allen folgt nun der allgemeine Schluß; daß / wenn etwa ein schlechter einem vornehmen Floh begegnet / jener diesem den Vorzug lasse / und selbst seine *Reverence* bezeige / um ihme aus dem Wege zu hüpffen / und sein Hütlein abzunehmen / widrigen fals / kann ein solcher schlecht *moralisirter* und unbescheidene[r] Floh *injuriarum* belanget werden (S. 26 f.).

Wenn dieser «allgemeine Schluß» auch nicht zwingend erscheint, so offenbart er doch die Denkweise des Juristen. Schon die Beispiele weisen den

Richter nicht gerade als Revolutionär aus: Für ihn ist der Floh eine Sache – er gehört seinem Wirt, wie die Ochsen dem Bürgermeister gehören. Er ist Annex, Körperteil seines Ernährers. Mitgehangen und mitgefangen kann er Schaden nehmen oder auch in den Genuss von Privilegien kommen – ganz nach der gesellschaftlichen Position und dem Renommee seines Wirts.

Ausgerechnet dieser erste Teil der *Curieusen Floh=Jagt* fand nun ungewöhnlich große Beachtung. Er wurde mehrfach als selbständiges Büchlein nachgedruckt, während die anderen Teile meines Wissens nie mehr aufgelegt wurden. Allein im 19. Jahrhundert erschienen sechs – freilich keineswegs identische – Ausgaben. Der Erfolg war allerdings nicht nur den restaurativen Tendenzen der Beweisführungen geschuldet, sondern auch der Tatsache, dass der neue Herausgeber und Bearbeiter Christian Heinrich Gottlieb Köchy (1769–1828) sich einer doppelten Mystifikation bediente. Er verschwieg in seiner Ausgabe von 1823 seinen Namen wie auch den Zaunschliffers und behauptete, die Schrift sei vom jungen Goethe in dessen Straßburger Zeit verfasst und kürzlich in der Königlichen Bibliothek zu Paris entdeckt worden. Die unter falscher Flagge segelnde zweisprachige Ausgabe (Latein und Deutsch), die jetzt *Juristische Abhandlung über die Flöhe von Johann Wolfgang Goethe* hieß, machte Furore und rief zahlreiche Literaturdetektive auf den Plan, wie die Ausgaben von 1923 und 1980 dokumentieren. Hier sei nur festgehalten, dass die Schrift die erwähnten restaurativen Tendenzen noch zusätzlich verschärfte. Die zitierte «Quæst. VI» aus der Ausgabe von ca. 1691 lautete nun in der Fassung von 1866 bzw. in deren Neudruck von 1923 folgendermaßen:

§ 6

Über adeliche und bürgerliche Flöhe.

> Daß der Floh einer adeligen Dame auch dem vornehmen Stande angehöre, darüber kann gar kein Zweifel obwalten. Denn gleichwie adelige Damen den Bürgerfrauen im Range weit voranstehen, also gebührt auch ihren Flöhen eine größere Achtung, welche billig den Flöhen der bürgerlichen Frauen verweigert wird. Die Nebensache folgt der Hauptsache; es ist deshalb der Floh einer adeligen Dame auch wirklich selbst *adelig*, und genießt um deßwillen der Privilegien, Vorrechte und Freiheiten des Adels. Eben so ausgemacht ist es aber, daß der Floh eines Bürgermädchens auch zu der *gemeinen* Klasse gehöre, woraus es sich denn leicht erklärt, daß er mit Recht ein *Plebejer* heißt und ihm deßhalb auch die besonderen Rechte des Adels nicht zugesprochen werden dürfen (S. 29–31; Hervorhebungen des Originals kursiv!).

Die «Nebensache folgt der Hauptsache»; sie *hat* ihr zu folgen – befindet der falsche Goethe. Gegenstände, selbst Lebewesen und Ideen werden gleichermaßen einem Eigentümer zugesprochen, der über sie die Verfügungsgewalt besitzt und auch behalten soll. In § 21, der eine «sehr spitzfindige Frage» beantworten soll, wird umständlich erklärt, warum die Flöhe – diese wohl quecksilbrigsten Tiere überhaupt – nicht «zu den beweglichen», sondern zu den «unbeweglichen Sachen» gehören (S. 77–79). Sie müssten streng überwacht werden, damit sie nicht ausscheren und damit das «Ausgemachte» ein für alle Male abgemacht bleiben kann.

Die Reaktion des 1823 ja noch lebenden Goethe auf dieses ihm zugeeignete Kuckucksei ist nicht überliefert. Wie er über die «Nebensache» dachte, ist vielleicht am ehesten dem Lied Mephistos in ‹Auerbachs Keller› zu entnehmen (). Im realen Leben, in der Literatur und in der Bildenden Kunst haben sich die Flöhe der rigiden Unterdrückung zu erwehren versucht, indem sie sich zwischen Präsenz und Absenz angesiedelt haben (). Sie wurden Meister des Verschwindens, ja sie wurden zu *ewigen Verschwindern* – obwohl ihr Bestand wie der aller Insekten in den letzten Jahrzehnten stark abgenommen hat.

12 Flöhe als Fabeltiere (Plautus, Äsop, La Fontaine, Boursault und nochmals Pfeffel)

> Die Kupplersippschaft ist nach meiner Ansicht für die Menschheit
> Geradsoviel wie Fliegen, Mücken, Wanzen Läuse, Flöhe:
> Verdrießlich, schädlich, lästig seid ihr und zu gar nichts nütze
> (Plautus, Bd. III, S. 51).

Was hier die Titelfigur Curculio (der Name ist sprechend und heißt so viel wie ‹Kornwurm›) in der gleichnamigen Komödie des Maccius Plautus sagt, ist charakteristisch für das Bild, das man sich in der Antike von den kleinen Insekten machte. Sie waren «bono usui estis nulli» (S. 50), d. h. «zu gar nichts nütze», konnten also offenkundig auch nichts lehren. Entsprechend hatten sie in der Fabeldichtung nichts zu melden. Äsop, der als Begründer der Gattung gilt und von dem wir nicht einmal wissen, ob sein Name nicht bloß eine Sammelbezeichnung für verschiedene Autoren gewesen ist, hat mit dem Floh nicht viel anfangen können. In den ihm zugeschriebenen Fabeln dominieren die ‹großen› Tiere, d. h. solche, die sich angeblich durch Kraft, physische Größe, Schönheit oder Klugheit auszeichnen, wie der Löwe, der Adler und der Fuchs. Der Floh galt als zu mickrig, zu unansehnlich, als nicht edel genug (). Bei Äsop kommt er höchst selten vor, und wenn, dann geschieht es auf eine Weise, die seine Nichtswürdigkeit zeigt und den Schluss nahelegt, dass er eigentlich in einer Fabel nichts zu suchen habe. Eine der von Thomas Voskuhl übersetzten Äsop-Fabeln lautet:

Der Floh und der Athlet

Ein Floh sprang einmal auf einen überaus eingebildeten Athleten, ließ sich nieder und biss ihn. Der Sportler ärgerte sich und spitzte die Finger, um den Floh zu zerquetschen. Der Floh aber machte sich mit einem großen Sprung davon und entkam so dem Tode. Da seufzte der Athlet und sagte: «Ach Herakles, wenn du mir bei einem Floh so hilfst, wie soll es dann erst bei meinen Gegnern werden?»

Die Fabel lehrt auch uns also, nicht wegen Kleinigkeiten und ungefährlicher Dinge geradewegs die Götter um Hilfe anzurufen, sondern nur in größeren Notlagen (Aesop, S. 219).

Die Götter sollte man – so die Lehre – nur in wichtigen Angelegenheiten behelligen; ein Floh und sein Biss aber seien nicht wichtig genug. Würde eine Fabel von ihnen, also von «Kleinigkeiten» und harmlosen Vorfällen, berichten, dann sei sie missglückt und finde nur bei «überaus eingebildeten» Menschen Interesse. Sie verdiene es jedenfalls nicht, dass man von ihr viel Aufhebens macht. Von wenigen Ausnahmen abgesehen,[30] könne sie uns nichts lehren.

Diese Ansicht hat auch Jean de La Fontaine (1621–1695) in einem seiner Gedichte vertreten. Seine Tierfabel *L'homme et la puce* lässt jedenfalls kein gutes Haar an Menschen, die sich über einen Floh aufregen:

Par des vœux importuns nous fatiguons les dieux,
Souvent pour des sujets même indignes des hommes:
Il semble que le Ciel sur nous tant que nous sommes
Soit obligé d'avoir incessamment les yeux,
Et que le plus petit de la race mortelle,

A chaque pas qu'il fait, à chaque bagatelle,
Doive intriguer l'Olympe et tous ses citoyens,
Comme s'il agissait des Grecs et des Troyens.

Un sot par un puce eut l'épaule mordue,
Dans les plis de ses draps elle alla se loger.
«Hercule, ce dit-il, tu devrais bien purger
La terre de cette hydre au printemps revenue!
Que fais-tu, Jupiter, que du haut de la nue
Tu n'en perdes la race afin de me venger!»

Pour tuer une puce, il voulait obliger
Ces dieux à lui prêter leur foudre et leur massue
(1898, S. 257).

Zu Deutsch:

Der Mann und der Floh

Was doch nicht alles von den Göttern man
Sich wünschen möchte! Mancher geht sie an
Um Nichtigkeiten, grad als ob der Himmel
Das ganze sterbliche Gewimmel
Ohn Unterlaß im Auge haben müßte
Und nichts Gescheiteres zu schaffen wüßte,
Als voller Neugier auf des Kleinsten Tun zu achten,
Wie die Olympier mit begreiflichem Gelüste
Es einst vor Troya bei den Griechen machten.

Ein Dummkopf ward von einem Floh gestochen,
Der unauffindbar dann sich im Gewand verkrochen.
Er rief Herkules an: «Gewaltiger, rühre dich,
Die Welt von dieser neuen Hydra zu befrein!»
Und gar den Zeus: «Was tust du, Gott im Wetterschein,
Wenn jetzt du zögerst?! Komm herab und räche mich!»
Er wünschte, daß ihm Götter Blitz und Keule böten,
Einzig um einen Floh zu töten
(1923, S. 144 f.).

Wer sich über einen Flohstich beklagt und gar deswegen die Götter um Hilfe anruft, wird in diesem Gedicht als «Sot», als «Dummkopf», gescholten. Der Dramenautor Edmé Boursault (1638–1701), ein etwas jüngerer Zeitgenosse La Fontaines, hat demgegenüber eine andere Position bezogen. Er hat zwei sehr erfolgreich aufgeführte, heute aber kaum noch bekannte Stücke geschrieben, die den sagenhaften antiken Fabeldichter in einer *Comédie Héroique* zeigen. In einer greift er offensichtlich die Argumentation des Pseudo-Longin an () und wendet sich entschieden gegen eine Fixierung auf das Große und das Erhabene. Der Verfasser der antiken Schrift Περι *υψους* hatte den Nil, die Donau, den Rhein oder gar das Meer als Sujets für einen Redner vorgeschlagen, Boursaults Fabeldichter hingegen thematisiert eine Quelle und ein Bächlein. Ich zitiere sein Gedicht aus dem Theaterstück *Esop à la Cour* von 1701 in der zeitgenössischen Übersetzung von George Wilhelm von Reinbaben:

Der Fluß und seine Quelle. Fabel.

Als einst ein kleiner Fluß sah' andre Wasser fliessen
In seinen Bauch mit großem Uberfluß /
Und er die Felder kont um sich herum begießen
Erweckt ihm Eckel und Verdruß
Die Quell / aus der er war entsprungen /
Die ihn hat einen Bach gemacht /
Er dachte nicht daß ihm sein Werck gelungen
Durch diese Quelle war / die ihn ans Licht gebracht /
Doch dieser Hochmuth war nicht leichtlich zu verschmertzen /
Die Quelle wurde sehr betrübt
Es gieng ihr dieser Streich gewiß gar tief zu Hertzen /
Wie sprach sie / soll denn der / den ich so sehr geliebt
Und ihm sein Wesen gar gegeben /
Vor mich so unerkäntlich seyn /
Denn hätt er nicht von mir empfangen Geist und Leben
So flöß itzt keine Fluth in seinen Bauch hinein
(Reinbaben, S. 224 f.).

Der Fabeldichter, der in Boursaults Schauspiel «Esop» heißt, ist ein ehemaliger Sklave, der am Hofe des lydischen König Cresus/Krösus Minister geworden ist. Wegen seiner Tugendhaftigkeit und seiner Gabe, bei jeder passenden und unpassenden Gelegenheit eine Fabel vorzutragen, hat er die Gunst des Königs erworben. Mit *La Fleuve et sa Source* redet Esop seiner stolzen Geliebten Rodope erfolgreich ins Gewissen, indem er den Hochmut eines Flusses gegenüber den Bächen und der eigenen Quelle geißelt und die Dankbarkeit eines Großen gegenüber den Kleinen einfordert (Boursault, S. 62).

In einer anderen Fabel des Theaterstücks lässt Boursault einen von Flohbissen geplagten Mann zu Wort kommen. Die wohl auf ein von Burkard Waldis überliefertes Äsop-Gedicht (III/81, S. 303 f.) zurückgehende Fabel figuriert im Drama als Kommentar zur zentralen Intrige des Schauspiels. Zwei Hofleute versuchen, Esop, den Vertrauten des Königs, zu Fall zu bringen. Ihre Machenschaften werden aber aufgedeckt, und der erzürnte Cresus überlässt es seinem neuen Günstling, die beiden ungetreuen Geheimen Räte zu bestrafen. Bevor es dazu kommt, rezitiert Esop ein letztes Mal eine Fabel: *L'Homme et la Puce.* In der Übersetzung von Reinbaben lautet sie

Der Mensch und der Floh.

Als einst ein kleiner Floh hatt' einen Mann gebissen
Wurd er mit großem Zorn von seiner Haut gerissen
Und auf den Tisch gelegt / ja der erhobe schon
Die Hand / um ihm damit zu geben seinen Lohn.
Der Floh fieng hefftig an zu schreyen /
Und bath / es möchte doch der Mann / ihm nur verzeihen
Was er an ihm gethan /
Ihr wisset ja sprach er / wie schlecht ich beißen kan
Und daß ein kleiner Biß euch nichts wird können schaden /
Ich bitte sehet doch mich dieses mahl mit Gnaden
Und holden Augen an.
Allein es sprach zu ihm der noch erzürnte Mann /
Ich muß zwar selbst gestehen /
Daß mir durch deinen Biß kein großes Leid geschehen /
Allein die Ursach ist nur deine schlechte Krafft /
Sonst hättest du vielleicht mich aus der Welt gerafft
Und also muß ich dir nach deiner Boßheit lohnen /
Und werde deiner Haut auf keine Weise schonen
(S. 283 f.).

Der Gebissene geht auf die Bitten des gefangenen Flohs nicht ein, obwohl er, wie dieser, der Meinung ist, dass der Flohbiss ihm «kein großes Leid» zugefügt habe. Indem er jedoch auf einer Strafe besteht, orientiert er sich nicht am Resultat der Handlung, die ja tatsächlich nur geringfügigen Schaden angerichtet hat, sondern an dem der Handlung zugrunde liegenden Motiv, das er zu kennen vorgibt. Der Mann glaubt, der Floh habe ihn töten wollen; dass es dazu nicht gekommen sei, liege einzig an dem begrenzten Vermögen des Flohs. Wenn dieser mehr Kraft gehabt hätte, wenn er stärker gewesen wäre, dann hätte er ihn «vielleicht» sogar getötet. Der Mann wertet den Biss also als Tötungsversuch mit untauglichen Mitteln. Er kann die Tötungsabsicht des Flohs zwar nicht beweisen, setzt sie aber voraus und macht sie zum entscheidenden Kriterium bei der Festlegung der Strafhöhe. Damit bezieht er eine eindeutige Position in einem jahrhundertelangen Rechtsstreit, der Erfolgsunwert und Handlungsunwert im Unrecht gegeneinander ausspielte (s. Krauß, S. 14–53, und Pieth, S. 103). Boursaults Esop plädiert in seiner Fabel im Sinne einer subjektiven Rechtslehre. Man würde darum eigentlich erwarten, dass diese Haltung auch sein weiteres Verhalten im Drama bestimmen würde und unmittelbare Auswirkung hätte auf die Bestrafung der beiden Höflinge. Diese müssten den Lohn für ihre «Boßheit» empfangen und mit dem Tode oder doch zumindest mit dem Entzug all ihrer Reichtümer bestraft werden, obwohl sie *de facto* kein großes Unheil angerichtet haben. Sie *wollten* Schaden zufügen, aber es gelang ihnen nicht. Wie der gebissene und erzürnte «Mann» in der Fabel müsste nun auch Esop den Vorsatz für die Tat nehmen und keine Gnade gegenüber den beiden Intriganten walten lassen. Dieser Esop aber hält sich keineswegs an die von ihm in seiner Fabel propagierte Maxime. Er verschont die beiden Übeltäter und verzeiht ihnen: Er schaut sie mit «Gnaden / Und holden Augen» an. Das Stück endet, wie es die Gattung der *Comédie héroique* erfordert, mit einer allgemeinen Versöhnung, die noch zusätzlich gekrönt wird durch eine Doppelhochzeit (Esop bekommt Rodope zur Frau und Cresus heiratet Arsinoe). Die Fabel selber aber ist dadurch depotenziert und auf ein retardierendes Moment am Ende des Dramas herabgestuft worden.

Damit ist freilich die Eignung eines Flohs, in Fabeln Bedeutung zu übernehmen, nicht grundsätzlich infrage gestellt. Auch in Esops Fabel bekommt das stumme Tier eine Stimme. Der Floh darf sich rechtfertigen, seine Gedanken, Wünsche und Bedenken offenlegen und aussprechen, auch wenn ihm nicht verziehen wird. Sein menschlicher Wirt behandelt ihn wie seinesgleichen, aber ironischerweise rechtfertigt er gerade damit sein gnadenloses Urteil. Entscheidend sei die vom Floh eingesetzte «Boßheit», also eine innere Disposition, die aufgrund der physischen Eigenheiten des kleinen und obendrein immer wieder sich entziehenden Tiers *nur mittelbar* erschlossen wurde. Wiewohl unsichtbar, wächst diese «Boßheit» ins Ungeheuere, je mehr das Vergehen einzig aufgrund von Annahmen über die körperliche Beschaffenheit des Flohs eingeschätzt wird. Damit wird dem Tier eine Bedeutung zugesprochen, die ihm eine am Resultat (dem angerichteten Schaden) orientierte Beurteilung versagt hätte, die ihn jetzt aber nichtsdestoweniger auch zum Fabeltier qualifiziert. Ja er, der Winzling, rückt in den Kreis der ‹großen Tiere› auf und kann sich nun wie der Löwe, der langlebige König unter den Fabeltieren, oder der Adler gleichfalls kraftvoll in Szene setzen. Boursault stellt mit seinem Drama *Esope à la Cour* und erst recht mit der eingestreuten Fabel *L'Homme et la Puce* die Maxime infrage, wonach nur etwas Großes Bedeutungsträger sein könne (). Indem nicht die faktische Auswirkung von Kraft und auch nicht eine sprichwörtlich zugestandene Eigenschaft dem Floh Ansehen verschafft, sondern eine in Relation zu den nahezu unsichtbaren Gliedmaßen supponierte subjektive Stärke, wird das geringe Tier aufgewertet: Es wird zwar zum Tode verurteilt, aber dennoch für würdig erklärt, in einer Fabel aufzutreten. Es trägt also dazu bei, den Themenbereich der Gattung ‹Fabel› auszuweiten.

Von dieser Erweiterung machte auch einer der produktivsten Fabeldichter des 18. Jahrhunderts Gebrauch. Der 1736 in Colmar geborene protestantische Reformpädagoge und Bildungspolitiker Gottlieb Conrad Pfeffel, von dessen Fabel *Die Spinne und der Floh* schon die Rede war (), verfasste 1764 ein Gedicht mit dem Titel *Der Floh*, das mit hoher Wahrscheinlichkeit auf Boursaults *L'Homme et la Puce* in *Esope à la Cour* zurückgeht. Es wird jedenfalls im ersten Teil der *Poetischen Versuche* Pfeffels, und zwar im ‹Chronologischen Verzeichniß der Stücke› (S. 201 und 203), zu den «freyen Uebersetzungen» gezählt:

Der Floh

Jüngst biß ein Floh ein altes Weib
Gerade da sie beten wollte:
Sie fuhr ihn nach, packt ihn beym Leib
Und schwor ihm, daß er sterben sollte.

Ach, fieng der arme Sünder an,
Gestrenge Mutter, Gnade, Gnade!
Ich habe dir ja nichts gethan;
Ein Flohstich ist ein kleiner Schade.
Nein, sprach sie, hoffe nichts von mir!
Das Unglück ist zwar klein zu nennen;
Allein die Schuld lag nicht an dir,
Du hast mir mehr nicht schaden können
(Bd. I, S. 142).

Hier ist es eine Frau, die einen Floh fängt, der sie gebissen hat. Der Gefangene bittet auch hier um Gnade und Vergebung, und auch hier wird ihm beides verweigert. Die «gestrenge Mutter» rückt nicht ab von ihrem Schwur, den Plagegeist zu töten. Sie reagiert auf die Verteidigungsrede des Flohs, indem sie ihn *scheinbar* von Schuld freispricht. Allerdings bezieht sich auch hier ihr Freispruch nur auf das Ausmaß des tatsächlich zugefügten Schadens: Dass es sich in Grenzen hielt, dass der Schmerz unbeträchtlich blieb, könne sich – so die Frau – der Floh nicht als Verdienst anrechnen, denn er sei gar nicht in der Lage gewesen, ihr größeren Schaden anzutun. Im Rahmen seiner Möglichkeiten aber habe er ihr ein Maximum an Schmerzen zugefügt. Darum fühlt sich die Frau berechtigt, den Floh zu töten.

Es ist die gleiche Logik, die auch Esop in Boursaults Fabel propagiert hatte. Sie beruht auf der Unterstellung, der Floh habe die Absicht gehabt, die Frau zu töten, obwohl er sich ja vermutlich nur hatte ernähren wollen. Hätte er tatsächlich die Mittel gehabt und seine Wirtin getötet, dann hätte er sich seiner Nahrungsquelle entledigt und hätte eine andere warmblütige, also lebendige Person suchen müssen (). Eine solche Argumentation liegt jedoch dem «alten Weib» und wohl auch Pfeffel fern. Es gibt einen Hinweis, dass der Autor die Einstellung der Frau zu teilen scheint: Diese schickte sich an zu «beten», ist also offenkundig eine gläubige Christin.

Boursault und Pfeffel sprechen von einem Tierchen, zielen aber auf Menschen. Wenn der Floh bei Boursault ganz anders behandelt wird als die beiden Hofleute, die mit der Fabel doch angesprochen sind, dann lässt sich eine solche Abweichung nicht mit philosophischen, juristischen oder naturkundlichen Einschätzungen verständlich machen, denn unabhängig von allen (in dieser Epoche höchst kontrovers diskutierten) naturwissenschaftlichen Hypothesen über Lebewesen galt für die Fabel, «daß die Tiere, und andere niedrigere Geschöpfe, Sprache und Vernunft haben» – so Lessing (4. Bd., S. 50) – und dass darum in dieser Gattung kein Wesensunterschied zwischen Mensch und Tier gemacht würde. Die beiden ertappten Intriganten hätten demnach bei Boursault dasselbe Schicksal erwarten können und müssen wie der ertappte Floh. Die Dramenfigur Esop lässt jedoch gegenüber den beiden Hofleuten Gnade walten. Der Autor Boursault hielt sich demnach, wie erwähnt, mehr an die Gattung der Komödie als an die der Fabel.

Ganz anders verhält es sich mit der Gnadenlosigkeit in Pfeffels Floh-Gedicht. Ein Leser von heute könnte versucht sein zu glauben, dass die Frömmigkeit der Frau nur vorgetäuscht sei. Dann wäre der Endzweck der Fabel die Entlarvung einer religiösen Heuchlerin. Eine solche Annahme ist jedoch wenig wahrscheinlich, wenn man die Biographie des Autors berücksichtigt und die Fabel als Wiederaufnahme von Äsops Fabel *Von einem Floh* (Waldis III/82, S. 303 f.) begreift.[31] Außerdem sollte man sich die damalige Vorstellung von Hygiene vor Augen halten. Wie die Diätetik umfasste auch die Hygiene um 1800 noch einen wesentlich weiteren Bereich als im ausgehenden 19. und erst recht im 20. und 21. Jahrhundert; sie betraf die Pflege der leiblichen *und* der seelischen Gesundheit. Das würde bedeuten, dass die «gestrenge Mutter» sowohl um ihr Seelenheil besorgt war (indem sie sich zum Beten anschickte) als auch Maßnahmen zur Erhaltung und Beförderung ihrer körperlichen Verfassung ergreifen wollte (indem sie den Floh fing und ihn töten wollte).

Das «alte Weib» verhielte sich somit wie eine protestantische Verwandte der mutmaßlichen Katholikin auf La Tours Gemälde *La femme à la puce* (). Beiden Frauen wäre gemeinsam, dass bei ihrer Hygiene eine Frömmigkeit zur Geltung kommt, die nicht abgehoben, sondern ganz praktisch und weltzugewandt ist. Freilich stellt sich die Faszination, die das Bild La Tours auslöst, bei Pfeffel nicht in gleicher Weise ein. Das liegt wohl daran, dass der Autor eine Fabel liefern wollte und gleichzeitig zwei einander ferngerückte

Motive – die Sorge um die seelische und die Sorge um die leibliche Gesundheit – parallelschaltete. Diese zumindest aus heutiger Sicht irritierende Doppelspurigkeit ist dem Fabelcharakter des Gedichts abträglich, während sie, wie man sehen wird, in hohem Maße den Reiz, das Geheimnis und auch die Qualität von La Tours Gemälde ausmacht.

Kabinettstücke unter den Floh-Gedichten

13 ‹La pucelle› und ‹La puce› (Des Roches)

Noch immer gilt es als ausgemacht, dass Flöhe mit Vorliebe Frauen heimsuchen ( ). Mindestens ebenso evident ist freilich, dass es vor allem Männer waren, die solche Vorfälle bezeugt und in Wort und Bild festgehalten haben. Eine kaum bekannte Ausnahme stellt das Gedicht *La Puce* von Catherine Des Roches aus der zweiten Hälfte des 16. Jahrhunderts dar. Die Ausnahme verdankt sich einer Situation, die recht genau überliefert wurde, was ziemlich ungewöhnlich gewesen ist für die damalige europäische Literaturlandschaft.

Die Mutter Madeleine Des Roches (1520–1587) war selber schon eine geschätzte Dichterin. Die außerordentlich gebildete und geistvolle Frau stammte aus einer angesehenen bürgerlichen Notariatsfamilie, war zweimal mit einflussreichen Juristen verheiratet und führte in Poitiers einen literarischen Salon, lange bevor die Salons in Frankreich Mode wurden. Sie stand in Verbindung mit nahezu allen bedeutenden französischen Autoren der zweiten Jahrhunderthälfte, u. a. mit dem Gelehrten und Philologen Joseph Scaliger (1540–1609) wie auch mit den Angehörigen der Pariser Dichtergruppe *La Pléiade* (dem ‹Siebengestirn›), Pierre de Ronsard (1524–1585) und Joachim Du Bellay (1522–1560). Von ihren Kindern überlebte nur Catherine (1542–1587),[32] der sie eine sehr sorgfältige Erziehung zukommen ließ. Mutter und Tochter waren – so hält noch Christian Gottlieb Jöcher in seinem *Compendiösen Gelehrten-Lexicon* von 1733 rückblickend fest – «in Sprachen und Wissenschaften sehr erfahren»; in beiden habe man gleichermaßen «die Muse von Frankreich» gesehen (Sp. 901 f.).

Die blutigen Hugenottenkriege hatten dazu geführt, dass Rechtsstreitigkeiten nicht mehr in Paris ausgetragen werden konnten oder über viele Jahre hinweg verschleppt wurden. Der Valois-König Henri III. d'Anjou verlagerte darum 1579 die wichtigen Schwurgerichtssitzungen von Paris nach Poitiers, was zur Folge hatte, dass sich viele bedeutende Juristen in dieser Provinzstadt einfanden. Sie suchten jeweils in der Zeit vom 10. September bis zum 18. Dezember, den so genannten *Grands Jours*, die Nähe zu Mutter und Tochter Des Roches und trugen maßgeblich dazu bei, dass deren Salon seine Blütezeit erlebte.

Die durchweg gebildeten Männer zeichneten sich dadurch aus, dass sie ihre Zugehörigkeit zu diesem Kreis in geistvollen Reden und Gedichten bekunden konnten. Die Tochter Catherine, die offenbar ihre Mutter an Schönheit und Liebreiz noch übertraf, verkehrte gleichfalls in dem Kreis. Sie tat dies aber nicht, weil sie als Dichterin anerkannt worden wäre; vielmehr war sie dort Anlass, Thema und Adressatin vieler Gedichte in der Männerrunde. Wie man aus einem Brief an ihre Mutter weiß, hätte die Tochter selber sehr gerne auch zu den angesehenen Autoren gehört, deren Texte gedruckt wurden.[33] In dem Gedicht *An die Herren Richter bei den Grands Jours von Poitiers* ist sie auf ihre Situation als dichtende Frau in dieser Männergesellschaft eingegangen. Sie hält darin den ungeheuren Abstand zwischen sich und den Männern fest und appelliert an sie, ihr beizustehen, damit auch ihre Verse künftig Anerkennung fänden. Ihr den Richtern gewidmetes Gedicht[34] habe ich hier zu übersetzen versucht:

Meine Herren, wenn ich Ihrer weisen Güte Verse vorlege,
Heißt das so viel, wie Ihnen ein Geschenk von leichtem Dunst zu machen,
Aber dem Weihrauch auf den kirchlichen Altären entsteigt ein ebensolcher Dunst,
Und sein Rauch wird von den allmächtigen Göttern geliebt.
Ich sehe, dass Sie der Gottheit gleichen,
Wie leuchtende Sonnen, die unsere Erde erhellen,
Machen Sie die *Grands Jours* aus; Sie haben es verdient,
Dass wir Sie unablässig Götter des Friedens und des Krieges nennen.
Denn Sie führen den Krieg gegen lasterhafte Männer,
Indem Sie für deren letzten Tage mithilfe der *Grands Jours* sorgen,
Und Sie sichern das Überleben der Guten, weil Sie wissen,
Dass Gesetze erlassen worden sind, um die Guten zu beschützen.
Also grüße ich Sie, Sonnenstrahlen unserer *Grands Jours*,
Und danke Ihnen für Ihre neuerlichen Gunstbezeugungen;
Entschuldigen Sie die überaus schwache Machart meiner Verse,
Sie sind bescheiden und zugleich großartig,
Wenn ich Ihre Gesichter vor Augen habe.
Oh, wie sehr wünsche ich die Gnade des Himmels,

> Nämlich, dass Sie beim Lesen der Verse, die ich für Sie gerade geschrieben habe,
> Diese ebenso fließend finden könnten wie Honig,
> Denn dann hätte ich es fertiggebracht, Honig aus Wachs zu machen.

Catherine Des Roches stellt sich hier als eine bislang erfolglose Dichterin dar und zeichnet ein offenkundig etwas *allzu* schlichtes Bild von den politischen Verhältnissen, in denen jene Richter höchst erfolgreich ihre öffentliche Tätigkeit ausüben würden. Selbst wenn man berücksichtigt, dass Bescheidenheitsgesten in der Lyrik über Jahrhunderte hinweg üblich gewesen sind, d. h. einen beliebten *Topos* bildeten, ist der Abstand zwischen der Frau und den «Messieurs» übertrieben dargestellt. Des Roches gibt sich jedoch nur scheinbar unterwürfig. Sie übernimmt zwar fraglos den Bescheidenheitstopos, aber sie zeigt auch, wie der Rangunterschied zwischen ihr und den Männern ansatzweise abgemildert und wie ihre mäßigen Gedichte verbessert werden könnten, d. h. wie aus «Wachs» («Cire») flüssiger, fließender Honig werden könnte.

Damit greift sie auf Bilder aus der Geschichte der Poesie zurück. Biene und Honig galten schon in der griechischen und römischen Antike als Symbole für den Dichter und seine Dichtung (Jan Hendryk Waszink). Catherine schreibt sich in diese alte Tradition ein und lässt so zugleich erkennen, was sie als ihr Manko empfindet: Sie ist eine *Frau!* Um ihren Wunsch nach Anerkennung als Dichterin in einer Gesellschaft dichtender Männer zu verwirklichen, interpretiert sie sich und ihre Zuhörer als ein Autorenkollektiv. Die Qualität ihres Gedichts nämlich würde sich – so führt sie aus – markant ändern, wenn es gehörig rezipiert würde. Was bescheiden sei («humble»), könne durch die ermutigende Mimik auf den Gesichtern der anwesenden Richter («en regardant vos Faces») ihren Versen zugutekommen. Letztere würden großartig, also sich in ihr Gegenteil verkehren. Mit diesem kühnen Vorschlag thematisiert sie das Motiv der Verwandlung und bindet es zugleich an die tätige Mithilfe anderer bei der Realisierung ihres Wunsches nach Zugehörigkeit. Mit beiden Themen nimmt Catherine Des Roches zentrale Motive ihres Gedichts *La Puce* vorweg.

Wie erwähnt, ist ihre Behauptung vom göttlichen Status der anwesenden Richter gewaltig übertrieben. Zu berücksichtigen ist dabei, dass die Autorin – wie auch ihr Publikum – überaus belesen war und antike, besonders lateinische Texte kannte und schätzte. Ihre humanistische Bildung verführte sie aber nicht dazu, den Unterschied zwischen der Antike und der Frühen Neuzeit zu verwischen. Die anwesenden Richter sind in ihren Augen *moderne* Götter – solche «des Friedens und des Krieges», was so viel heißt wie: Sie sind «Götter» in den Zeiten der Bürger- und Religionskriege des ausgehenden 16. Jahrhunderts. Ihr anderer, *minderer* Status offenbare sich in ihrer Alltagspraxis: Sie bestrafen – so Des Roches – die Lasterhaften und beschützen die Guten nach Maßgabe vorhandener Gesetze. Als Juristen wenden sie bereits kodifiziertes Recht an und setzen es durch, während die *alten* Götter in den Sagen Recht *schufen*. Sie seien in Notfällen vom Olymp herabgestiegen, um den Geschöpfen Jupiters tatkräftig beizustehen. Deren Leiden hätten sie so gut gekannt, dass sie die inneren Beweggründe der Sterblichen in Handlungen umsetzen konnten. Sie spiegelten – so ließe sich sagen – die Ängste und Wünsche der Menschen als Hilfeleistungen zurück. Wachs konnten sie in Honig verwandeln; innere Regungen zu äußeren Fakten umschaffen.

Das Gedicht *La Puce* verdankt sich einer Zusammenkunft der Richter im Hause der Mutter Madeleine Des Roches. Der Advokat, Rechtsgelehrte und Humanist Etienne Pasquier (1529–1615) entdeckte nach eigenem Zeugnis im September 1579 einen Floh auf dem Dekolleté der Tochter Catherine. Er verfasste über das Ereignis Verse und regte einen poetischen Wettbewerb unter den dort versammelten Männern an. Die so entstandenen Floh-Texte zirkulierten zunächst als Manuskripte, bevor sie dann auf Vorschlag Pasquiers unter dem Titel *La Puce de Madame Des Roches* 1582 (oder 1583) gedruckt wurden – zusammen mit dem Gedicht *La Puce* der Catherine Des Roches auf den ersten beiden Blättern des Buches.

Catherines Gedicht – es umfasst annähernd 100 Verse in Reimpaaren – ist bei Larsen in voller Länge abgedruckt und kann dort in der Originalsprache wie auch auf Englisch nachgelesen werden (S. 173–179). Die Autorin erfindet eine schöne Frau namens pucelle, die sich mithilfe der Göttin Diana in einen Floh, in la puce, verwandelt. Die Ersetzung der Biene durch den Floh signalisiert auch eine Verschiebung des inhaltlichen Schwerpunkts. Es geht nicht mehr so sehr um das Gelingen guter Verse und auch nicht um den Wunsch nach Anerkennung als Dichterin in einer von Männern bestimmten Welt. Vielmehr werden jetzt die Kosten abgewogen, die mit der Erfüllung des Wunsches, und das heißt: mit einer *tatsächlichen* Integration in der Männerrunde, verbunden wären. Diese Kosten sind freilich in dem Gedicht nicht offen ausgesprochen. Sie lassen sich nur erschließen aus der Sympathie, mit der sich das Ich des Gedichts in den *einen* Floh hineinversetzt, der vorgeblich von Etienne Pasquier am Busen Catherines entdeckt worden war. Die Anrede an den Floh und die Behauptung, dass es einen Zusammenhang zwischen der Furchtsamkeit und der Gewandtheit dieses Tieres gebe (V. 91 f.), legen nahe, dass der Autorin Ängste dieser Art zu schaffen gemacht haben. Wie in dem Gedicht an die «Herren» der *Grands Jours* kehrt sie ihren Status als Frau und als unbedeutende Dichterin hervor: Sie hätte – so schreibt sie – gerne einen Bericht über die Schöpfung der Welt insgesamt und über den Ursprung aller Lebewesen einschließlich des Flohs geschrieben, aber für ein solches Sujet sei ihre Feder nicht würdig genug; so ein Gedicht «müsste ein größerer Geist verfassen» (V. 59 f.). Darum widmet sie sich allein *diesem einen* Floh und nimmt ihn gegenüber häufig vorgebrachten Einwänden in Schutz.

Auffällig an ihrer Verteidigungsrede ist, dass die Feinde des Flohs, die ihn fangen und töten wollen, nicht genannt werden. Dass es Männer sind, und keine Frauen, wird nicht gesagt; und ausdrücklich wird auch nicht behauptet, dass jener Floh *weiblich* gewesen sei. Der französischen Grammatik zufolge ist ‹puce› – anders als der deutsche ‹Floh›, dessen *genus* zunächst geschwankt hat () – eindeutig ein Femininum. Die männlichen Mitstreiter in jenem poetischen Wettbewerb hielten sich in ihrer Beschreibung des Flohs an diese grammatische Besonderheit. Ihre Verse, die hier nicht eigens vorgestellt werden sollen, waren in Form und Inhalt, sogar in der Sprache verschieden, aber sie brachten alle, wie verklausuliert auch immer, das Begehren gegenüber einer schönen Frau zum Ausdruck. Die Autoren loteten also spezifisch *männliche* Möglichkeiten aus und verliehen auch ebensolchen Interessen Nachdruck. Diese Männer verehrten die Tochter der Madeleine Des Roches; ihre Beiträge machten ihr mehr oder weniger unverhüllt den Hof.

Die umworbene Catherine Des Roches selbst aber hat sich mit ihrem Gedicht anders positioniert. Sie wollte in jenem Kreis von Männern nicht länger ein Objekt sein, *auch keines der bloßen Anbetung!* Ihr Plädoyer nimmt zwar vieles vorweg, was später dann in Lobgedichten und Prosaschriften zur Verteidigung des Flohs ausgeführt werden sollte (). Im Unterschied zu den Verfassern jener Werke versetzt sie sich aber in das Innere des Tiers, indem sie ihr eigenes Inneres als Garant für die Richtigkeit ihrer Zuschreibungen nutzt. Für sie war dieser Floh ursprünglich ein attraktives weibliches Wesen, wie sie selber es jetzt noch ist. Darum kennt sie sein Inneres so gut.

Der deutsche Ausdruck ‹*der* Floh› vermag nur ungenügend die enge Verwandtschaft zwischen den beiden Wesen – einer ehemals schönen Frau und der Dichterin – zum Ausdruck zu bringen.[35] Die schön gewesene puce und die noch immer schöne pucelle sind miteinander verbunden durch eine gemeinsame Erfahrung: Beide wissen, was weibliche Schönheit bei Männern auslöst. Anders nämlich sind die Behauptungen der Poetin kaum nachvollziehbar – z. B., dass la puce sich ernähre und zugleich belehrt werde allein durch Blut, das aus dem innersten Kern, dem Sitz der Seele, stamme. Was die Poetin nämlich an la puce hervorhebt, gilt auch für sie selber. Sie offenbart *sich* durch das, was sie *ihr* andichtet. Es sei keineswegs

> Unersättlichkeit, die dich antreibt.
> Und du suchst auch nicht
> Aufs Geratewohl deine Nahrung.
> Du wählst vielmehr aus lauter Diskretion
> Und einer sehr besonnenen Zuneigung
> Einen ehrenwerten Platz,
> Um eine angenehme Mahlzeit einzunehmen.
> Dieses Mahl besteht einzig
> Aus Blut vom Sitz der Seelenkräfte,
> Denn da du zart sein willst,
> Lebhaft, fröhlich, rasch und beweglich,
> Nimmst du mit einer einzigen Speise
> Nahrung und Belehrung zugleich auf
> (V. 8–20).

Die Männer werden dabei *scheinbar* ausgeblendet, genauer: Von ihnen wird zunächst nur andeutungsweise und metonymisch gesprochen. Es ist die Rede von einem «dich verfolgenden Finger» (V. 27) und von einer «mörderischen Hand» (V. 30). Die Poetin bekundet ihr Unverständnis, warum diese «arrogante und heimtückische Hand» (V. 34) töten möchte. Die geringen Verletzungen, die la puce hervorrufe, um ihren Hunger zu stillen, rechtfertigten auf keine Weise eine rigide Verfolgung. Sehr nachsichtig und milde fällt auch das Urteil über Flohstiche aus. Sie seien mit «kleinen Diebstählen» zu vergleichen, die bei sehr schlauen Spartanern stets ungeahndet geblieben seien

(V. 47–49). Trotz aller Einfühlung und Sympathie bewahrt sich die Dichterin (und mit ihr die Autorin) einen genauen Blick. So erwähnt sie etwa die Liebe zur «Geometrie» (V. 42). Damit spielt sie auf den Umstand an, dass Flöhe meistens an markanten Punkten des menschlichen Körpers die Spuren ihrer Bisswunden hinterlassen und dabei verfahren, als wollten sie ihre Stiche gruppenweise oder in einer Reihe anordnen. Diese ungewöhnliche Beobachtung, die im Laufe des 17. Jahrhunderts zu einer Wissenschaft der Diagnostik von Stichen ausgebaut werden sollte,[36] hat im Gedicht der Catherine Des Roches freilich einen anderen Stellenwert. Sie verweist auf das Thema der Schönheit, das dann für die Beschreibung der Vergangenheit von la puce im zweiten Teil des Gedichts zentral wird.

In dem gereimten Widmungsgedicht hatte sich die Autorin ausschließlich an die Richter der *Grands Jours* von Poitiers gewandt, nicht aber an die Flöhe, die unerwähnt blieben. Jetzt wird la puce angesprochen, und über Männer wird weitgehend geschwiegen. Letztere sind, wie gesagt, nur metonymisch vorhanden: als Hände und Finger, zugleich aber auch noch in Gestalt von mythologischen Figuren, auf die mehrfach angespielt und vergleichend Bezug genommen wird. An vorderster Front steht da der für seine ungehemmte Sexualität und seine rüden Attacken berüchtigte männliche Halbgott Pan.

Das «Ich» bekundet kein erotisches und schon gar kein sexuelles Interesse an Männern – im Gegenteil, es möchte von ihnen offensichtlich möglichst nicht behelligt werden. Damit wendet sich Catherine Des Roches tendenziell gegen ihre Dichterkollegen, zu deren Kreis sie freilich gehören wollte, wie man aus jenem oben erwähnten Brief an ihre Mutter weiß. Ihr Gedicht enthält mehrere namentliche Anspielungen auf Frauen aus der Welt des Altertums. Fraglos zeigt sie damit ihre außerordentliche Belesenheit; aber man ginge fehl, wenn man die demonstrative Geste nur als eine ehrgeizige Bildungshuberei interpretieren würde. Diese Autorin will auch als Dichterin ernst genommen werden; sie möchte zeigen, was sie mit diesem Vorsatz auf sich genommen hat. Ohne die Männer aus dem Umfeld ihrer Mutter direkt zu erwähnen oder gar anzugreifen, spricht sie von den Zumutungen, denen sie ausgesetzt sei. In der programmatischen Rede an la puce offenbart sie sich und verbirgt sie sich zugleich:

Bevor du verwandelt wurdest
Und bevor dein göttliches Gesicht
Die Farbe des Ebenholzes annahm
[…]
Puce, als du noch *pucelle* warst,
Liebenswürdig, klug, süß und schön,
[…]
Sah Pan deine Vorzüge,
Fühlte das Feuer der Liebe
Und wünschte, dich zu heiraten,
Aber dann? Dein jungfräulich kühner Beschluss
Zog es vor, dass du dich in einen Floh verwandeltest,
Um auf diese Weise Pan fremd zu werden,
Damit er alle Hoffnung verlor
Und seine Verfolgung abbrach
(V. 64–82).

Aus der namenlosen Jungfrau mit dem «göttlichen Gesicht» ist ein winziges Insekt in schwarz-brauner, eben flohfarbener () Umhüllung geworden. Von ihrer Schönheit – einer Eigenschaft, die auch Catherine Des Roches nachgesagt wurde – ist nichts übriggeblieben – genau wie bei den drei verwandelten Gestalten aus Ovids *Metamorphosen:* Syrinx (V. 32), Thetis (V. 67) und Atalanta (V. 74). Sie alle sollen ursprünglich von «einer ungemeinen Schönheit» (Benjamin Hederich) gewesen sein. Darum seien sie von Göttern und Menschen gleichermaßen begehrt worden. Der Verfolgung und der drohenden Vergewaltigung hätten sie sich sämtlich nur durch Flucht und vor allem durch Verwandlung entzogen. Catherine deutet die Schicksale dieser drei Schönheiten nur an; sie hält sich keineswegs strikt an die Vorgaben aus den *Metamorphosen*, zum Teil verändert sie sie, wie man sehen wird, massiv. Vor allem scheint sie zu glauben, dass sich schöne Frauen vor sexuellen Übergriffen der Männer einzig durch die Preisgabe ihrer Schönheit schützen könnten. Diese Auffassung unterstreicht sie, indem sie eine namenlos bleibende, wunderschöne Jungfrau einführt, die den erotischen Attacken Pans entgeht, indem sie sich sehr klein und sehr unansehnlich macht. Ovid, der meisterhafte Erzähler von Verwandlungen, hatte die Geschichten der drei antiken Schönheiten aufgezeichnet; die der vierten hat Catherine Des Roches in Anlehnung an die *Metamorphosen* selber hinzugedichtet. Von Syrinx erfährt man bei Ovid, dass sie sich im Schilf versteckt habe; die Verwandlung der Thetis (in eine Meerspinne) und der Atalanta (in einen Löwen) werden bei Des Roches gänzlich verschwiegen – zugunsten der Umwandlung jener namenlosen Jungfrau. La puce übertrifft zwar die Atalanta Ovids in der Fertigkeit, «herumzuhüpfen und Kunstsprünge zu machen» (V. 73 f.), ansonsten hat sie ihre früheren Qualitäten weitgehend eingebüßt.

Rein sprachlich stellt der in Vers 69 erwähnte Wandel von ‹la pucelle› zu ‹la puce› nur eine kleine Veränderung dar: Von den sieben Buchstaben des Wortes gehen die letzten drei verloren. Aber ‹la pucelle› ist nicht dasselbe wie ‹la vierge›. Der Ausdruck bedeutet nicht nur umgangssprachlich ‹Jungfrau›, sondern bezeichnet auch das Junge von einem Tier (Robert, S. 1564). Die Reduktion der sprachlichen Zeichen ist demnach mit einer Erweiterung der Bedeutung verbunden. Im Gedicht bildet der Wandel von la pucelle zu la puce den eigentlichen Dreh- und Angelpunkt, den die Autorin sehr umsichtig und sorgfältig in ihrer genealogischen Herleitung platziert hat. Bevor la pucelle zu la puce wird, ist ihr heftiger Wunsch nach Verwandlung *in ihr* schon vorhanden: Es ist ihr «jungfräulich kühner Beschluss» (V. 78). Diana, die jungfräuliche Göttin, eine notorische Gegnerin der Männer, der Ehe und der Schwangerschaft, kennt, respektiert und setzt diesen Beschluss in eine Tat um, indem sie la pucelle verkleinert und mit einem schwarz-braunen Chitinpanzer verunstaltet:

> Diana kannte deinen Wunsch
> Du hegtest ihn und er wurde Wirklichkeit:
> Sie verdeckte deine Gestalt
> Unter einer schwarzen Hülle.
> Seither flohst du immer vor dem Gott,
> Puce, du suchtest einen Ort,
> Der dir eine sichere Freistätte bietet,
> Und immer noch fürchtest du, dass Pan dich entdeckt.
> (V. 83–90)

Die Geschichte von ‹la pucelle›, die auf der Flucht vor Pan zu ‹la puce› wurde, steht zweifellos im Zentrum der Erzählung der Poetin. Diese hatte aber ihrer Leidensgenossin noch eine andere Geschichte versprochen. Berichten wollte sie auch «von dem großen Martyrium […,] / Das Pan erduldete wegen seiner Liebe zu dir» (V. 62 f.). Diese andere Geschichte mit dem gleichen

Protagonisten, freilich in einer deutlich anderen Rolle – der Verfolger und Vergewaltiger Pan sollte als Liebender und Leidender dargestellt werden –, bleibt in Andeutungen stecken. Möglicherweise hat sie die Autorin gar nicht erzählen *wollen.* Das legt die Art und Weise nahe, wie von Syrinx die Rede ist. Die schöne Nymphe aus dem Gefolge der Diana wird nur kurz in einem Vergleich erwähnt:

> Oh, mein Gott, auf welche Weise fliehst
> Du vor dieser mörderischen Hand,
> Und versteckst dich in langen Haaren
> Wie Syrinx im Schilf!
> (V. 29–32)

Im ersten Buch der *Metamorphosen* des Ovid versteckt sich die Najade tatsächlich im Schilf, sie wird darüber hinaus aber noch *verwandelt* in ein Schilfrohr, und nicht genug damit: Merkur erzählt,

> wie da Pan, der Syrinx schon meinte gefangen zu haben,
> statt eines Nymphenleibes nur Schilf in Händen gehalten.
> Wie dann der Wind, indes der Gott dort seufzte, das Röhricht
> streichend, erzeugt einen Ton von zartem, klagendem Klange,
> und wie der Gott, berückt von der neuen Kunst und der Stimme
> Süße, gerufen: «Dieses Gespräch mit dir wird mir bleiben!»,
> Rohre verschiedener Länge mit Wachs zusammengefügt und
> wie er im Namen der Flöte den Namen des Mädchens bewahrt hat – (V. 705–712).

Ovids Merkur schildert Pan zwar auch als übergriffigen, Panik verbreitenden Verfolger, aber zugleich auch als einen empfindsamen Leidenden, der um seine Geliebte trauert, sie noch im Schilfrohr erkennt und in Erinnerung bewahren möchte, indem er ein neues Instrument (die Panflöte) erfindet und damit sogar eine «neue Kunst» hervorbringt.

Dass Syrinx zum Schilfrohr geworden ist, dass Pan sie noch als Verwandelte erkennt, dass sein Verlangen vielleicht, nicht aber seine Liebe zu ihr erloschen ist und dass diese Liebe eine «neue Kunst» hervorgebracht hat – all das wird von Des Roches verschwiegen. Dafür gibt es einen naheliegenden Grund: Die begehrte Frau sollte ja in der verwandelten Gestalt *nicht* wiedererkannt werden; es ging darum, die Fortsetzung der Verfolgung durch einen allzu stürmischen Liebhaber zu unterbinden. Die Verwandlung durch Verkleinerung und Verunstaltung sollte sich als effizient erweisen! Die ehemalige pucelle kann als puce hoffen, künftig weitgehend unbemerkt zu bleiben und von den Männern nicht mehr belästigt zu werden. Freilich, die «Furcht» vor männlichen Übergriffen besteht für sie weiterhin, aber dieser Furcht verdankt sie eine der Atalanta vergleichbare Fertigkeit, «herumzuhüpfen und Kunstsprünge zu machen». Und anders als die Ovid'sche Syrinx, deren Gedächtnis im Namen der Flöte bewahrt ist, wird sie sich einen Namen machen als Meisterin des Verschwindens.

Es wäre wohl naiv und unhistorisch, wenn man erwarten würde, dass die Autorin auch eine «*neue* Kunst» propagierte. Aber ihr Gedicht wendet sich doch gegen eine Welt, in der Männer ihre Geliebten bloß anhimmeln oder sogar bloß unterdrücken und Frauen lediglich zu Objekten oder sogar lediglich zu Opfern männlichen Begehrens werden. In einer von Männern geprägten Welt und bei einer von Männern dominierten Veranstaltung zu Ehren Catherines blieb dieser nicht viel anderes übrig, als ihre Bedenken, Ängste und Wünsche zu verhüllen und in eine an Ovids *Metamorphosen* angelehnte Verwandlungsgeschichte zu projizieren. Mit Bedacht habe ich ihr Widmungsgedicht *A Messieurs tenant les grands jours à Poitiers* beigezogen und ihr Verhältnis zum Bescheidenheitstopos sowie ihr Selbstbild als Autorin diskutiert. Angesichts der «überaus schwachen Machart» ihrer Poesie sah sie sich auf die Mithilfe der «Messieurs» angewiesen. Schon allein darum konnte sie ihr männliches Publikum nur zurückhaltend und gleichnisweise kritisieren. Ihr Plädoyer für la puce, die ehemals eine schöne pucelle gewesen war und sich nur durch jene Verwandlungen hatte retten können, *ist* eine solche verhaltene Kritik. Als «neue Kunst» kann man diese Kritik nur bedingt bezeichnen, aber sie ist immerhin auch kein Klagelied wie das von Pan, sondern ein Appell, mit dem die Autorin ihrer Poetin Zuversicht vermittelt. La puce versinnbildlicht eine mögliche Rettung in einer sehr heiklen Situation. Die letzten Verse des Gedichts wenden sich an die verwandelte pucelle und sind Beschreibung, Deutung und Verheißung zugleich:

Sehr oft zeigt die Furchtsamkeit
Das Ausmaß deiner Gewandtheit,
Denn du springst unversehens weg,
Wenn du annimmst, entdeckt worden zu sein,

Und von dir bleibt nichts
Als die Furcht, die Geschicklichkeit und der Name
(V. 91–96).

Der Name des furchtsamen, winzigen Insekts, das immer auf der Flucht sein muss, die es zugleich meisterhaft beherrscht, sichert das Überleben der Ahnung einer früheren Verwandtschaft von Tier und Mensch. Mit dieser Ahnung aber weisen die Verse der Catherine Des Roches über eine bloße Abbildung historischer Zustände entschieden hinaus.

14 Erotische Flohkunde (Donne)

John Donne (1572–1631), ein anglikanischer Priester und Prediger, Konvertit und Katholik, Jurist und Parlamentarier, vor allem aber ein außerordentlicher Autor, hat noch vor der Jahrhundertwende ein Gedicht verfasst, das 1633, also erst nach seinem Tode, erschienen ist. Es ist wohl in Kenntnis von *La Puce* der Catherine Des Roches entstanden. Meines Erachtens ist es das bedeutendste lyrische Werk der Floh-Literatur überhaupt. Ähnlich wie das Gedicht der Französin führt es ein wandelbares Insekt vor, das verschiedene Bedeutungen annehmen kann. Gestalt- und Bedeutungswandel stellen sich – ganz wie das einem Floh entspricht – sprunghaft im Laufe der drei Strophen ein.

Schon die flüchtige Lektüre ruft divergierende Eindrücke hervor: Da ist die Rede von einem liebenden «Ich», das sich um die Gunst eines «Du» bemüht, und zwar ziemlich ruppig und übergriffig: Es fordert Erhörung und sexuelle Erfüllung; zugleich aber gebärdet es sich als Lehrer der Naturkunde und lenkt die Aufmerksamkeit des «Du» auf ein Tier, das als Ungeziefer gilt. Das musste damaligen Lesern als ein befremdlicher und vor allem als ein wenig aussichtsreicher Werbungs- und Verführungsversuch erschienen sein, und heutigen Leserinnen wird es wohl kaum anders ergehen. Wie viele, ja nahezu alle Floh-Texte präsentiert das Gedicht eine männlich-sexistische Perspektive, obendrein aber bedient es sich einer Metaphorik, bei der *beide* Geschlechter einbezogen sind. Man kann jedenfalls nicht immer zweifelsfrei festlegen, welchem Geschlecht die liebende und die geliebte Person zuzuordnen sind.

The Flea.

Marke but this flea, and marke in this,
How little that which thou deny'st me is;
It suck'd me first, and now sucks thee,
And in this flea, our two bloods mingled bee;
Thou know'st that this cannot be said
A sinne, nor shame, nor losse of maidenhead,
Yet this enjoyes before it wooe,
And pamper'd swells with one blood made of two,
And this, alas, is more then wee would doe.

Oh stay, three lives in one flea spare,
Where wee almost, yea more then maryed are.
This flea is you and I, and this
Our mariage bed, and mariage temple is;
Though parents grudge, and you, w'are met,
And cloysterd in these living walls of Jet.
Though use make you apt to kill mee,
Let not to that, selfe murder added bee,
And sacrilege, three sinnes in killing three.

Cruell and sodaine, hast thou since
Purpled thy naile, in blood of innocence?
Wherein could this flea guilty bee,
Except in that drop which it suckt from thee?
Yet thou triumph'st, and saist that thou
Find'st not thy selfe, nor mee the weaker now;
'Tis true, then learne how false, feares bee
Just so much honor, when thou yeeld'st to mee,
Will wast, as this flea's death tooke life from thee
(Donne, S. 36 f.).

Meine Übersetzung lässt die Finesse und formale Raffinesse des Gedichts nur erahnen:

Der Floh

Beachte doch bitte diesen Floh und achte dabei besonders darauf,
Wie geringfügig das ist, was du mir verweigerst;
Zuerst hat er mich gestochen und jetzt dich,

Und so würde sich im Floh unser beider Blut vermischen;
Du weißt, dass man das
keine Sünde, keine Schande und auch keinen Verlust von Jungfräulichkeit nennen kann;
Der Floh genießt einfach, ohne vorher zu werben;
So verwöhnt, schwillt sein Leib an durch Blut, das von uns beiden stammt,
Und das ist doch wahrlich mehr als das, was wir tun würden.

Oh, halte ein, drei Leben verschone in dem einen Floh,
In dem wir beinahe, ja sogar inniger miteinander vermählt sind.
Dieser Floh bist du und bin ich, und er ist
Unser Hochzeitsbett und Hochzeitstempel
Wiewohl die Eltern und du grollen, finden wir zusammen
Klösterlich eingeschlossen in den beweglichen Schalen
aus schwarzem Bernstein
Wenn du auch geneigt bist, mich zu töten,
Lass es nicht so weit kommen, du begingst obendrein Suizid
Und vergingst dich am Allerheiligsten, also drei Sünden für dreifachen Mord!

Hast du jetzt in einer plötzlichen Anwandlung von Grausamkeit
Deine Fingernägel mit unschuldigem Blut rot gefärbt?
Womit könnte dieser Floh schuldig geworden sein,
Außer mit dem Tropfen, den er aus dir gesaugt hat?
Du triumphierst jetzt und sagst
Dass weder du noch ich schwächer geworden seien;
Das stimmt zwar, aber du solltest daraus lernen, wie falsch deine Befürchtungen sind.
Wenn du dich mir hingäbst, würdest du gerade so viel Ehre verlieren,
Wie der Tod dieses Flohs dir von deinem Leben weggenommen hat.

Das Gedicht beginnt mit einer inständigen und zugleich ungewöhnlichen Bitte: Kein schöner Frauenkörper soll betrachtet und bewundert werden, sondern etwas ganz anderes, etwas ganz Winziges. Das englische «marke» mit einem Verbum wiederzugeben, das die optische Wahrnehmung prominent hervorhebt oder gar ausschließlich bezeichnet, halte ich für problematisch. Was hier nachdrücklich vom «Du» und damit auch vom Leser gefordert wird, entzieht sich weitgehend der Sichtbarkeit. Einen Floh mit bloßem Auge genau zu studieren, ist ja so gut wie unmöglich. Seine Gliedmaßen, seine Eigenschaften bleiben unsichtbar. Auch mit einem Mikroskop lassen sich lebendige Flöhe nicht leicht beobachten; sie sind – das wird hier im Buch mehrfach deutlich – immer schon verschwunden, selbst wenn man sie nur sorgfältig *beschauen* möchte. Jenes «Ich» will zudem auf Eigenheiten des Flohs hinweisen, die sich dem menschlichen Auge ohnehin weitgehend entziehen. Es scheint also ein schlechter Naturlehrer zu sein, obendrein auch ein ziemlich eigennütziger, denn schon in der zweiten Hälfte der ersten Strophe verstärkt sich der Verdacht, dass das «Ich» die Beachtung des Flohs nur fordert, um seiner – bisher vergeblichen – Werbung um die Gunst des «Du» zusätzlich Nachdruck zu verschaffen.

Drei Punkte hebt es besonders hervor. *Zum einen:* Was der Floh tat und was er zu tun sich anschickt, habe nichts mit Moral und schon gar nichts mit Unmoral zu tun. Wenn er das «Ich» und das «Du» sticht, dann komme er nur seiner eigentlichen Natur nach, ernähre sich und halte sich am Leben, aber er verstoße nicht gegen menschliche Sittengebote, und niemand verliere dabei gar seine «maidenhead».[37] Dennoch würden seine Stiche – *zum anderen* – bewirken, dass sich ihrer beider Blut in einem *einzigen* Leib vermischt. Insofern finde bereits eine Vereinigung statt, wenn auch auf ungewöhnliche, vom «Du» bisher nicht beachtete Weise.[38] *Zum Dritten* verschaffe sich dieser Floh bei ihnen beiden spontan Genuss, d. h., er tut dies ohne Vorankündigung, ohne Werbung und ohne vorher Erlaubnis einzuholen. Damit postuliert das «Ich» Gemeinsamkeiten, aber auch Unterschiede von Tier und Mensch. Es stellt eine Verbindung zwischen der Blutentnahme des Insekts zu Nahrungszwecken und dem (bislang verweigerten) Beischlaf her, ja es forciert den Vergleich sogar, indem es auf das Anschwellen des Flohleibs durch das Blut verweist und damit Assoziationen zu einer menschlichen Schwangerschaft hervorruft.

Bei dieser nicht ganz widerspruchsfreien Argumentation ist daran zu erinnern, dass Donne noch nichts wissen konnte von einer naturwissenschaftlichen Benützung des Mikroskops und dass er sein Gedicht *vor* der Entdeckung der Sexualität des Flohs schrieb. Das Insekt galt noch bis gegen Ende des 17. Jahrhunderts, genauer: bis zu den mikroskopischen Forschungen Antoni van Leeuwenhoeks (1632–1723) und dessen *Arcana naturae detecta* von 1695 (), als ein Tier, das sich ungeschlechtlich vermehre.[39] Erst durch die Entdeckungen des genialen Brillenschleifers und Mikroskopisten geriet die so genannte ‹Urzeugungs-These› des Aristoteles, «wonach Lebewesen spontan aus verwesender Materie oder Schlamm entstünden», beim Floh ins

Wanken (Böhme, S. 374). Und erst dank der Beobachtungen Robert Hookes () und Antoni van Leeuwenhoeks wurden der Genitalapparat sowie der Saug- und Stechrüssel des Flohs überhaupt entdeckt. Donne antizipierte also wissenschaftliche Erkenntnisse, als er ein «Ich» schuf, das eine Analogie zwischen dem Geschlechtstrieb des Menschen und dem Nahrungstrieb des Insekts herstellte. Erst nämlich durch die Behauptung einer solchen Analogie kann das «Ich» in Donnes Gedicht jenen genussfreudigen Floh als Vorbild für sich und das «Du» beanspruchen. Von einem solchen Genuss ohne Vorspiel und ohne Ankündigung will dann allerdings das «Du» überhaupt nichts wissen.

Die Argumentation des «Ich» verlangt den Interpreten einiges ab. Die Akteure Donnes oder besser die drei Instanzen (das «Ich», das «Du» und der Floh) bilden ein Beziehungsgeflecht, das sich im Verlauf der drei Strophen verändert und das dennoch Konstanten aufweist. Das «Ich» schlägt verschiedene Töne an für ein gleichbleibendes Ziel; es geht ihm um die Erfüllung seines sexuellen Begehrens. Aus diesem Grunde monologisiert es unaufhörlich, während das «Du» wie abwesend wirkt und anhaltend stumm bleibt. Dadurch muss sich das «Ich» immer wieder anders gegenüber denkbaren, befürchteten Einwänden wappnen (V. 5; noch deutlicher: V. 23 f.) und seine Argumentation immer wieder neu ausrichten. Es sieht sich gezwungen, seiner erotischen Naturlehre über den Floh zunehmend phantastischere Züge zu verleihen.

Freilich ist jetzt schon deutlich geworden, dass das Gedicht Donnes mehr als nur eine immanente Interpretation verlangt. Man nimmt ihm keineswegs seine Einzigartigkeit, wenn man Daten der zeitgenössischen Naturwissenschaft und poetische Texte des 16. Jahrhunderts miteinbezieht und auch auf seine enge Beziehung zum Gedicht der Catherine Des Roches hinweist. Beide Werke scheinen von einem konkreten Anlass auszugehen: der Anwesenheit eines bestimmten Flohs. Beide Male gibt es ein «Ich», das sich in die Lage eines Flohs versetzt oder von Verwandlungen erzählt, bei denen eine Gestaltänderung wichtig wird. In *La Puce* ereignen sich Verwandlungen, die durch göttliche Mithilfe zustande kommen. In *The Flea* hingegen reagiert das «Ich» auf die Ablehnung des «Du» mit den Kräften seiner Phantasie. Es nimmt eine Umwandlung der drei Instanzen vor, die zu einer sexuellen und zugleich sakralen Vereinigung von «Ich» und «Du» führen soll. Ein neues

‹Wir› bildet sich im Floh, dem eine radikal neue Bedeutung und auch eine radikal neue Gestalt zukommt.[40]

Die Motive für die Verwandlungen sind in beiden Gedichten allerdings sehr verschieden. Bei Catherine Des Roches dominierte die *Abwehr* von Sexualität. Mithilfe der jungfräulichen Göttin Diana gelang es, das männliche Begehren zurückzuweisen (). Bei Donne hingegen ist gerade das sexuelle Begehren selber der Motor aller Verwandlungen. In der ersten Strophe propagiert das «Ich» unter Berufung auf den Floh den geschlechtlichen Genuss ohne vorhergehende Werbung. Damit verstößt es sowohl gegen den Moralkodex im Hause der Des Roches wie auch gegen die poetischen Normen der elisabethanischen Liebesdichtung, die sich an Petrarca orientierte und in dessen Nachfolge stets mit einem Preis der körperlichen Schönheit des oder vor allem der Geliebten verbunden war. Donnes Eingangsverse wenden sich polemisch gegen die Gepflogenheiten der Petrarkisten, denn sie verlieren kein Wort über eine eventuelle Schönheit des «Du», ja man erfährt nicht einmal, ob dieses «Du» weiblich oder männlich ist. Trotzdem wäre es verfehlt, wenn man aufgrund der Abweichung von petrarkistischen Usancen schließen würde, der Autor wäre ein Gegner der Liebeslyrik Petrarcas gewesen. Spätestens in der zweiten Strophe zeigt sich, dass sein Gedicht durchaus *auch* petrarkistische Züge trägt. Offenkundig wendet sich Donne vor allem gegen die Epigonen Petrarcas, indem sein «Ich» eine Orientierung am – vorgeblichen – Verhalten eines gerade anwesenden Flohs fordert.

Im letzten Vers der ersten Strophe (V. 9) wird behauptet, dass dem Genuss von zweierlei Blut eine andere, eine höhere Qualität zukomme. Was der Floh ist und was er tut, sei «more then wee would do». Diese Aussage des «Ich» verblüfft einigermaßen.[41] Soll damit gesagt sein, dass die Vermischung des Bluts von «Ich» und «Du» durch die beiden Flohstiche eine innigere Verbindung darstelle als das Zusammenspiel von verbaler Werbung, erotischem Vorspiel und Geschlechtsakt bei einem Liebespaar? Das «Du» jedenfalls kann eine solche Einschätzung nicht akzeptieren:[42] Die Blutvermischung sei kein Ersatz für den ohnehin verweigerten Beischlaf (V. 2). Gleichwohl wird das im Gedicht behauptet. Das «Du», das wie seine Eltern der Konvention verhaftet ist, kann solchen Reden nichts abgewinnen und fasst den Entschluss, den Floh zu töten.

Diesem Vorsatz widersetzt sich das «Ich» mit allen Kräften seiner Phantasie. Es beharrt zwar auf seiner anfänglichen Forderung, dem Floh Beachtung zu schenken, ja es ist nach wie vor der Meinung, dass es im Leib des Flohs zu einer Blutvermischung komme, aber es malt sich nun die Vereinigung mit dem «Du» als große Hochzeitsfeier aus, bei der von einem Widerstand des «Du» nicht mehr die Rede ist und der Floh in gänzlich veränderter Gestalt erscheint. Nun ist dieser Floh ein Ort, wo die Liebenden sich gefunden haben und einander beiwohnen. Das verachtete und gejagte Tier, das den Ruf hat, unstet herumzuziehen und keine Bleibe zu haben,[43] wird nun zu einer Barke. In einer blasphemischen Modifikation der katholischen, aber auch der anglikanischen Eucharistie-Lehre entsteht aus dem vermischten Blut ein einziger, riesiger Flohleib, in dem der Beischlaf, das Hochzeitsbett und der Hochzeitstempel der Liebenden Platz finden.

Die Verbindung des Erotischen mit dem Religiösen ist ein fester Bestandteil petrarkistischer Liebesdichtung (Hunt, S. 126–128). Donne nimmt diese Tradition auf, modifiziert sie aber und radikalisiert sie. Intime Details einer Heirat, auch offizielle, mit einer Hochzeitsfeier assoziierte Gegenstände, Räume und Ereignisse werden aufgeboten, wie Requisiten behandelt und im Leib des Tierchens untergebracht. Das ergibt ein Konstrukt, das auch der stärksten Vorstellungskraft Mühe macht – eine Zumutung! Wenn in Vers 13 von einem «mariage temple» die Rede ist, so erweckt dies den Eindruck, als habe der Autor das damals in christlichen Religionen geläufigere Wort ‹church› aus Rücksicht auf die Gefühle seiner zeitgenössischen Leser und Leserinnen vermeiden wollen (Golzio, S. 42), um das Brüskierende dieses Entwurfs ein wenig abzumildern. Das «Ich» jedoch kennt keine solche Rücksichtnahme. Es besteht darauf, dass seine Wunschphantasie allgemein verbindlich werde. Mit der Behauptung «cloysterd in these living walls of Jet» hält es an der Verknüpfung sexueller Vorgänge mit Riten und Gebräuchen der christlichen (katholischen?)[44] Sphäre fest.

Der Vers 15 freilich ist heute kaum noch verständlich. Wir registrieren zwar in dem Partizip Präteritum noch die Nähe zu einem ‹Kloster›, das Wort «Jet» aber ist heute weitgehend unbekannt – so unbekannt wie die Sache, die es meint. ‹Jet› kann vieles bedeuten; am ehesten ist damit der Gagat gemeint, ein fossiles Holz der Araukarie, das zu Lebzeiten Donnes in England vor allem in Whitby, Yorkshire, abgebaut wurde. Der mit der Braun- und Steinkohle verwandte Gagat wurde auch als schwarzer Bernstein bezeichnet, weil man fälschlicherweise annahm, dass er denselben Ursprung habe wie der echte, gelbe oder ins Rötliche spielende Stein aus fossilem

Baumharz. Gagat kommt häufiger in der Natur vor als der echte Bernstein und lässt sich leicht bearbeiten. Er war darum auch wesentlich billiger als dieser. Paulette Choné nennt ihn mit Recht den «bijou des pauvres» (S. 149). Im polierten Zustand gleicht er dem Ebenholz, das Catherine Des Roches in ihrem Gedicht erwähnt. Der Gagat besitzt eine dunkelbraunschwärzliche Farbe – ähnlich wie der Chitinpanzer der Flöhe. Wegen seiner Farbe hat man ihn auch als Trauerschmuck und für Rosenkränze verwendet (Schumann, S. 218). Donnes imaginierten Floh aus Gagat muss man sich noch größer vorstellen als den von Robert Hooke 120-fach vergrößerten mikroskopischen Floh (); seine beweglichen, glänzenden Schuppenschilde bilden die Wände einer sexuell-religiösen Kultstätte. Er ist schön wie ein glänzender Schmuckstein – schöner, als sich das alle Jünger Petrarcas in ihren Visionen bisher erträumt haben. Und gleichwohl bildet er ein Gegenmodell, eine Alternative zu dem, was den Eltern und dem «Du» bislang als werthaltig gegolten hat (V. 14).

Eigenwilliger, provokanter kann man wohl kaum um einen geliebten Menschen werben, und diese Werbung erfolgt durch ein «Ich», das eingangs (V. 7) noch für einen Genuss *ohne* Werbung plädiert hatte! Nun schickt dieses «Ich» seiner eigenen Werbung noch eine Warnung hinterher, indem es seinen imaginierten Floh mit dem leibhaftigen Floh in eins setzt und dessen bevorstehende Ermordung als dreifachen Mord anprangert. Da der Floh das Blut der beiden Liebenden in sich aufgenommen habe und obendrein – dem Phantasiebild zufolge – das Paar in sich birgt, würde das «Du» mit dem Floh sich selber und das «Ich» töten, also «three sinnes in killing three». Kaum überraschend ist es, dass Werbung und Warnung schlecht ankommen: Das «Du» zögert keinen Augenblick.

Die Tötung wird nicht geschildert. Am Ende der zweiten Strophe ist sie noch nicht geschehen, am Anfang der dritten bereits erfolgt. Sie löst erneut eine argumentative Kehrtwendung beim «Ich» aus. Wurde dem Floh bisher eine riesenhafte Gestalt und obendrein eine riesenhafte Bedeutung zugesprochen, so werden ihm jetzt, in der dritten und letzten Strophe, die Winzigkeit und die Geringfügigkeit bescheinigt. Er sei unschuldig – wegen eines einzigen Tropfen Bluts, den er dem «Du» abgenommen habe, sei er nun ermordet worden! Und den möglichen Einwand, dass dadurch «weder du noch ich schwächer geworden seien» (V. 25), nimmt das «Ich» ausdrücklich zur Kenntnis, indem es noch einmal, und zwar ein letztes Mal, die sexuelle Erfüllung einklagt: Unter Hinweis auf die jetzt behauptete Nichtigkeit des Flohs wirbt das «Ich» mit dem Argument: «Wenn du dich mir hingäbst, würdest du gerade so viel Ehre verlieren / wie der Tod dieses Flohs dir von deinem Leben weggenommen hat.»

Aus der Perspektive des tonangebenden und dennoch erfolglosen «Ich» zeigen sich in den drei Strophen des Gedichts mindestens drei verschiedene Zustände und auch Funktionen ein und desselben Flohs: Zunächst ist von einem sehr lebendigen Exemplar die Rede, das sich ohne viel Aufhebens Genuss verschafft. Dann erscheint der Floh als Liebestempel, in dem sich «Ich» und «Du» vereinigen und eine neue revolutionäre Liebesreligion gründen können. In der dritten Strophe schließlich stellt das «Ich» den eben noch als Sakrileg und dreifachen Mord gegeißelten Tod des Flohs als eine Bagatelle dar, die, wie es schon in der ersten Strophe versichert hatte, keinerlei Ehrverlust zur Folge hätte. Es hört nicht auf bzw. beginnt erneut zu lehren und die Erhörung durch das «Du» einzufordern.

Die in der zweiten Strophe entworfene Vision vom Floh weist ohne Zweifel utopische Züge auf. Das ist dem «Ich» entgangen, nicht aber dem Autor John Donne, der es konfrontiert mit der äußerst aggressiven Reaktion des «Du» in der letzten Strophe. Selbst mit dieser Infragestellung, ja gerade auch mit ihr sichern diese Züge dem Gedicht eine einzigartige Bedeutung in der Floh-Literatur. Donne partizipiert zwar an der traditionellen Rollenaufteilung der Geschlechter, indem er zumindest nahelegt, dass der Begehrende ein Mann sein könnte, der sich um eine Frau bemüht, aber er verzichtet darauf, die mutmaßliche Frau als Lieblingsopfer des zustechenden Insekts darzustellen. In seiner Liebesutopie versucht er, eine einseitige maskulin-sexistische Perspektive aufzukündigen, wie sie *vor* ihm Fischart eingenommen () und Catherine Des Roches zu schaffen gemacht hatte () und wie sie dann vor allem *nach* ihm jahrhundertelang bis in unsere Gegenwart hinein lustvoll vertreten werden sollte. Mit seinem Hochzeitsfloh entwarf Donne das Bild einer erotischen und religiösen Gemeinschaft für Liebende beiderlei Geschlechts.[45]

Zugleich antizipierte er, was Robert Hooke ein Dreivierteljahrhundert später in seinen nach mikroskopischen Beobachtungen angefertigten Zeichnungen in Kupfer stechen ließ (). Dessen Abbildung eines vergrößerten Flohs in der *Micrographia* ist in *The Flea* um ein Vielfaches überboten. Dem Versuch einer Nobilitierung des Flohs durch Hooke entspricht bei Donne eine Sakralisierung, wenn diese auch bloß in einem imaginativen Akt des «Ich» erfolgt. Beide – Donne mit seinen Versen, Hooke in seinem Forschungsbericht – werten den Floh auch ästhetisch auf. Darin unterscheiden sich die beiden von Catherine Des Roches. (Diese deutete – wie wir sahen – den Floh als eine *ehemals* schöne Frau, die sich zum Schutze ihrer Jungfräulichkeit unter tätiger Mithilfe einer Göttin selber verkleinert und verunstaltet hatte.)

Donne hingegen setzt den Floh als vielseitigen Helfershelfer in erotischen Belangen ein. Auch wenn das Tier dabei sein Leben einbüßt, überhöht er es und gesteht ihm sogar Schönheit zu. Damit wendet er sich zunächst demonstrativ vom petrarkistischen Schönheitsbegriff ab, um diesen dann in einer erotisch-sakralen Utopie zu reformulieren und zu radikalisieren. Dem Floh wird sogar ein sozialer Index zugewiesen, indem Donne mit der Erwähnung des Gagats einen Verweis auf ärmere Unterschichten anbringt.

Auch für Hooke ist der Floh ein schönes Tier. Er versucht es, wie sich in der Folge zeigen wird, mit zwei verschiedenen Begriffen zu fassen, die er nicht als Gegensätze begreift, obwohl sie sich nicht ohne weiteres vereinbaren lassen. Den einen setzt er mit Vollkommenheit gleich – einer Vollkommenheit, die sich ihm unter dem Mikroskop erschließt und dadurch auch sinnlich wahrgenommen werden kann; den anderen identifiziert er mit einer Lebendigkeit, die stets bedroht ist und sich nur als verschwindende erfahren lässt.

Zur Flohforschung

15 Die Vergrößerung des Flohs (Basile und Hooke)

Gibt es beim Floh einen Zusammenhang von Liebe und Größe? Und wenn ja, wie ist er beschaffen? Macht Liebe groß? Macht Größe liebenswert? Und was überhaupt heißt Größe? Fragen dieser Art stellen sich schon bei der Lektüre eines Märchens, das in der ersten Hälfte des 17. Jahrhunderts publiziert wurde. Im *Pentamerone*, der berühmten Sammlung *Lo cunto de li Cunti* des Giambattista Basile (1575–1632), gibt es eine Erzählung mit dem Titel *La Police*. Sie liefert irritierende Antworten über das Tier, das in der Wissenschaft den Namen *Pulex irritans* bekommen sollte. Das in neapolitanischer Mundart verfasste Märchen handelt von einem König, der ein Flohweibchen fängt, das er «hübsch und wohlgebaut» findet. Er ernährt es heimlich mit seinem eigenen Blut, bis es größer und dicker als «ein Hamster» ist. Dann tötet er es und trifft mit der gegerbten Flohhaut eine absonderliche Regelung für seine Nachfolge: Seine eigene Tochter darf nur einen Mann heiraten, der errät, von welchem Tier das Leder stamme. Viele Freier melden sich und versuchen ihr Glück vergeblich – einzig ein «orco», ein Wilder Mann und Menschenfresser, weiß die richtige Antwort. Der König besteht zum Leidwesen seiner Tochter auf der Einhaltung seiner Bedingung, und der hässliche Grobian bekommt die versprochene Prinzessin zur Gemahlin. Der Fortgang des Märchens schildert dann, wie sich die unglückliche Königstochter aus den Fängen des Ungeheuers befreit und zu ihrem reumütigen Vater zurückkehrt.

Diese recht sinistre Geschichte, die Clemens Brentano mehr als zwei Jahrhunderte später in seinem italienischen *Märchen von dem Baron von Hüpfenstich* wiederaufgegriffen und bearbeitet hat, enthält mit der wundersamen Mästung des Flohs ein Handlungselement, das wie ein mythologischer, ein dichterischer Vorgriff auf naturwissenschaftliche Verfahrensweisen der

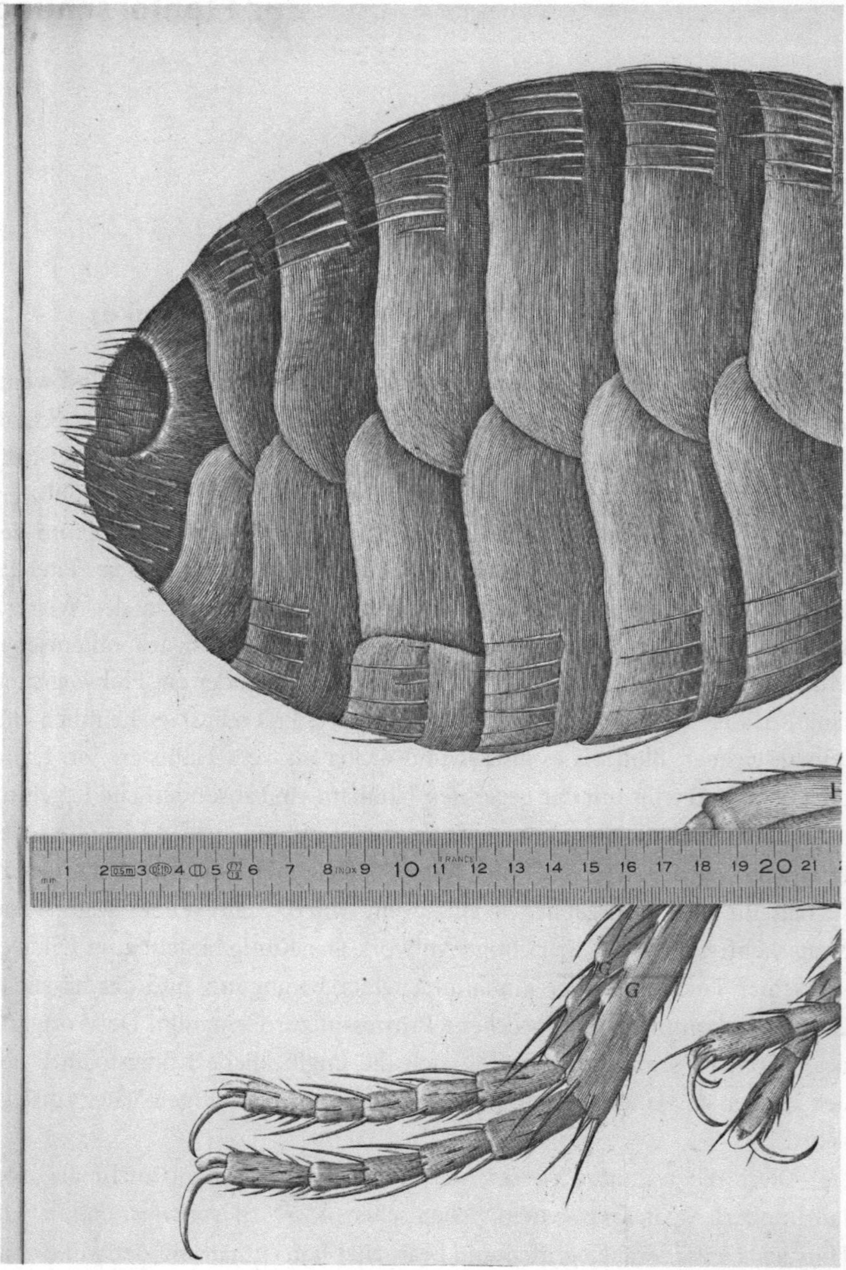

Abb. 7: Robert Hooke: ‹Of a Flea› In: *Micrographia: or some Physiological Descriptions of Minute Bodies* [...].

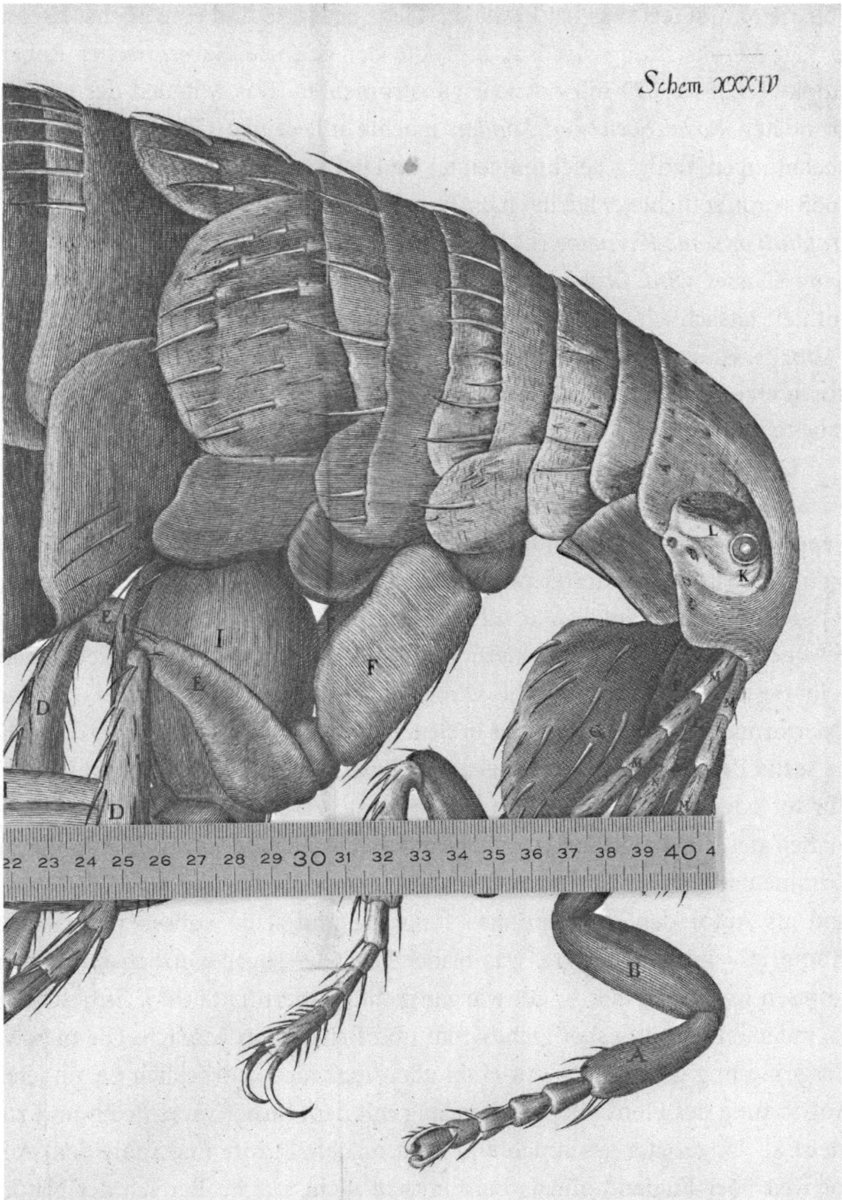
Schem XXXIV
L
K
I
F
E
D
D
B
A
22 23 24 25 26 27 28 29 30 31 32 33 34 35 36 37 38 39 40

Folgezeit anmutet. Was bei Basile die Liebe bewirkte und eine höchst riskante Rate-Veranstaltung auslöste, erprobte der gelehrte Naturforscher Robert Hooke (1635–1702) mit optischen Instrumenten. Das Mitglied der neu gegründeten *Royal Society of London* machte mit seinen Gläsern genaue Beobachtungen, fertigte Zeichnungen an und ließ diese dann in Kupfer stechen. 1665 veröffentlichte er sie in einem Werk mit dem sprechenden Titel: *Micrographia: or some Physiological Descriptions of Minute Bodies Made by Magnifying Glasses with Observations and Inquiries thereupon*, und dieses Buch enthielt tatsächlich die Abbildung eines Flohs in der Größe eines Hamsters (Abb. 7). Hooke bestand auf einer 120-fachen Vergrößerung des Tiers, die er durch eine Wiedergabe auf einem eingeklebten Faltblatt in seiner Folio-Ausgabe realisierte.[46]

Optische Geräte wie Teleskope, Mikroskope und Vergrößerungsgläser waren zwar schon am Anfang des Jahrhunderts erfunden worden, ihre Verwendung aber zur Erforschung der Natur war etwas durchaus Neues. Hooke nahm in sein Werk zahlreiche Abbildungen von stark vergrößerten Gegenständen, Pflanzen und Tieren auf; wie etwa von einer Nadelspitze und einem gewobenen Stoff, von Saatkörnern, Federn, Fliegenfüßen und Spinnenbeinen. Sein riesiger Floh sprengte die Dimensionen seines Folio-Bandes. Der auf Querformat abgebildete Floh ist in Seitenansicht wiedergegeben, so dass seine sechs Beine nach unten hängen. In einer solchen Lage konnte ein Insekt nur tot oder unter eine Glasscheibe gepresst präsentiert werden. Die Gliedmaßen des Tiers sind auf der Tafel mit Buchstaben versehen, die in einem Kommentar aufgegriffen und entschlüsselt sind. Hooke, der als Herausgeber und als Autor der «descriptions» fungierte und seine «observations» und «inquiries» mitteilte, zeigte, was bisher fast oder sogar gänzlich unsichtbar gewesen war und daher so gut wie gar nicht existiert hatte (). Er beschrieb es, indem er es mit bisher Sichtbarem und Bekanntem verglich. Die massive Vergrößerung ging einher mit einer allerdings nie ausdrücklich bekundeten Aufwertung des Flohs. Hookes Umgang mit dem bisher verachteten und zumeist als Ungeziefer geschmähten Insekt machte Furore und sollte dem Autor weit über England hinaus Berühmtheit nicht nur im Bereich der Naturlehre verschaffen.

Hooke trug in seiner *Micrographia* zusammen, was er mit unterschiedlichen Gläsern gesehen hatte, und interpretierte die Resultate seiner Beobachtungen als Eigenschaften des beobachteten Objekts. Das wahrhaft Revolutionäre seines Vorgehens zeigte sich dabei an dem, was er *nicht* hervorhob. Mit keiner Silbe ging er auf die zwiespältige Beziehung des Insekts zu den Menschen ein. Er fragte sich nicht, ob die Blutsauger den Menschen nützlich sein können, weil sie ihnen den Arztbesuch und die Kosten für das Schröpfen ersparen (), und er fragte sich auch nicht, ob Flöhe besonders Frauen heimsuchen () und ob sie erfolgreichere oder erfolglosere Liebhaber sein können als Männer () – das alles ließ er außer Acht. Stattdessen eröffnete Hooke seinen Kommentar mit einer These, die er dann in zwei Abschnitten zu erhärten suchte: «The strength and beauty of this small creature, had it no other relation at all to man, would deserve a description». «Strength», also die Sprungstärke des Flohs, hatte von jeher die Menschen beeindruckt. Schon in der Antike hatte sie die Gemüter beschäftigt, wie Aristophanes in seiner Komödie *Die Wolken* durch Sokrates bekundet (S. 175 und 207). Aber die Schönheit des Insekts hervorzuheben, war doch alles andere als selbstverständlich. Die Gründungsmitglieder der *Royal Society* beschäftigten sich zwar auch mit dem Schönen, weil ihr Begriff von Naturwissenschaft das Poetische keineswegs ausschloss, wie wir etwa durch die Arbeiten von Hookes Mitstreiter Henry Power (1623–1668) wissen.[47] Das Vorhaben, ein winziges und dazu noch lästiges Tierchen zu vergrößern, zu beschreiben und dann gerade seine Schönheit hervorzuheben, musste bei den Zeitgenossen Hookes auf Unverständnis stoßen. Ohnehin betrachteten viele Leute die neu gegründete *Royal Society* mit Argwohn. Ihr wurde nachgesagt, dass sich ihre Mitglieder mit abgehobenen Problemen und völlig nutzlosen Dingen beschäftigen würden. Hookes Folio-Band erschien überdies zu einem Zeitpunkt, da eine der schlimmsten Pestepidemien in England wütete, die allein in London schätzungsweise 70 000 Tote forderte (). Dass ein prominenter Vertreter jener Sozietät sich in einem solchen Moment derart hingebungsvoll mit einem Floh abgab und dessen Stärke und Schönheit zu preisen versuchte, dürfte das zeitgenössische Publikum brüskiert, ja es dürfte es als Hohn empfunden haben. Von heute aus betrachtet, erscheint die provozierende Tätigkeit Hookes freilich noch in einem anderen Licht. Die konzentrierte Aufmerksamkeit für das Insekt war keineswegs so abwegig, wie die Leute annahmen. Sie konnten die Folgen von derlei Untersuchungen nicht voraussehen, nicht einmal ahnen, und ein Gleiches galt wohl auch für Hooke selber. Der Mikroskopist löste ein Interesse aus, das in den folgenden Jahrzehnten anhielt und sogar noch anschwoll und schließlich am Ende des 19. Jahrhunderts zu einer wichtigen Entdeckung führen sollte. Es stellte sich heraus, dass es die Flöhe sind, die den verhängnisvollen Prozess der massenhaften Ansteckungen in Gang setzen und Pestepidemien auslösen können. Sie tragen häufig einen unsichtbaren Bazillus in sich, der ihnen selber offenkundig nicht schadet; wohl aber den von ihnen befallenen Ratten. Diese werden krank und sterben; die Flöhe aber verlassen auf der Suche nach warmem Blut ihre toten Wirte und springen auf Menschen über. Hooke leitete mit seiner Würdigung des Flohs einen Prozess ein, der zur Entdeckung von *Yersinia pestis* führte und damit die Voraussetzungen schuf, die Ausbrüche der Pest zwar nicht gänzlich zu unterbinden, wohl aber drastisch einzuschränken. Man könnte also Hookes scheinbar vollkommen nutzlose Beschäftigung mit einer äußerst nützlichen Erkenntnis in Verbindung bringen. Damit würde man freilich noch keinen Beweis liefern, wohl aber zumindest ein Beispiel anführen für die Berechtigung einer nicht auf Verwertbarkeit und Nützlichkeit ausgerichteten so genannten ‹autonomen Wissenschaft›, deren Ursprünge man ja nicht zufällig mit der Arbeit der *Royal Society* in Verbindung gebracht hat.

Hooke selber hatte allerdings einige Mühe, seine beiden Behauptungen zu erhärten, und zwar besonders die von der Schönheit des von ihm untersuchten Tiers. Entsprechend seiner Eingangsthese besteht sein Kommentar aus zwei Abschnitten, von denen der erste die Stärke (oder Sprungkraft) und der zweite die Schönheit des Flohs aufzeigen sollte. Wenn überhaupt, so gelang es ihm, die Hälfte seines Vorsatzes einzulösen und den Nachweis der Stärke zu erbringen. Er machte zunächst ein anderes Unterscheidungskriterium geltend: den Blick durch ein Vergrößerungsglas oder aber den mit dem «naked eye». Diese Differenzbestimmung ist – für sich genommen – weder für das eine noch das andere Vorhaben besonders gut geeignet. Ein *lebender* Floh lässt sich mit dem bloßen Auge nur schwer, mithilfe eines optischen Glases aber eigentlich noch schwerer beobachten, weil er von sich aus niemals unter einer Glasplatte oder einem Objektiv stillhalten würde. Bei einem toten Tier hingegen wäre zwar eine vergrößernde Glaslinse von Vorteil, aber mit ihr könnte man keine Bewegungen, sondern nur den Körperbau studieren. Dieser ließe allenfalls Rückschlüsse auf die Beweglichkeit und die Sprungkraft des Flohs zu; die Schönheit aber würde – so behauptet Hooke an anderer Stelle () – schon durch die Tötung in Mitleidenschaft gezogen. Das Differenzkriterium wird zudem von Hooke selber infrage gestellt durch das Bekenntnis, er habe nie zuvor eine solche Konstruktion und ein solches raffiniertes Zusammenspiel von sechs Beinen und Gelenken gesehen; erst jetzt, also beim Gebrauch von Gläsern, habe er begriffen, wie der Floh die Beine gleichzeitig hochziehen und herausschnellen lassen könne. Der Mechanismus der drei Beinpaare sei verschieden und doch wunderbar aufeinander abgestimmt, so dass alle sechs Beine im Moment des Sprungs zusammenwirken können. Das Tier sei so in der Lage, von seiner Beweglichkeit und seiner Kraft gleichzeitig optimal Gebrauch zu machen («exerts his whole strength at once»).[48]

Der erste Abschnitt kann also die Behauptung von der außerordentlichen Stärke einigermaßen stützen. Er legt dar, wie die Extremitäten des Flohs zu einem einzigen, besonderen Zweck aufeinander abgestimmt sind. Damit aber hat Hooke dem Tier Vollkommenheit zugesprochen. Eine solche als Zusammenstimmung der Teile untereinander und zum Ganzen muss er als schön empfunden haben, auch wenn er das nicht ausdrücklich einbekannt hat. Eine *begriffliche* Bestimmung von Schönheit unternahm er auch nicht bei einer anderen, von ihm propagierten Schönheitskonzeption, von der noch die Rede sein wird (). Für beide Schönheiten galt lediglich, dass sie sinnlich erfahrbar sein müssten, genauer: dass sie sich dem technisch aufgerüsteten Blick offenbaren könnten.

Wenn man erwarten würde, dass eine dieser beiden Schönheiten im zweiten Abschnitt überzeugend am Floh ausgewiesen würde, so sieht man sich getäuscht. Hooke nennt zunächst die glänzend schwarz polierte Panzerung mit spitz zulaufenden, akkurat miteinander verbundenen («neatly joined») Stacheln, die an Haarnadeln oder Borsten eines Stachelschweins erinnern würden. Das ist ein Vergleich, der nicht gerade beredt eine wie auch immer geartete Schönheit des Flohs zum Ausdruck bringt, sondern eher das Gegenteil leistet, denn das Stachelschwein galt und gilt gemeinhin als besonders hässliches Tier.[49] Dass Hooke in Wahrheit seine Leser von der Hässlichkeit des Flohs hätte überzeugen wollen, ist unwahrscheinlich. Der Mikroskopist versuchte Schönheit zu *zeigen*. Er erwähnt noch die Augen des Flohs – sie seien rund, schwarz und lebhaft –; ansonsten kann er wenig über die Wohlgestalt des Tiers vermelden. Er sei sich nicht sicher, ob der Floh Ohren habe, und auch bei der Beschreibung des Rüssels bekundet er Unsicherheit. Manches sei schwierig aufzudecken und verlange noch zusätzliche Erkundungen. Schließlich bricht er seine ästhetische Würdigung des Flohs ab mit dem Hinweis, dass es viele Einzelheiten gebe, die keine zusätzliche Information benötigten, und verweist auf seine vergrößernde Abbildung.

Damit macht er es dem Leser allerdings nicht einfacher. Dieser wird sich nicht abfinden mit der Behauptung, dass ein fehlendes oder vorhandenes Vergrößerungsglas das Kriterium sein kann beim Nachweis der Stärke oder der Schönheit des Flohs in den beiden Argumentationsverläufen. Einleuchtender wäre es für ihn gewesen, wenn der erste Abschnitt die Funktion des Bewegungsapparats und der zweite die äußere Erscheinung des Flohs beschrieben hätte, ohne dass jenes Differenzkriterium bemüht worden wäre. Es bleibt obendrein fragwürdig, ob die Schönheit des Flohs ersichtlicher würde bei weiteren Untersuchungen mit besseren Instrumenten. Und offen bleibt auch, ob sich die vom Autor behauptete Schönheit nicht grundsätzlich jeglicher Begründbarkeit entziehe.[50]

In Anbetracht dieser Verständnisschwierigkeiten empfiehlt es sich, die Perspektive zu erweitern und noch einmal auf die Bedeutung der Londoner *Royal Society* für die Würdigung des Flohs durch Robert Hooke zurückzukommen. Dieser war einer der Gründungsväter der renommierten wissenschaftlichen Gesellschaft, zu der auch sein großer Widersacher Isaac Newton gehörte. Während Letzterer den Schwerpunkt seiner Arbeit besonders auf Theorie und Mathematik legte, stützte sich Hooke vor allem auf methodisch abgestützte Untersuchungen und Beobachtungen mithilfe von optischen Gläsern, weshalb er zum «Curator of Experiments» in der Gesellschaft ernannt wurde. Er und Newton waren nichtsdestoweniger beide Francis Bacon (1561–1626) verpflichtet, der in seinem *Novum Organum* behauptet hatte, dass Kräfte bei kleinerer Körpergröße besonders wirksam sein können (Aphorismus 47, S. 521). Statt «fruchtbringenden» Versuchen hatte Bacon «lichtbringende» empfohlen – d. h. solche, die «keinen unmittelbaren Nutzen» haben müssten, sondern nichts weiter als «die natürliche Ursache einer Wirkung» erforschen sollten (Aphorismus 39, S. 217). Hooke schlug 1663 einen Zweckartikel für die neue Gesellschaft vor. Sie solle sich dem Erwerb zusätzlicher Kenntnisse über alle natürlichen Dinge widmen, ohne sich «in Theologie, Metaphysik, Moral, Grammatik, Rhetorik oder Logik» einzumischen (zit. nach Daele, S. 139 f.). Die Klausel wurde zwar nicht in die Statuten aufgenommen, und sie war obendrein irreführend, denn es ging der Gesellschaft nicht so sehr darum, ein Bekenntnis zur Nichteinmischung abzulegen, sondern – ganz im Gegenteil – den Einfluss anderer Institutionen, insbesondere der Kirche, auf die eigene wissenschaftliche Tätigkeit *abzuwehren*. Tatsächlich verfolgte die *Royal Society* zumindest in ihrer Anfangsphase ein Ziel, das ganz mit dem Vorschlag Hookes übereinstimmte und später als viel diskutierte Forderung nach Autonomie der Naturwissenschaften große Bedeutung erlangen sollte. Hooke hat mit seinem Versuch, ausschließlich die Stärke und die Schönheit des Flohs aufzuzeigen, zwei Eigenschaften gewürdigt, von denen man nicht gerade behaupten konnte, dass sie die Nützlichkeit dieses Insekts für den Menschen aufzeigen würden. Auch wenn es ihm nicht so recht gelang, die Schönheit des Flohs sinnfällig zu machen, vollzog sich seine Arbeit doch in Übereinstimmung mit dem Wissenschaftsverständnis der *Royal Society*.

Der demonstrative Verzicht auf alle Nützlichkeitserwägungen war jedoch, wie schon angedeutet, für Hooke und die übrigen Mitglieder der Gesellschaft problematisch: Ihre Tätigkeit geriet rasch in die Schusslinie auch der bürgerlich-aufklärerischen Kritik.[51] Um nicht in eine schrullige, lebensferne Ecke abgedrängt zu werden und gleichwohl an ihren Erkenntniszielen und Erkenntnisgegenständen festhalten zu können, etikettierten sie ihre wissenschaftliche Arbeit als praktizierte Theologie. Viele von ihnen hatten ursprünglich eine geistliche Ausbildung erhalten; es fiel ihnen darum nicht schwer, in der Bibel eine Rechtfertigung für ihre Tätigkeit zu finden. Sie beriefen sich auf den Brief des Paulus an die Römer 1, V. 20, wonach man «Gottes unsichtbares Wesen [...] seine ewige Kraft und Gottheit [...] an den Werken, nämlich an der Schöpfung der Welt» erkennen könne. Sie versuchten, sich der kirchlichen Bevormundung zu entziehen, indem sie selber als Propagandisten der Religion auftraten. Es galt, die Allmacht, Weisheit und Güte des *unsichtbaren* Gottes in den *sichtbaren* «Werken», in der «Schöpfung der Welt» aufzuzeigen. Mit diesem Vorsatz wurden die Mitglieder der Londoner Gesellschaft zu wichtigen Förderern der physikotheologischen Bewegung. Hookes Mitstreiter Robert Boyle (1628–1691), der Entdecker des nach ihm (mit-)benannten Gasgesetzes, fand ein schlagendes Argument für die Art und Weise, wie man die Qualitäten Gottes besonders nachdrücklich aufzeigen könne: «Wonder dwells not so much on nature's clocks [...] as on her watches» (Boyle, S. 22) – auf Deutsch: ‹Wunder wohnen nicht so sehr auf Kirchtürmen als in Taschenuhren› –, was so viel bedeuten sollte wie: Gott, den sich die Physikotheologen gerne als Uhrmacher vorstellten,[52] offenbare sich weniger eindringlich in seinen großen als in seinen winzigen Geschöpfen. Mit diesem Glaubenssatz ließ sich die Wahl eines Forschungsobjekts wie die des Flohs rechtfertigen. Letzterer mag «den Menschen viel Ungelegenheit» machen (Happel, S. 73), aber er beeindrucke durch seinen winzigen und zugleich höchst sinnreich eingerichteten, zweckmäßigen Körperbau. Kaum ein anderes Geschöpf könne mit so großem Nachdruck von den Fähigkeiten des göttlichen Schöpfers künden wie der Floh. Der ans Wunder grenzende Mechanismus *dieser* winzigen Taschenuhr sollte besonders eindrücklich auf die Geschicklichkeit des göttlichen Uhrmachers hinweisen. War Gott ganz und gar unsichtbar, so war es der Floh *beinahe.* Als ein solches Geschöpf *wohnte* er – Boyle sprach ja vom Wohnen («dwell») – nahe bei seinem gänzlich unsichtbaren Schöpfer und konnte schon dadurch nahezu gottähnliche Züge für sich beanspruchen. War Gott der Inbegriff der Vollkommenheit, dann wurde etwas von seiner göttlichen Vollkommenheit beim Floh durch eine Vergrößerung ersichtlich. Hooke muss daher in seiner Arbeit eine Nobilitierung seines Erkenntnisobjekts, seiner Arbeitsinstrumente, aber auch seiner eigenen Rolle als Naturforscher erblickt haben! Diese dreifache Aufwertung sollte sich freilich in mancherlei Hinsicht auch als problematisch erweisen (). Immerhin verzichtete Hooke darauf, das Insekt ausdrücklich religiös zu interpretieren und ihm eine allegorische Bedeutung zuzusprechen. Das freilich sollte sich bei den meisten seiner physikotheologischen Nacheiferer auf dem europäischen Festland ändern.

16 Physikotheologische Flohforschung (Scheuchzer und Ledermüller)

Hookes riesenhafter Floh schaffte zunächst problemlos den Sprung von London nach Hamburg. Eberhard Werner Happel, ein Romanautor und Journalist, nahm ihn – nur ein wenig verkleinert – in den ersten Band seines Sammelbands *Die größten Denkwürdigkeiten der Welt oder Sogenannte Relationes Curiosae* von 1683 auf. Happel, obwohl selber ein ungeheuer produktiver Vielschreiber, übernahm Hookes Kommentar und übersetzte ihn ohne große Abänderungen und Zusätze ins Deutsche. Zwei Jahre später zeigte Johann Frantz Griendel von Ach einen Floh in seiner *Micrographia nova* (1687), die sich schon im Titel auf Hookes Werk bezog. Sein Faltblatt eines immerhin noch 26 cm großen Flohs (S. 17 f.) hält sich an die Darstellung bei Hooke und Happel, nur zeigt der Flohkopf bei ihm nach links.

Alle drei Autoren haben faktisch zur Verbreitung der von Boyle verfochtenen These beigetragen, dass nichts so nachdrücklich vom Größten, also von Gott, künde wie das ganz Kleine. Insbesondere Hookes *Micrographia* wurde wegleitend für die Arbeit der Naturforscher, die für ihre physiologischen Beobachtungen, Untersuchungen und Beschreibungen mit Vorliebe möglichst kleine Objekte wählten. Jan Swammerdam (1637–1680) berief sich in seiner 1752 postum erschienenen *Bibel der Natur* (S. 126) auf die These von Boyle, und Barthold Hinrich Brockes machte sie in seinem lyrischen Hauptwerk *Irdisches Vergnügen in Gott* populär, indem er sie in zwei Gedichten des vierten (*Das Grosse im Kleinen*) und des neunten Bandes (*Gott so wohl im Kleinen, als im Großen groß*) thematisierte. Bei ihm trat der erbauliche Charakter der Naturbetrachtungen besonders zutage. Auch der protestantische Theologe Friedrich Christian Lesser bezog sich in seiner *Insecto-Theologie* (Leipzig 1738) unübersehbar auf jene Kernthese physikotheologischen Denkens, die freilich nichts weiter war als die christliche Fassung einer These aus der Naturgeschichte des Plinius, wonach das Ganze der Natur im Kleinsten aufzufinden sei (s. Böhme, S. 372). Das Frontispiz von Lessers Buch enthält die Inscriptio: *Maxima in minimis*, und auf dem Titelblatt kündigt der Autor an, dass er zeigen möchte, wie

> ein Mensch durch aufmercksame Betrachtung derer sonst wenig geachteten Insecten Zu lebendiger Erkänntniß und Bewunderung der Allmacht, Weißheit, der Güte und Gerechtigkeit des grossen Gottes gelangen könne (Abb. 8).

Das Unternehmen, Naturwissenschaft und Theologie miteinander zu versöhnen oder gar als ein und dieselbe Disziplin auszuweisen, behielt gleichwohl etwas Gewaltsames, oder genauer: Es stellte eher eine Absichtserklärung dar, der eine Legitimationsfunktion hinsichtlich der eigenen Tätigkeit zukommen sollte. Bei den Versuchen einer Verschmelzung der beiden Disziplinen selber traten deren Differenzen dann doch häufig zutage. Es dominierten entweder die naturwissenschaftlichen Erkenntnisinteressen oder die religiösen Tendenzen oder aber beide schwächten sich ab zugunsten moralischer oder ästhetischer Zielsetzungen.

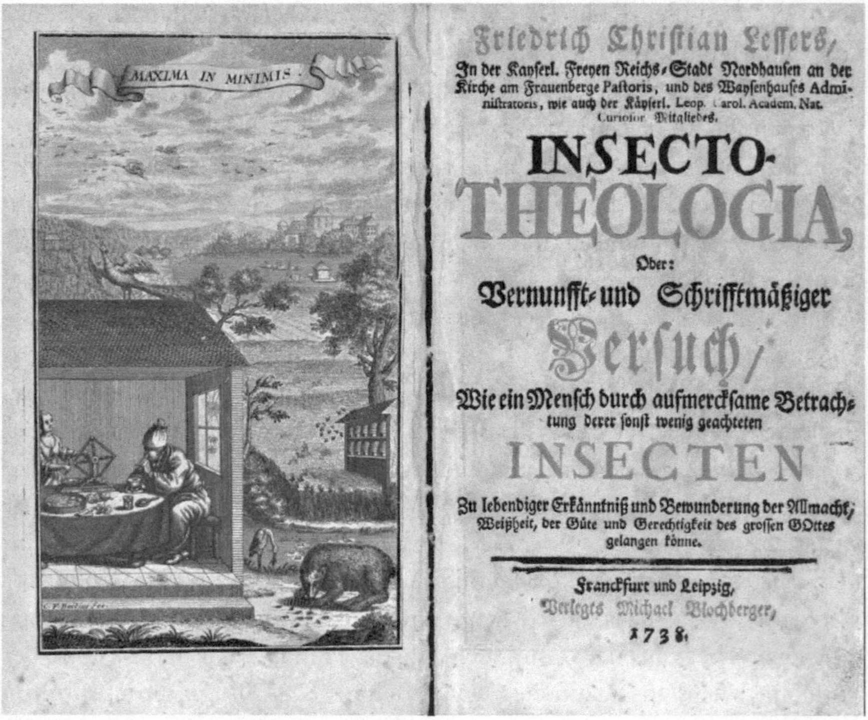

Abb. 8: Friedrich Christian Lesser: *Insecto=Theologia* […].

Besonders augenfällig wurde die Verschiedenheit von Naturwissenschaft und Theologie in den Arbeiten des Zürcher Mediziners und Polyhistors Johann Jacob Scheuchzer (1672–1733). Sein Hauptwerk, die *Kupfer=Bibel* oder *Physica Sacra* von 1733, bezeichnete er im Untertitel als *Geheiligte Natur=Wissenschafft.* Entsprechend schwankt es zwischen einer religiös begründeten Naturlehre und einer naturwissenschaftlich gestützten theologischen Abhandlung. Das Kapitel über den Floh verdankt sich nicht zuletzt der Tatsache, dass Scheuchzer im Alten Testament einen Vers über dieses Tier gefunden hatte. David vergleicht sich im 1. Buch Samuel 24, V. 15 vor dem König Saul mit einem toten Hund und einem Floh, denen nachzujagen sich in keiner Weise lohne. Für Scheuchzer äußerte sich darin die «Demuth» Davids, der gegenüber Saul ganz gering erscheinen wollte – eben wie ein Floh.

Nach einigen gelehrten Hinweisen auf Gewährsleute, die den Flöhen allen Wert absprechen, gibt Scheuchzer entschieden Gegensteuer:

Ubrigens aber ist die Floh, so geringe sie auch immer geschätzet werden mag, ein Bewunderungs=würdiges Thierlein, wenn man es in seiner Zeugung und verschiedenen Verwunderungen betrachten mag, die jedoch wenigen bekandt sind (I, S. 83b).

Und um dieses Bewundernswerte möglichst vielen «bekandt» zu machen, setzen er und seine Mitarbeiter, der Vorzeichner Johann Melchior Füßli und der Kupferstecher Georg Daniel Heumann, die biblische Szene mit Saul, David und einem Hund ins Bild, während die Eier (Nr. II), die Larve (das «Würmlein», Nr. III), der Kokon (Nr. IV), die Puppe (Nr. V) und das geschlechtsreife Weibchen eines Flohs (Nr. I) übergroß in den Rahmen eingefügt sind (Abb. 9). Nach Felfe (S. 161 f.) repräsentieren die Bilderrahmen der Kupferstiche den Raum der Gegenwart und den des Betrachters, während die Bilder selber die Welt der Bibel vor Augen führen. Die dem Floh gewidmete Tafel differenziert diese Aufteilung noch zusätzlich: Das Innere, also das eigentliche Bild, zeigt die biblische Geschichte von David und Saul, während der Rahmen die sexuelle Vermehrung des Flohs veranschaulicht. Scheuchzer macht sich hier zum Sprachrohr der Entdeckung Antoni Leeuwenhoeks, der die über Jahrhunderte verbreitete These von der so genannten *Generatio spontanea*, also von der Entstehung des Flohs aus nichts anderem als aus Staub, Schlamm oder verwesender Materie, 1695 in seiner Schrift *Arcana naturæ detecta* widerlegt hatte (). Auf dem Bildrand der *Kupfer=Bibel* Scheuchzers sind zwei kopulierende Flöhe abgebildet (Nr. VIII) – zusammen mit einem überdimensional großen Flohbein, das die Sprungbereitschaft und die enorme Sprungkraft des Insekts vor Augen führen soll (Nr. VII). Das Flohpaar und das Flohbein ragen vom Rande ins Bild hinein. Damit wies Scheuchzer darauf hin, dass seiner Ansicht nach die Welt des Flohs und die der Bibel nicht getrennt werden dürfen, genauer: dass dieses Insekt eine biblische Wahrheit, nämlich den Wert der Demut als einer christlichen Tugend, für die Gegenwart aufzeigen soll und kann.

Das Bild selber stellt den Versuch dar, die Situation zu zeigen, in der David sich an seinem Verfolger Saul rächen könnte, ihn aber schont und stattdessen bittet, von weiterer Verfolgung abzusehen: «Wem ziehst du nach, König von Israel? Wem jagst du nach? Einem toten Hund, einem einigen Floh».[53] Beide Objekte lohnten nicht die Mühe, sie zu erjagen, meint David. Der «tote Hund» könne Saul zu nichts mehr dienen, und der «einige Floh»

Abb. 9: Johann Jacob Scheuchzer: *Kupfer=Bibel In welcher Die PHYSICA SACRA oder geheiligte Natur=Wissenschafft* [...] *Deutlich erklärt und bewährt* [wird].

wäre, selbst wenn man ihn erwischen würde, schon bald durch andere Flöhe ersetzt. Die biblische Verknüpfung von Floh und Hund sollte über Jahrtausende Schule machen. Gestützt wurde sie durch die Beobachtung, dass Hunde geradezu prädestiniert sind, mit dem Erdboden Kontakt aufzunehmen und dadurch Flöhe auf sich zu ziehen.[54] Das Bild und auch der Rahmen, der den Lebenszyklus eines Flohs darstellt, verhelfen dem Betrachter nicht automatisch zu gesteigerter Demut. Erst Scheuchzer hebt sie als Wert hervor, indem er die Einsicht Davids in die eigene Geringfügigkeit als Voraussetzung künftiger Größe darstellt und mit der Geringfügigkeit des Flohs als Voraussetzung von dessen bislang verborgener Größe parallelisiert. Scheuchzers Absicht ist demnach vor allem religiös-erbaulich motiviert. Der Rahmen wird selber zu einem Bild gemacht. Seine Zierleisten und Ornamente werden durch die Darstellung der Metamorphosen des Flohs unterbrochen und teilweise überdeckt. Details wie das überdimensional vergrößerte Bein ragen sogar in das eigentliche Bild hinein. Die Absicht, Naturlehre und christliche Tugendlehre als Einheit auszuweisen, ist unübersehbar, aber sie manifestiert sich auch als störender Eingriff: Sowohl der Rahmen als auch das Bild werden in Mitleidenschaft gezogen.

Hooke hatte die Vergrößerung des Flohs mit einer Aufladung an Bedeutung verbunden, indem er dem Tierchen «strength and beauty» zugesprochen hatte. Die Stärke, genauer: die Sprungstärke, gesteht auch Scheuchzer seinem Floh zu, darüber hinaus bricht er mit der aristotelischen Behauptung einer ungeschlechtlichen Vermehrung des Flohs () und attestiert ihm noch eine enorme Fortpflanzungsfähigkeit, die bei Hooke unerwähnt blieb. Hauptsächlich aber geht es ihm um die Vermittlung von «Demuth», d. h. von einer Gemütsbeschaffenheit, die sich Scheuchzers Leser zu eigen machen sollen. Der Floh, der nur «ein kleines, verächtliches, beschwerliches Thierlein» ist (S. 83a), darf als der David im Tierreich gelten, der durch seine eingestandene bescheidene Selbsteinschätzung zu ganz Großem in der Heilsgeschichte ausersehen sei. Scheuchzers Floh erhält insofern vor allem eine allegorische Funktion. Darum ergänzt der Autor seinen Kupferstich folgerichtig noch mit der zweisprachigen Unterschrift: «David pulex» oder «David ein Floch». Während Hooke seinem vergrößerten Floh physische und ästhetische Qualitäten zusprach, ohne deren – gleichfalls vorhandene – theologische Implikationen zu erwähnen, betont Scheuchzer ganz entschieden die religiöse Relevanz seiner Darstellung. Offensichtlich geht er auf den Floh nicht nur ein, weil dieser, wie es im Titel heißt, zu den *in Heil. Schrifft vorkommenden natürlichen Sachen* gehört, sondern auch weil er in seiner «Demuth» David gleicht, der in der Bibelexegese eine Präfiguration von Christus ist.

Ähnlich wie Scheuchzer war Martin Froben Ledermüller (1719–1769) der physikotheologischen Tradition verpflichtet. In der Nachlese zu seiner *Mikroskopischen Gemüths= und Augen=Ergötzung* hat er die religiöse Bedeutung seiner Untersuchungen ausdrücklich hervorgehoben. Er habe – so schreibt er dort im unpaginierten Vorbericht – die Absicht gehabt,

> die Werke des Allerweisesten aufzusuchen, um sie zu bewundern, und nicht so wohl die Natur, als vielmehr ihren allmächtigen Schöpfer aus seinen Geschöpfen, so viel in dieser Schwachheit dem Menschen möglich ist, kennen zu lernen. Ich weiß, daß man Gottes Angesicht oder Herrlichkeit so wenig, als Moses, in dieser Welt mit Augen sehen kan; allein es ist uns doch erlaubt, dem Ewigen gleichsam hinten nachzusehen, und dessen Weisheit und Allmacht aus grossen und kleinen Kreaturen zu erkennen und zu verehren.

Den Vorsatz, die göttlichen Qualitäten auch in den «grossen» Kreaturen zu erkennen, führt er aber nicht wirklich aus. Das Frontispiz seines Hauptwerks zeigt zwar als Beispiel und Muster eines großen Tieres einen jungen Elefanten (Abb. 10). Diesem Tier räumt er aber – ähnlich wie sein Nürnberger Zeitgenosse Christoph Gottlieb Richter (S. 28) – nur die Funktion einer wirkungsvollen Kontrastfigur zum Floh ein. In seinem Vorbericht stellt er sich die Frage, «was der Elephant für eine Verbindung mit mikroskopischen Kreaturen habe». Seine Antwort ist eher diplomatischer Natur: Sehr viel, befindet Ledermüller; das Studium der Nervenbahnen dieses großen Tiers erfordere Vergrößerungsgläser, und bis jetzt habe «die Kayserliche Akademie der Wissenschaften selbst» noch nicht einmal feststellen können, ob die Nerven eines Elefanten hohl seien oder nicht. Dass selbst ein großes Tier ein Objekt der wissenschaftlichen Neugierde sein könne und dürfe, will er also nicht gänzlich ausschließen, aber der Elefant verdient für ihn nur insofern Interesse, als er auch etwas Winziges, bislang noch nicht Endecktes an sich habe. Damit weist Ledermüller dem Elefanten die Rolle zu, die Rösel von Rosenhof dem Panzernashorn zugesteht (). Er möchte in Worten und Werken, d. h. in seiner Argumentation wie in seinen Experimenten, der Devise *Maxima in minimis* treu bleiben. Seine Arbeit mit den optischen Gläsern

Abb. 10: Martin Frobenius Ledermüller: *Mikroskopische Gemüts= und Augen=Ergötzung* [...].

ist für ihn «gleichsam ein beständiger Gottesdienst». Dem Floh widmet er eine eigene Tafel (Abb. 11) sowie ein gesondertes Kapitel. Er referiert Leeuwenhoeks Entdeckung von der sexuellen Vermehrung dieses Tiers anerkennend, während er die auf Aristoteles zurückgehende Theorie von der *Generatio spontanea* als rückständiges «Mährlein» bezeichnet (S. 42). Zudem erlaubt er sich eine Abschweifung über die Grausamkeit vieler Frauen, welche die Flöhe massakrieren oder ins Feuer werfen. Unter Berufung auf die *Sprüche Salomos* (12, V. 10): «Der Gerechte erbarmet sich auch seines Viehes», und den «Heil. Franciscus da Sisis [von Assisi], der es dem lieben Gott als eine Todtsünde abgebetten, daß er einem Floh das Leben genommen habe» (1763, S. 43), fordert er Milde und Nachsicht gegenüber diesem Tier, das «nie aus Bosheit», sondern nur um seinen Hunger zu stillen, «dem Trieb, wozu [es] bestimmt ist», folge (S. 42).

Ledermüller ist seinem Nürnberger Konkurrenten Rösel als bildender Künstler unterlegen, wie etwa dessen Titelkupfer zeigt (Abb. 12). Er präsentiert das ausgeschlüpfte Tier in einer Stellung, die ansonsten nur bei Bonannius und Athanasius Kircher zu finden ist. Sein erwachsener Floh ist in Seitenansicht und Hochformat wiedergegeben – so als stünde er auf dem Hinterleib. Die Beine des Tiers zeigen nach rechts, nicht nach unten. Stehen, gehen oder krabbeln könnte ein Floh so auf keinen Fall; die Position soll vielmehr offenkundig die für das Insekt charakteristischen Extremitäten besonders deutlich hervorkehren. Diese *scheinbar* aufrechte Haltung muss E. T. A. Hoffmann besonders beeindruckt haben. Er hat sich von ihr inspirieren lassen für den Umschlag seines *Meister Floh*-Romans, wie erst kürzlich von Wolfgang Bunzel nachgewiesen wurde (). Hoffmann und sein Illustrator Carl Friedrich Thiele (1780–1836) haben Ledermüllers Abbildung des Flohs jedoch in bezeichnender Weise abgewandelt: Zwei der sechs Beine sind bei ihnen in Stiefel gesteckt, so dass die Titelfigur des Romans wirklich zu stehen scheint und obendrein *aufrecht gehen* und ihren eigenen Hinterleib wie einen Rucksack tragen kann (). Hoffmann und Thiele haben dem Meister Floh damit dezidiert Menschenähnlichkeit verliehen. Schon mit dieser Abänderung werden die religiösen und auch die physikotheologischen Züge in der Erzählung zurückgenommen. Nicht Gott und das Jenseits sind im Vordergrund, sondern das Diesseits und dessen Bewohner: Der Mensch und das Tier, und vor allem ihr Verhältnis zueinander rücken ins Zentrum. Hoffmanns Roman über einen besonderen Floh und einen besonderen Men-

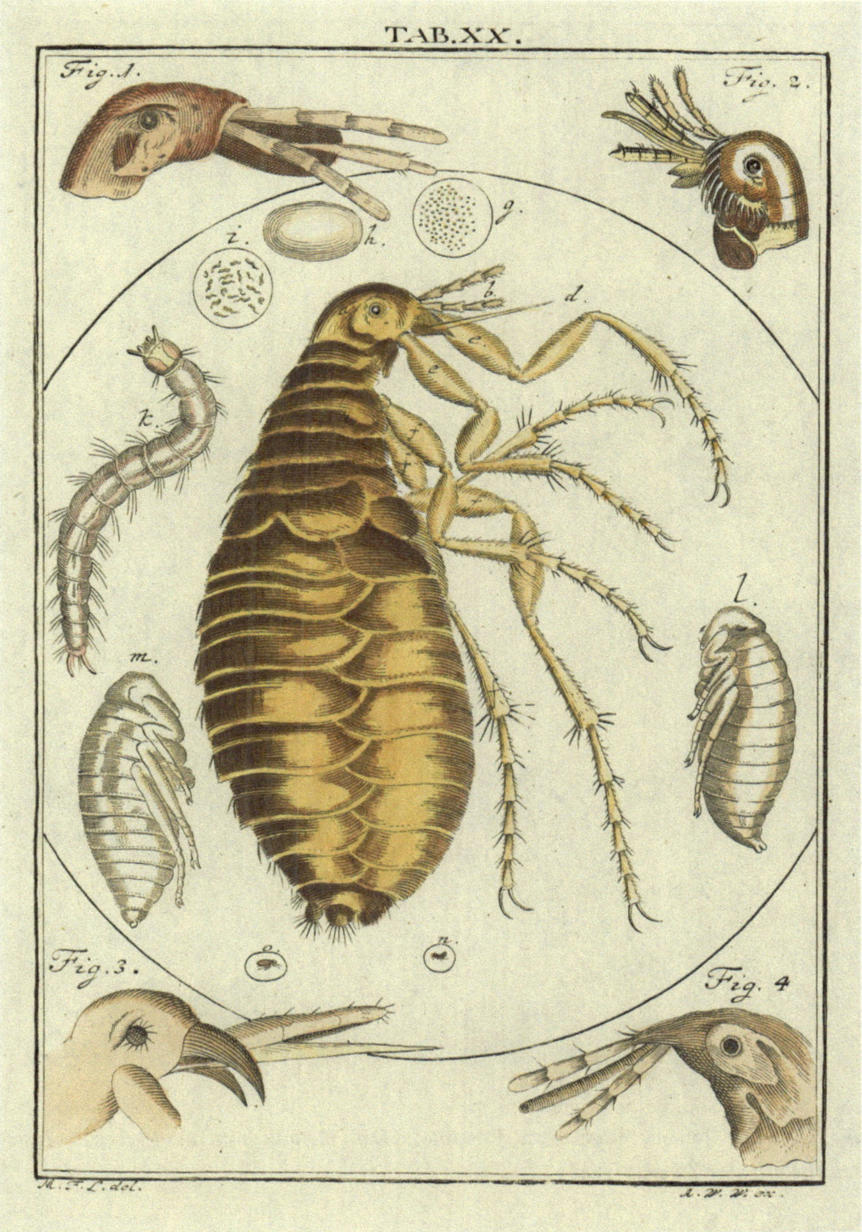

Abb. 11: Martin Frobenius Ledermüller: *Mikroskopische Gemüts= und Augen=Ergötzung* […].

Abb. 12: August Johann Rösel von Rosenhof: *Der monatlich=herausgegebenen Insecten=Belustigung* Zweyter Theil.

schen ist – so viel sei hier schon vorweggenommen – weder eine naturwissenschaftliche noch eine theologische Abhandlung, sondern ein Märchen. Als ein solches wird es die Geschichte der Naturwissenschaft seit ihrem Neueinsatz im 17. Jahrhundert einer Revision und einer radikalen Kritik unterziehen.

17 Vom Großen und Erhabenen zum Kleinen und immer Kleineren (Pseudo-Longin, Melville und Rösel)

Ein unbekannter antiker Autor hat im ersten nachchristlichen Jahrhundert auf Griechisch eine Schrift verfasst, die nur fragmentarisch überliefert ist. Sie heißt *Περι υψους*, zu Deutsch: *Vom Erhabenen.* Als Autor wurde sie einem Longinos zugeschrieben, der – so viel weiß man inzwischen – sicherlich *nicht* der Verfasser war. Das Werk dieses Pseudo-Longinos war lange verschollen und wurde erst im 17. Jahrhundert wieder entdeckt. Dann aber entwickelte sich die Schrift zu einem der wichtigsten poetologischen Texte weit über den europäischen Sprachraum hinaus. Streng genommen ist sie gar kein Werk über die Poesie, sondern eines über die Art und Weise, wie diese sich besonders wirkungsvoll entfalteten kann, also über Rhetorik. Das Erhabene wird als «Höhepunkt und Gipfel der Rede» verstanden und als Resultat der außerordentlichen Gesinnung, der «Seelengröße» des Redners gefasst (S. 39). Obwohl der Autor vor einer «Scheingestalt von Größe» warnt (ebd.), ist er überzeugt, dass sich jene Seelengröße auch unwillkürlich an den Gegenständen zeige, von denen der Redner spricht. Ohne hier auf die Schrift näher einzugehen, sei doch auf ihre anthropologischen Voraussetzungen aufmerksam gemacht. Was uns als Zuhörer von der «Seelengröße» eines Redners und dadurch auch von der Qualität seiner Rede schlagartig überzeugt, ist etwas in *unserem* Inneren, etwas, das wir mit dem Redner gemeinsam haben:

> Wenn man rings unsere Umwelt betrachtet und sieht, in welchem Ausmaß das Ungewöhnliche, das Große, das Schöne in allem überwiegt, so wird man erkennen, wozu wir geboren sind. Von der Natur irgendwie geleitet, bewundern wir darum nicht die kleinen Bäche, beim Zeus, wenn sie auch durchsichtig und nützlich sind, sondern den Nil und die Donau oder den Rhein und noch viel mehr als sie den Ozean (S. 99).

Der Eindruck des Erhabenen stellt sich demnach vor allem durch die Bilder ein, die der Redner benützt. Der gewaltige, ja übergewaltige Eindruck seiner

Rede mache uns schlagartig klar, «wozu wir geboren sind». Die Argumentation lässt zumindest erahnen, wieso die Schrift von der Frühen Neuzeit an so breit rezipiert worden ist. Ihr Autor bietet eine Erklärung, warum das Große, in welcher Form auch immer, uns so packt und zu begeistern vermag und warum das Kleine in vielen Gattungen und Sparten immer wieder auf Geringschätzung gestoßen ist.

Wenn in Reden oder auf Wappen und Flaggen ein Bedeutungsträger gesucht wurde, dann musste es zumeist ein großes, starkes oder schönes Tier sein wie der Adler oder der Löwe. Ein Insekt schien nicht so recht geeignet. Auch in der Fabeldichtung konnte es nicht wirklich heimisch werden. Die wenigen Beispiele in den Sammlungen von Äsop und von La Fontaine belegen, dass man dem Floh eigentlich nicht zutraute, eine lebenswichtige Fabelwahrheit zu illustrieren. Erst Edmé Boursault (1638–1701) versuchte in Auseinandersetzung mit La Fontaine, die literarische Öffentlichkeit vom Gegenteil zu überzeugen. In sein Theaterstück *Esope à la Cour* von 1701 baute er mehrere Fabeln ein, von denen eine, *Le Fleuve et sa Source*, offensichtlich eine kritische Auseinandersetzung mit der Argumentation des Pseudo-Longin darstellt ().

Literarische Fehden über die Verwendbarkeit von kleinen Gegenständen und kleinen Tieren in Fabeln wie die zwischen La Fontaine und Boursault sollten sich in der Folge auch in den Diskussionen über andere Gattungen einstellen. Die berühmteste ist wohl die zwischen Friedrich Hebbel und Adalbert Stifter gewesen. Der Tragödiendichter hielt es mit dem Erhabenen und verfasste unter dem Titel *Das Komma im Frack* eine vernichtende Kritik des Romans *Der Nachsommer*, in der er Stifter als «das überschätzte Diminutivtalent» verhöhnte, weil dessen Werk das «Kleinleben der Natur» allzu sehr verabsolutiere (S. 344). Hebbel erwähnt in seiner Rezension nicht den Floh, das tat er mehrfach in seinen Tagebüchern (). Seine Theaterstücke aber haben, anders als die Prosa Stifters, unübersehbar an Aktualität verloren, während der kritisierte Stifter seinen Ruf als ein bedeutender Autor festigen konnte. Auch das Erhabene selber hat seine überragende Bedeutung nach einer Phase intensiver Würdigung in der Ästhetik des 18. Jahrhunderts (bei Hume, Kant, Schiller und anderen) weitgehend eingebüßt. Das heißt nicht, dass es gänzlich aus der Literatur und der Bildenden Kunst verschwunden wäre (). *Moby-Dick* zum Beispiel, der Roman Herman Melvilles, ist ein Buch, das offensichtlich der Theorie des Erhabenen besonders verpflichtet ist. Sein Ich-Erzähler Ismael, der sich die Jagd nach dem großen weißen Wal als Thema gewählt hat, vertritt die Auffassung, dass ein solches Thema eigentlich «nur in Großregalfolianten» behandelt werden dürfe:

> Das ist die erhabene, erhebende Kraft eines großen und reichen Themas – wir schwellen auf seine Größe an! Wollt ihr ein großes Buch schreiben, müßt ihr ein großes Thema wählen. Nie wird jemand etwas Großes und Dauerhaftes über den Floh schreiben, wiewohl es viele geben mag, die das versucht haben (S. 702).

Dieser offensichtlich von Pseudo-Longin inspirierten Behauptung kommt keineswegs Allgemeingültigkeit zu. Sie wird nicht einmal dem Autor Melville selber gerecht, wie sein zweites Meisterwerk *Bartleby* zeigen könnte; und sie gilt erst recht nicht ausschließlich für eine ganz bestimmte historische Epoche. Schon der Erzähler Ismael räumt ein, dass «Großes» auch schon über ein kleines, winziges Sujet geschrieben worden sei, nur – so behauptet er – seien solche Unternehmungen ohne Erfolg geblieben.

Der Gebrauch von Lupen und Mikroskopen für wissenschaftliche Zwecke hat die Einstellung zu dem, was als ‹groß› und ‹klein› gilt, radikal verändert. Das Kleine konnte sich jetzt unter dem technisch aufgerüsteten Blick groß präsentieren. Den Riesenfloh gab es nicht wirklich; er erschien nur unter dem mikroskopischen Blick als ein so gewaltiges Tier. Der neue Blick aber erhob den Anspruch, dem alten, unbewehrten Blick überlegen zu sein und das Insekt so zu zeigen, dass man dadurch die Allmacht, Weisheit, Güte und Gerechtigkeit von Gott erfahre und erkenne (). Nicht nur die Physikotheologen, sondern alle Mikroskopisten waren davon überzeugt, dass ein winziges Tier sich groß zeigen und damit auch den Eindruck des Erhabenen hervorrufen könne. Der Floh wurde zum Wappentier und zum Wahrzeichen für eine neue wissenschaftliche Ära, und für das Mikroskop und das Vergrößerungsglas bürgerte sich der Begriff ‹vitrum puliciarum› oder ‹Flohglas› ein, den der Universalgelehrte Athanasius Kircher einführte – so Berninger (S. 40).

Die Relativierung dessen, was mit bloßen Augen über Jahrhunderte als klein und geringfügig eingeschätzt worden war, erfasste nun auch das, was bislang unzweifelhaft als groß gegolten hatte. Besonders eindrücklich hat sich dieser Wandel in der Einstellung von August Johann Rösel von Rosendorf (1705–1759) abgezeichnet. In dessen monatlich herausgegebenen *Insecten-*

Belustigungen von 1749 gibt es ein Kapitel über den Floh. Es beginnt mit einer Erzählung über ein Rhinozeros, also einer Geschichte, die – so scheint es – überhaupt nichts mit einem Floh zu tun hat. Sie sei hier in wenigen Worten referiert:

Zu Beginn des 16. Jahrhunderts hatte der portugiesische König ein lebendiges Panzernashorn aus Indien geschenkt bekommen, das in Europa zur Schau gestellt wurde und überall großes Aufsehen erregte. Albrecht Dürer, der das Rhinozeros vermutlich nicht einmal leibhaftig gesehen, wohl aber Zeichnungen von ihm erhalten und Berichte über den Koloss gelesen hatte, fertigte 1515 einen Holzschnitt an, der als Flugblatt weite Verbreitung fand und die Sensation von dem großen, seltenen Tier noch zusätzlich anheizte. Schließlich sollte es dem Papst zum Geschenk gemacht werden. Es starb aber, noch bevor der Transportzug Rom erreichte.

Mehr als 230 Jahre später wiederholte sich das spektakuläre Ereignis, allerdings in anderen Dimensionen. Ein holländischer Kapitän der Niederländischen Ostindien-Kompagnie hatte von seinen Reisen ein Nashorn mitgebracht, seinen alten Beruf aufgegeben und als Entertainer in ganz Europa das gewaltige Tier präsentiert – mit großem Erfolg, denn das Nashorn, das er Clara nannte, lebte noch 17 Jahre und brachte ihm viel Geld und sogar den Adelstitel ein, so dass er sich Douwe Jansz Mout van der Meer (1705–1775) nennen durfte. Von Clara existieren viele Bilder – das berühmteste stammt von Pietro Longhi aus dem Jahre 1751 und befindet sich heute im *Museo del Settecento Italiano* in Venedig. Bis vor kurzem war im Amsterdamer *Rijksmuseum* eine Ausstellung zu sehen, die das Aufsehen, das Clara erregt hatte, mit vielen Zeugnissen dokumentierte.[55] Ohne Zweifel war dieses Nashorn ein Erfolg im Showgeschäft, im Kreise der Naturforscher hingegen löste Clara keine vergleichbare Begeisterung aus. Einer von ihnen war Rösel von Rosenhof, der ein Augenzeuge gewesen sein muss. Er hat seine Enttäuschung kaum verhehlen können:

> Übrigens war es ein plumpes und ungeschicktes Thier, und ausser seinem auf der Nase stehenden Horn, hatte es sonst nichts Besonders, als die dicke Haut, die ihm gleichsam zu einem Panzer diente, und so steif war, daß sie dem Thier die Bewegung sehr schwer gemachet haben würde, wann solche die vorsichtige [d. h. die vorausschauende] Natur nicht auch zu gleich mit verschiedenen Falten versehen hätte, innerhalb welchen sie ganz weich ist, so, daß dadurch die Bewegung des Thieres

> erleichtert wird; dieses aber ist meines Erachtens das Wunderwürdigste gewesen (S. 9).

«Plump», «ungeschickt», «nichts Besonderes» – die Begeisterung angesichts des ungeschlachten Tiers hielt sich bei Rösel deutlich in Grenzen. Am meisten interessierten ihn noch die *Falten* in der harten steifen Haut; sie erst hätten es dem Koloss möglich gemacht, sich überhaupt zu bewegen; sie seien das «Wunderwürdigste» an dem Tier gewesen.

Die Verlagerung des Interesses vom grob Sichtbaren auf das kaum Sichtbare und von der materiellen Gestalt auf die Funktion ist auffällig. Rösel teilt sie mit Ledermüller, der nur eingangs vorgab, auch ein großes Tier wie den Elefanten in seine Untersuchung miteinzubeziehen (). Der 14 Jahre ältere Rösel erwähnte das Spektakel mit dem Rhinozeros lediglich, um in sein eigenes Projekt einzuführen und für es zu werben. Er kündigte seine «Sammlung derer Mucken und Schnacken hiesigen Landes» an, die beginnen sollte mit einer «Beschreibung des so bekannten als beschwerlichen Flohes». So klein dieser sei im Verhältnis zu dem kolossalen Nashorn,

> so viel Sonderbares finden wir an ihm, wann wir denselben durch Hülffe eines Vergröserungs=Glases mit Aufmercksamkeit betrachten. Dieses wird uns die folgende Beschreibung zeigen S. 9 f.).

Der «Miniatur=Mahler» – so bezeichnete Rösel sich selber auf dem Titelblatt seiner *Insecten-Belustigung* – spielte das ganz Große gegen das ganz Kleine aus. Sein in monatlichen Heften erschienenes Werk liefert nichts Geringeres als einen Beleg für den Wandel der Erkenntnisinteressen in der Naturwissenschaft der Frühen Neuzeit. Jetzt galt die theoretische Neugierde der Forscher vor allem den Grenzen des Sichtbaren in der Ferne und in der Nähe. Wesentlichen Anteil an diesem Wandel kam den optischen Gläsern zu, deren Qualität sich im Laufe des 17. Jahrhunderts markant verbessert hatte. Auch Rösel hat solche Instrumente offensichtlich eifrig benützt. Anders als Scheuchzer und Ledermüller zeigte er aber weniger Interesse an einer religiösen Interpretation der Insekten, obwohl er seine Tätigkeit durchaus in Einklang mit den Arbeiten der Physikotheologen sah.

Rösel ist (neben Leeuwenhoek) der radikalste Zergliederer von Flöhen gewesen. Er hat sich die Lehren von Descartes und von Nicolaus Steno, d. i. Niels Stensen (1638–1686), besonders strikt zu eigen gemacht (). Auch er betrachtet den Floh als eine Uhr, als «Kunstwerk einer Maschine». Wie es Steno gefordert hatte, versucht er dieses Kunstwerk in die «kleinsten Teilen zu zerlegen und jeden einzelnen für sich und im Zusammenhang zu untersuchen» (zit. nach Uhsemann, S. 30).

Dabei will er am Floh sehen und entdecken, was den Anatomen am menschlichen Körper bislang verborgen geblieben sei, weil sie nur ihren «blosen Augen» vertraut hätten. Mit dem Mikroskop hingegen nehme man die kleinsten Details am Leib des Flohs wahr:

> Wie zart ist nicht sein Saugstachel, durch welchen er, weil solcher ho[h]l ist, anderer Thiere Blut in sich ziehet, wie zart müssen nicht die Gefäse seyn, durch welche aus selbigem, die zur Nahrung und Fortpflanzung gehörige Säffte [;] zubereitet werden, welche bey anderen und viel grösser en Thieren schon so kleine sind, daß sie auch der scharfsichtigste Anatomicus mit blosen Augen nicht finden kan (S. 24).

Rösel vergleicht dieses zarte Gebilde der Natur mit dem, was Menschen zustande bringen können, und erwähnt einen Pariser Zirkus, der damals als Jahrmarktsensation Furore gemacht haben muss:

> Die Zeitungen haben uns letzthin berichtet, daß man in Paris verschiedene Kunst=Stücke zeige],] die nur blos durch ein Vergrösserungs=Glas zu erkennen seyen, und viele mit dem grösten Erstaunen betrachtet hätten. Unter selbigen ist eine Post=Chaise, und eine darinn sitzende Person, sammt dem Postillon, welche ein Floh ziehet […] Hat die Sache ihre Richtigkeit, so übertrifft der Künstler, der diese Dinge verfertiget, diejenigen so einen Floh an eine Kette zu legen wissen; alleine was sind alle seine Kunst=Stücke gegen die Klaue eines Flohes? welche wann sie wachsen soll, auch ihre Gefäse haben muß, wodurch die zum Wachsthum derer Tiere nöthigen Säffte herzugeführet werden können; daß ich jetzt nichts sage von denen im Saamen derer Flöhe befindlichen Saamen=Thierlein, die der Herr von *Leeuwenhoek* gesehen zu haben vorgiebt (S. 24).

Die Schilderung aus dem Jahre 1749 ist einer der ganz frühen erhaltenen Flohzirkus-Berichte. Rösel bewundert die Pariser Floh-Dompteure. Er hat von ihnen nur in der Zeitung gelesen und zweifelt ein bisschen am Wahrheitsgehalt jener Berichte. Aber selbst wenn sie zuträfen, wäre das Handwerk der Veranstalter nicht vergleichbar mit dem Körperbau der Flöhe – so befindet er. Die Pariser «Kunst=Stücke» reichten nicht an die Wunderwerke heran, die der göttliche Uhrmacher geschaffen und die Leeuwenhoek in seinem Buch *Arcana naturae detecta* dokumentiert habe.

Heutzutage ist der Flohzirkus nur noch wenig mehr als ein Gerücht. Es gibt ihn jedoch noch vereinzelt auf Jahrmärkten. Unter dem Stichwort ‹Flohzirkus› werden bei *Youtube* drei Schausteller namentlich aufgeführt, die alle behaupten, sie seien noch die letzten oder sogar die einzigen Betreiber von solchen Veranstaltungen in Europa.[56] Längst dominieren schrillere und gröbere Darbietungen. Tiere – die traditionell ‹großen› wie der Löwe und der Tiger oder aber die winzig kleinen wie der Floh – sind im Zirkus aus einsichtigen Gründen nicht mehr erwünscht. Der Vorwurf, sie seien nicht artgemäß gehalten, und der Verdacht auf Tierquälerei haben dem Ruf ihrer Auftritte im Schaugeschäft geschadet. Die Untersuchungen Leeuwenhoeks und Rösels hingegen sind immer mehr verfeinert worden und haben zu Entdeckungen geführt, die unser Wissen über die Natur vermehrt haben – weit über alles durch optische Gläser sichtbar Gemachte hinaus. Bei Rösel und seinem Vorbild zeigen sich aber auch die problematischen Folgen, die mit der immer rigideren Verlagerung der Aufmerksamkeit vom Ganzen aufs Detail verbunden sind.

18 Über den rüden Umgang mit der Natur: die problematische Tätigkeit der Flohforscher (von Frisch, Leeuwenhoek und nochmals Rösel)

Flöhe und Menschen hatten und haben es nicht leicht miteinander. Die einen stechen, werden gejagt und mit dem Tode bedroht; die anderen leiden, werden geplagt und versuchen ihre Peiniger – meist vergeblich – zu fangen. Es ist alles in allem eine Verdrussgeschichte. Der erwähnte Johann Jakob Scheuchzer hat sie in seiner *Physica Sacra* von 1733 prägnant resümiert:

> Suchet man eine Floh,[57] so findet man sie kaum, weil sie klein, schnell davon hüpfet und leichtlich verschlieffet [d. h. wegschlüpft und verschwindet]; findet man sie, so fanget man sie kaum, bekommt man sie, so hat der Jäger schlechten Lohn und Verdienst seiner Mühe, einen geringen Schick (I, S. 83).

Einen «geringen Schick», also einen schlechten Tausch, haben aber nicht nur die Menschen gemacht, die es auf das Leben der Flöhe abgesehen hatten;

auch die, welche es erforschen wollten, taten sich schwer. Wie schon im wörtlich-handgreiflichen Sinne ließen sich Flöhe auch im übertragenen Sinne nicht leicht fassen, also nicht leicht begrifflich einordnen. Der Universalgelehrte Athanasius Kircher zählte sie in seiner *Ars magna lucis et umbrae* zu den Heuschrecken (S. 156). Ihm folgte der Mediziner Francesco Redi, der sich wie viele vor und nach ihm besonders von der mirakulösen Sprungkraft der Flöhe beeindrucken ließ (). Heute wird der Floh zusammen mit der Stubenfliege (*Musca domestica*) zur Ordnung der Zweiflügler (*Diptera*) gerechnet. Tatsächlich haben Flöhe und Fliegen einiges gemeinsam. Ihre Namen sind verwandt (); beide sind *Flieh*künstler ersten Ranges; beide lassen sich nicht so leicht fangen! Freilich krankt diese Klassifikation daran, dass die Flöhe, anders als die Fliegen, nicht einmal zwei Flügel haben. Die Wissenschaftler verteidigen ihre Zuordnung mit der Behauptung, dass die beiden stärksten Sprungbeine des flügellosen Flohs entwicklungsgeschichtlich den Flügeln der Fliegen entsprächen.

Der durch seine Arbeiten über die Sprache der Bienen berühmt gewordene Karl von Frisch (1886–1982) hat mit launigen Worten mögliche Einordnungen des Flohs diskutiert und sie sämtlich verworfen. Für ihn steht lediglich fest, dass der Floh ein Insekt sei. Er sei den Fliegen am nächsten verwandt, aber er sei «keine Fliege, sondern eben ein *Floh*» (S. 42).

Die Argumentation ist nicht nur aufschlussreich, weil sie sich in eine Tautologie flüchtet, sondern vor allem, weil sie eine ganz bestimmte Haltung zu dem Insekt erkennen lässt. Frisch erwähnt das Kriterium der jeweiligen Beschaffenheit der Flügel. Statt im Fall des Flohs darauf hinzuweisen, dass es unzureichend sei, um den Floh begrifflich zu erfassen, dreht er den Spieß um: Nicht das Kriterium ist unzulänglich, sondern der Floh!

> Im Allgemeinen geben die Flügel mit ihrem von Gruppe zu Gruppe mannigfach wechselnden Geäder einen der besten Anhaltspunkte. Der Floh versagt in dieser Hinsicht (ebd.).

Die forcierte Lustigkeit erscheint noch problematischer, wenn Frisch behauptet: «Zweifellos gehört er [der Floh] zu den Insekten. Sonst würde man nicht ‹Insektenpulver› gegen ihn anwenden» (ebd.).

Hier wird, wenn auch im Gewande des Scherzhaften, der Ausrottungswille zum Bestimmungsgrund des Flohs gemacht. Das Erkenntnisinteresse beruht allein auf dem Bedürfnis, das lästige Ungeziefer zu vernichten. Das Barbarische dieser Formulierung tritt noch krasser zutage, wenn man sich das Datum ihrer Publikation, nämlich 1941, vor Augen führt. Der in München tätige Frisch war, wenn man seinen Biographen glauben darf, kein Nationalsozialist,[58] aber es kann ihm unmöglich entgangen sein, dass das NS-Regime keinen Hehl aus seiner Abneigung gegen Juden machte: Sie wurden wie andere Minderheiten als «Ungeziefer» diffamiert, gegen das man auch «Insektenpulver» anwenden dürfe. Selbst wenn der Insektenforscher Frisch ‹unpolitisch› gewesen sein sollte, musste ihm doch klar gewesen sein, dass er hier mit dem Entsetzen scherzte.

Das moralische Defizit des Naturforschers wird schon ersichtlich, wenn man Frischs Kriterium an dem Vorsatz misst, den Robert Hooke seiner Untersuchung des Flohs zugrunde gelegt hatte: «The strength and beauty of this small creature, had it no other relation at all to man, would deserve a description» ( ). Ich hatte zu zeigen versucht, dass es dem Autor des 17. Jahrhunderts nicht so recht gelungen sei, die Schönheit des Flohs verständlich zu machen; aber es bleibt doch festzuhalten, dass Hooke seine gesammelte Aufmerksamkeit dem lebendigen Tier zuwandte, ohne sich von Nützlichkeits- oder Schädlichkeitserwägungen beeinflussen zu lassen.

Frischs argumentative Entgleisung macht immerhin auch hellhörig für die dunkle Seite der wissenschaftlichen Untersuchungen über den Floh. Bereits bei Hooke lässt sich ansatzweise diese Seite entdecken. Dessen Experimente mit optischen Gläsern beruhen ja nicht nur auf unzähligen Beobachtungen, die er dann auf Zeichnungen festhielt, um den Floh in seinem Buch möglichst detailgetreu erfassen zu können. Für seine Beobachtungen musste er auch unzählige Flöhe fangen und ihren Tod billigend in Kauf nehmen, denn ein lebender Floh lässt sich nicht so ohne weiteres unter eine Glasplatte legen. Hooke hatte schon bemerkt, dass ein toter Floh etwas anderes sei als ein lebendiger und dass dem Tier *nach* seinem Tode eine ganz bestimmte Art von Schönheit abhandengekommen sei ( ). Bei Hookes Nachfolgern sind Einsichten dieser Art weniger ausgeprägt gewesen. Wenn sie in ihren Buchtiteln von einer «Insekten-Belustigung» oder von «Erquickstunden» sprachen, dann sind diese Bezeichnungen in hohem Maße euphemistisch. Die Insekten jedenfalls dürften die Beschäftigungen der Physikotheologen wohl kaum lustig oder erquicklich gefunden haben.

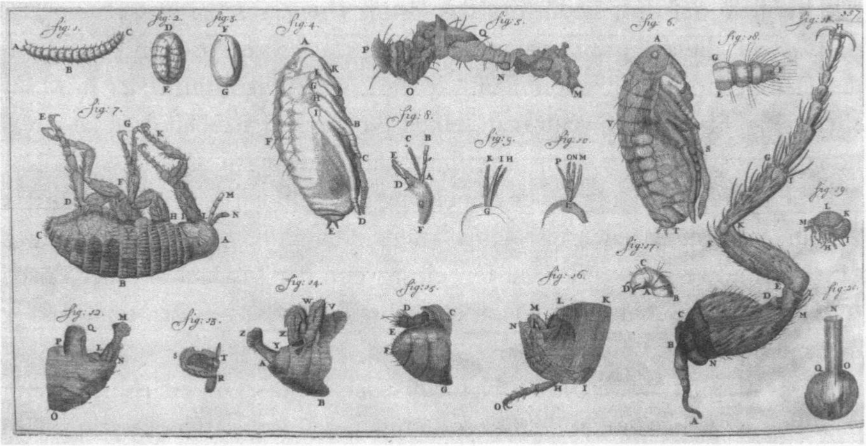

Abb. 13: Antonius van Leeuwenhoek: *Arcana Naturae detecta.*

In diesem Zusammenhang bedarf auch der Begriff des Mikroskopisten noch eines Kommentars. Er klammert etwas aus, indem er nur das Betrachten und die optisch wahrnehmbare Beschaffenheit des Gegenstands hervorhebt. Fast alle Flohforscher benützten aber nicht nur Vergrößerungsgläser und Mikroskope, um etwas mit bloßem Auge gar nicht Sichtbares oder etwas nahezu Unsichtbares beobachten zu können. Sie waren auch und vor allem *Täter*, nicht bloß Betrachter! Sie verwendeten feinste Messerchen und Skalpelle, um die Tierchen zu zerteilen und zu zerschneiden.

In dem Maße jedoch, wie sie nur noch immer winzigere Bestandteile eines Flohs betrachteten, verflüchtigte sich bei ihnen die Vorstellung, sie hätten es mit einem Lebewesen zu tun. Das Objekt der Untersuchung wurde zu einem Gegenstand, der keinerlei Empathie mehr auslöste. Hooke hatte noch *das Ganze* des Tiers vor Augen; seine überdimensionale Flohtafel zeigt dementsprechend einen unversehrten Floh in 120-facher Vergrößerung. In den Veröffentlichungen der Nachfolger Hookes, schon bei Leeuwenhoek (Abb. 13), dann aber auch bei Rösel und Ledermüller, war ein solcher Flohkörper deutlich weniger groß abgebildet, und vor allem war er ergänzt oder eingereiht und umrahmt von Detailbildern. Einerseits lässt sich festhalten, dass diese Forscher, anders als Hooke, auch eine diachrone Perspektive auf den Floh zur Geltung brachten: Sie führten verschiedene Stadien des Insekts vor; ihre Kupfer zeigen auch das Ei, die Made und die Puppe des Tiers. Andererseits aber stellen ihre Detailbilder *isolierte* Körperteile des geschlechtsreifen Tiers dar. Diese Flohforscher schauten oder schielten obendrein auf die Arbeiten anderer Forscher. Sie machten sich kundig, was andere gefunden, beschrieben und publiziert hatten, und versuchten, deren Erkenntnisse noch zu übertreffen und deren Entdeckungen zu ergänzen und zu korrigieren. Ledermüller etwa konzentriert sich auf die Beschaffenheit des Kopfes und zeigt auf seinem Flohkupfer vier Abbildungen mit dem Kommentar:

> Fig[ur]. 1. Den Flohkopf so wie ihn Hooke,
> Fig. 2. wie Rössel [d. i. Rösel von Rosenhof]
> Fig. 3. wie Bonani [Bonannius], und
> Fig. 4. wie Griendel von Ach, solchen abgezeichnet und gesehen haben (S. 44).

Anders aber als Hooke, der die Veränderung der von ihm untersuchten Objekte mit Bedauern registrierte und den Begriff einer noch zusätzlich vorhandenen Schönheit erwog (), entging seinen Nachfolgern diese Veränderung. Sie hielten am Konzept einer Schönheit fest, die sich als Vollkommenheit manifestierte, und folgten dem Ratschlag des erwähnten Niels Stensen (Nicolaus Steno), der die Taschenuhr als Modell empfohlen hatte. Diese sei eine Maschine, die man nur kennenlernen könne mithilfe von zwei Methoden:

> Die eine wäre, daß der Meister, der sie gebaut hat, uns ihre Konstruktion zeigt. Die andere besteht darin, die Maschine in ihre kleinsten Teile zu zerlegen und jeden einzelnen für sich und im Zusammenhang zu untersuchen (zit. nach Uhsemann, S. 30).

Da der göttliche Uhrmachermeister das Insekt so klein «gebaut» hatte, dass dessen Konstruktion dem unbewaffneten Auge verborgen blieb, müssten die Menschen – so Steno – den Floh zerlegen bis in die «kleinsten Teile». Während das Sezieren von verstorbenen Menschen von Anfang an heftig umstritten war, galt das in keiner Weise für das lebendige Tier. Jene zweite Methode wurde jedenfalls von den Mikroskopisten gegenüber dem Floh angewandt, und es wäre ungerecht, wollte man leugnen, dass sie wichtige Einsichten und Erkenntnisse hervorgebracht hat. Sie versagte jedoch in eklatanter Weise, wenn es darum ging, die «kleinsten Teile» auf einen «Zusammenhang» hin zu untersuchen und das *Leben* eines Flohs zu erfassen. Dieser nämlich ließ sich – wie alle anderen Tiere und wie erst recht der Mensch! – nur ansatzweise als mechanisches Konstrukt begreifen. Während Hooke offensichtlich geahnt hatte, dass das Uhrenmodell die *Lebendigkeit* des Erkenntnisobjekts nicht zureichend erfassen würde, hielten Leeuwenhoek, Rösel und Ledermüller an der zweiten Methode fest. Deren Ungenügen zeigte sich nichtsdestoweniger an einem gesteigerten Interesse dieser Forscher am Phänomen der Sexualität. Das ist zunächst nicht verwunderlich, denn es galt, die alte Theorie von der ungeschlechtlichen Vermehrung der Flöhe in aller Deutlichkeit zu widerlegen. Die auf Aristoteles zurückgehende Auffassung, wonach sich Flöhe ohne Kopulation aus Staub vermehren könnten, hatte immerhin den Vorzug, dass sie die Möglichkeit einräumte, Leben könne sich aus Leblosem bilden. Die Gegner jener Auffassung hingegen suchten dem Geheimnis des Lebens auf die Spur zu kommen, indem sie ihr Interesse vor allem den Geschlechtsorganen der Flöhe zuwandten und dabei die Tiere zerstückelten und töteten. Sie schlugen demnach den umgekehrten Weg ein, den Aristoteles propagiert hatte: Ihre Versuche behandelten Lebendiges, als wäre es leblos, und nahmen ihm so das Leben. Leeuwenhoek, das unverkennbare Vorbild Rösels, hatte dies bereits vorexerziert. Der holländische Forscher und Privatgelehrte habe sich – so schreibt Rösel – viel Mühe gegeben, die Paarung von Flöhen, das so genannte «Gatten», zu beobachten und zu beschreiben, bis er

> zuerst dem Weiblein, und so dann auch dem Männlein das hinterste Gelenke abgeschnitten, da sich dann beede von einander abgesondert, ungeachtet er sie gerne vereiniget gehabt hätte; ob nun aber diese zarten Theile im Abschneiden keinen Schaden gelitten, will ich dahin gestellet seyn lassen. Ich habe dieses Glied an einem noch lebenden Floh betrachtet, den ich zwischen zwey ho[h]le Gläslein, des zu einem Handmicroscopio gehörigen Schiebers, eingesperret hatte (S. 22).

Rösel zweifelt einen Moment lang, ob Flöhe nicht «Schaden» nehmen, ja ob sie nicht leiden, wenn ihnen ein Glied abgeschnitten wird. Damit berührt er einen heiklen Punkt, der in den Naturwissenschaften bis heute umstritten ist. In der Rechtsprechung wird solche vivisektorische Tätigkeit an Wirbeltieren als Delikt eingestuft; einen Floh hingegen zu verletzen oder zu verstümmeln, gilt nach wie vor nicht als strafbar. Das schließt indes keineswegs aus, dass ein solches Tier Schmerzen oder etwas dem Schmerz Analoges empfinden würde. Andererseits ist die dem Floh zugeschriebene stupende Fähigkeit, menschlichen Attacken auszuweichen und zu verschwinden, noch kein Beweis, dass er sie einsetzte, um Schmerzempfindungen zu verhindern. Ein

Neurowissenschaftler wie Antonio Damasio hält an der Existenz solcher negativer Gefühle («feelings») auch bei so genannt niedrigen Lebewesen fest. Ihm zufolge ist jede Störung der «Homöostase», d. h. der Vorgänge, die das Gedeihen und Weiterbestehen von Leben gewährleisten ein «Schaden», der die Zukunft eines Organismus infrage stellt (S. 34). Ob und inwieweit ein solcher «Schaden» allerdings für ein Lebewesen als Schmerz erfahren wird, kann auch Damasio nur annehmen, indem er menschliche Verhältnisse auf tierische überträgt.

Rösels Zögern lässt sich wohl auch mit dem intimen Verhältnis in Verbindung bringen, das Menschen zu Flöhen besitzen und das sie immer wieder veranlasst, eigene Gedanken und Gefühle diesen Tieren zuzuschreiben. Die Entdeckung, dass Flöhe sexuelle Wesen sind, hat sie den Menschen noch näher gebracht – allerdings nicht so nahe, dass die Mikroskopisten ihre vivisektorische Tätigkeit gänzlich eingestellt hätten. Rösel bekennt vielmehr, dass er sich ihr «oft» und «viel» gewidmet habe. Ihm ging es darum, die Kopulation eines «Floh=Männleins» und eines «Floh=Weibleins» zu beobachten und dabei die Form wie auch die Veränderungen der Sexualorgane peinlich genau zu erfassen. Er hält den Geschlechtsakt zwischen zwei Flöhen in einem Bilde fest, bei dem das kleinere Männchen von einem Flohweibchen bestiegen wird, und zeigt in isolierten Detailaufnahmen mit wechselndem Vergrößerungsgrad die abgetrennten «Geburts- und Zeugungs=Glieder» (Abb. 14). Wie Leeuwenhoek ist Rösel dem Phänomen des Lebens auf der Spur, wenn er es auch, wie dieser, gerade dadurch aus den Augen verliert. Die widersprüchliche Haltung beider Wissenschaftler zeigt sich besonders krass bei Leeuwenhoek, der bei einem «im Gatten begriffenen Paar» die Extremitäten abschneidet und gleichzeitig bedauert, dass er damit «augenblicklich einen *coitus interruptus* ausgelöst habe.

Man wird diesen Forschern nicht gerecht, wenn man an ihren Versuchen nur das Moment extremer Grausamkeit hervorhebt und ihre Beschreibung von kopulierenden Flöhen als wissenschaftliche Pornographie abtut. Ihre Schilderungen eignen sich in keiner Weise zur sexuellen Stimulierung der Leser; sie sind sachlich gehalten und lassen – sieht man von Rösels Zögern einmal ab – kein Mitgefühl erahnen. Sie können dennoch nicht verbergen, dass den Bemühungen dieser Mikroskopisten etwas Verzweifeltes anhaftet. Ihre Versuche, dem Geheimnis der Sexualität des Flohs auf die Spur zu kommen, scheitern. In Abwandlung des berühmten Spruchs von Karl Kraus ließe sich sagen: Je näher sie an die Sache herangehen, desto ferner rückt sie ihnen.[59] Was schon Leeuwenhoek und nach ihm Rösel aus dem Körper der Tiere herausgeschnitten und isoliert haben, war nur eine blass gewordene Ausbuchtung des Hinterleibs, die sie als «Geburts=Glied des Weibleins» und als das «eigentliche Zeugungs=Glied» des Männleins bezeichneten. Ihre Versuche stellten keine perversen Ausnahmehandlungen vereinzelter Forscher dar. Möglicherweise sah sich der eine durch den anderen in dem Glauben bestärkt, dass sein Vorgehen notwendig sei und obendrein verdienstvoll sein würde. Die Experimente wie auch ihre Beschreibungen zeigen aber vor allem, wie wenig diese Forscher der neuen Situation moralisch gewachsen waren, in die sie mit der Verlagerung des Gegenstandsbereichs ihrer Erkenntnisinteressen vom sichtbar Großen zum noch nie gesehenen, immer noch Kleineren geraten waren.

Was heute zu hitzigen Debatten über die Notwendigkeit oder den Unsinn von Versuchen an lebenden Tieren führt, hat jedenfalls eine Vorgeschichte im Verhalten Leeuwenhoeks und Rösels. Nahezu ein Dreivierteljahrhundert hat es gedauert, bis ein Poet an der Praxis dieser Vivisektoren heftigen Anstoß nahm. E. T. A. Hoffmann, einer der vielseitigsten Autoren des 19. Jahrhunderts, hat das Lebensfeindliche und Unmenschliche solcher Wissenschaftlichkeit einer radikalen Kritik unterzogen. Bezeichnenderweise tat er dies aber nicht in einer wissenschaftlichen Abhandlung, sondern in einem Märchen – besonders in dem 1822 erschienenen Roman *Meister Floh* ().

Abb. 14: August Johann Rösel von Rosenhof: Sammlung derer Mucken und Schnacken hiesiges Landes. Beschreibung des so bekannten als beschwerlichen Flohes.

Flöhe als politische Akteure

19 Eine Propagandaschrift: der Floh als idealer Landesvater (Psylander)

Walter Benjamin hat in seiner Abhandlung über den *Ursprung des deutschen Trauerspiels* behauptet: «Jede Person, jedwedes Ding, jedes Verhältnis kann ein beliebig anderes bedeuten» (Bd. I,1, S. 350). Damit bezog er sich vor allem auf die Bildende Kunst und die Literatur des Barockzeitalters. Seine Behauptung scheint auch für den Floh zu gelten, und zwar zumindest für das um 1720 erschienene Büchlein *Der belobte Floh, Als rechtmässiger König aller Thiere nach seinen rühmlichen Qualitäten betrachtet.* Der unbekannte Verfasser verbirgt sich hinter dem Pseudonym Psylander; sein Buchtitel und die mit «Lieber Leser» überschriebene Vorrede kündigen eine Schrift an über die Hierarchie der Tiere. Die ihnen gewöhnlich zugesprochene Rangordnung soll infrage gestellt werden. Die «rühmlichen Qualitäten», d. h. die rühmenswerten Eigenschaften, seien bisher zu Unrecht dem Löwen zugeschrieben worden; in Wahrheit verfüge allein der Floh über sie.

Die Revision der alten, in den Tierfabeln propagierten Ordnung bildet jedoch nur vordergründig das Thema der aus Prosa und Versen zusammengesetzten Schrift. Der Floh wird zwar «belobt» und der Löwe kritisiert, aber das Lob des einen und der Tadel des anderen Tiers zielen auf zwei verschiedene Herrschaftsformen und zwei verschiedene Länder. Die Lobschrift für das kleine Tier und die deutschen Kleinstaaten ist zugleich eine unverschlüsselte Kampfschrift gegen den Bourbonen-König und gegen die französische Großmachtpolitik.

Zunächst wendet sich der Verfasser dem Floh zu. Dieser sei «ein sehr verachtetes und vernichtetes [d. h. erniedrigtes] Thierlein» (S. 3). Dann führt er berühmte Autoren und Autoritäten früherer Jahrhunderte auf, die über vergleichbar gering geschätzte Tiere, geringfügige Anlässe und Ereignisse geschrieben hätten. Damit zeigt er nicht nur seine Belesenheit – ein Verfahren, das sich bei vielen Autoren der Frühen Neuzeit besonderer Beliebtheit erfreute –, er rechtfertigt so vor allem auch sein Vorhaben, ein viel gescholtenes Insekt «beloben» zu dürfen. Der Floh gehöre entgegen seinem Ruf zu «den allerreinsten und leutseligsten Thieren» (S. 3) und präsentiere sich «lieblich» glänzend «mit Hüpffen und Lufft=Sprüngen [...] recht lustig und kurtzweilig» (S. 4). Darin und nicht nur darin unterscheide er sich sehr von der «unförmlichen Lauß», die, unter «einem Vergrösserungs-Glass» betrachtet, so häßlich «wie ein Stachel=Schwein» aussehe (). Sie sei

> ein unreines / in Eiter und Grinden der Kinder wühlendes / nicht von Menschen=Blute / sondern nur [von] desselben unreinen Schweiß sich nährendes / untüchtiges / unzüchtiges / und mit vielen Füssen langsam und faules Unzifer (S. 4).

Der Floh hingegen tanze aus der Reihe der blutsaugenden Insekten. Für Psylander bildet er auch im Vergleich zu anderen Tieren eine lobens- und liebenswerte Ausnahme. Was ihn auszeichne, seien Eigenschaften, die in der Beziehung der Menschen untereinander gleichfalls geschätzt würden. Insofern sei er mehr als nur der rechtmäßige König im Tierreich; er könne auch als Vorbild für Monarchen der europäischen Staaten dienen. Der Löwe, das Tier, hingegen und ein König, der sich *wie* ein Löwe aufführe, verfügten beide gleichermaßen nicht über wahrhaft königliche Eigenschaften.

Psylanders mehrheitlich in Alexandrinern verfasstes Gedicht verfährt zweigleisig. Der Autor argumentiert tierbezogen und hegt doch unverhohlen zugleich politische Interessen: Seine Schrift ist unverkennbar antifranzösisch und antityrannisch ausgerichtet. Der 1715 verstorbene Louis XIV. ähnele in seinem Gehabe und mit seinen absolutistischen Machtansprüchen einem Löwen, und *wegen* dieser Ähnlichkeit trage er das Etikett eines Königs zu Unrecht:

> Wann Franckreichs Ludewig solt wieder von sich speyen /
> Was er schon lange Zeit vor teutsches Gut verschluckt /
> Er müst der Asche sich auf seinem Heerd verzeihen /
> Sein gantzes Königreich wär längstens schon verjuckt.
> Vielwenger kan der Löw ein König seyn der Thiere /
> Ein grimmiger Tyrann / des Nero Ebenbild
> Verdienet keines Wegs / daß er den Scepter führe /

Bey dem nur grosse Stärck / und kein Erbarmen gilt.
Er denckt / wie jedermann er um das Seine bringe /
Und was er einmal fast / hält er gewaltig vest /
Er gehet stets herum / und sucht / wen er verschlinge /
Und sein Pallast ist nur ein Raub= und Mörder=Nest.
Dergleichen Löwen=Sinn kan man bey Grossen finden /
Wie Sylla, Hannibal und Duc de Alba war /
Die allen schröcklich sind / und ihre Schaafe schinden /
Ja fressen / wie Saturn / die Brut mit Haut und Haar (S. 15).

Ganz anders hingegen der Floh! Der sei immer munter und schlau; der prahle und brülle nicht, und selbst wenn er die «vornehmsten Damen» zu plagen scheint, sei sein Stich nur ein Schröpfen, mit dem «das schädliche Geblüte» abgeführt werde (S. 16), also ein Heilmittel, das auch andere Autoren vor und nach Psylander – wie Johann Fischart (V. 235 und 2327) und Ledermüller (S. 43) – propagiert hatten. Psylanders machtkritische Position lässt sich anhand der Pointe präzisieren, mit der die Abhandlung schließt.

Wie kommt es / daß die Mönch auch keinen Floh
umbringen?
Und thun ihm gar kein Leid? Er sey groß oder klein /
Sie lassen ihn / mit Fleiß / in seiner Freyheit springen /
Ursach: Sie wollen nicht die Königs Mörder seyn (S. 24).

Der Königsmord galt über Jahrhunderte hinweg als unerhörte, frevelhafte Begebenheit. Der Autor konnte zwar von der Guillotinierung des französischen Monarchen Louis XVI. im Jahre 1794 noch keine Kunde haben, wohl aber von der 1649 durch Cromwell betriebenen Enthauptung des englischen Königs Charles I. Psylander hat den Königsmord nicht kategorisch verurteilt. Wenn es sich um einen tyrannischen Herrscher vom Schlage Louis XIV. handele, dann sei die Todesstrafe durchaus angebracht. Wenn es aber ein «rechtmässiger König» sei, dann dürfe er auf keinen Fall hingerichtet werden. Den friedlichen Fürsten, die «Bienen-Art» hätten, d. h. ihre Untertanen liebten, gehört seine volle Sympathie, denn, so heißt es: «Lieb macht die Thronen vest» (S. 16). Psylander vertritt die Position der ‹Aufklärung von oben›, die im deutschsprachigen Raum sehr lange, häufig auch noch nach 1789, anzutreffen war. Selbst wenn seine Äußerungen zuweilen den Anschein erwecken, als propagiere er eine Umwertung aller Werte, so lässt er doch manches Große gelten, wie ja schon sein Festhalten an der Königs-Metapher erkennen lässt. Der «edle Floh» ist in seinen Augen ein rechtmäßiger Monarch – trotz seiner Winzigkeit. Darum verdiene er, geschont zu werden. Psylander begegnet dem Kleinen sogar mit besonderer Sympathie, weil es allgemein unterschätzt und missachtet werde:

> Die Kleinen hencket man / die Grossen muß man ehren /
> Dem Alexander gleich. Diß ist der Welt Gebrauch (S. 14).

Der Floh sei zwar stumm und verschwiegen, aber er sei fähig, eine Botschaft zu vermitteln, denn: «Es ist doch nichts so klein / es kommet an den Tag» (S. 24). Auch hier zeigt sich, was sich schon öfter im Verlauf dieses Buches gezeigt hat: Der Floh kann durchaus Bedeutungsträger sein – auch wenn mit ihm eine eindeutig politische Ideologie vermittelt werden soll.

Um ihn als rechtmäßigen König auszuweisen, lässt Psylander alles beiseite, was das winzige Tier in ein zweifelhaftes Licht rücken könnte. Nichts Unanständiges, nichts Frivoles hat Platz in seiner Apologie des Flohs. Damit freilich unterscheidet er sich von fast allen Vorgängern, Zeitgenossen und Nachfolgern, die Lobschriften über den Floh verfasst haben.

20 Ein Dokument der Unfasslichkeit: der Floh als Vertreter unterdrückter Minderheiten (Zaunschliffer, Köchy und Lyser)

Passagen aus der *Curieusen Flöh=Jagt* von ca. 1691 wurden schon mehrfach in diesem Buch zitiert, um das Verhältnis zwischen Flöhen und Menschen zu kennzeichnen. Die Schrift selber aber stand dabei nicht im Fokus. Sie und ihre Editionsgeschichte geben allerdings in vielerlei Hinsicht Rätsel auf, die auch hier nicht gelöst werden sollen und können. Ungelöst etwa ist die Verfasserfrage der mindestens elf [!] – sehr unterschiedlichen – Ausgaben zwischen 1635 und 1980. Infrage kommen die Juristen Otto Philipp Zaunschliffer und Christian Heinrich Gottlieb Köchy. Was diese beiden Personen zusammengetragen und was sie jeweils selbst verfasst haben, ist unklar, und erst recht unklar ist die Funktion der Anspielungen, Übernahmen und Unterstellungen im Titel und im Text der einzelnen Auflagen. Die Behauptung in der Vorrede an den Leser von 1691, das «Werklein» sei aus dem «Ermel» geschüttelt (S. 12), bezieht sich jedenfalls kaum auf nur einen *einzigen* Ärmel! Zu den Autoren, auf die Bezug genommen wird, gehören der unbekannte Verfasser der *Floja* von 1593,[60] aber auch Berühmtheiten wie Fischart, Opitz, Grimmelshausen und vor allem Johann Wolfgang Goethe! Dieser habe – so wird in der Ausgabe von 1823 behauptet – die kleine juristische Abhandlung «wahrscheinlich» in seiner Straßburger Zeit geschrieben, und darum firmiert sein Name bei späteren Ausgaben sogar als Verfasser auf dem Titelblatt des Büchleins.

Ungeklärt ist obendrein der Werkcharakter des kleinen Buches. Es besteht aus sechs Teilen, die nur sehr lose zusammenhängen. Am engsten sind noch die Teile II und III verbunden; sie stellen – ähnlich wie Fischarts *Flöh Haz* – eine Verteidigungsschrift und eine Anklageschrift in einem «Rechtshandel» dar, der für und wider den Floh geführt wird ().

Ich werde mich hier nur noch auf Teil I beziehen – einen juristischen Katechismus, der allerhand spitzfindige Fragen, die den Floh betreffen, auf eine wohl scherzhaft gemeinte Art beantwortet. Unter Berufung auf das römische Recht wird etwa die Frage diskutiert, ob es erlaubt und geboten sei, Flöhe in einer Kirche zu knicken. Der als «Quæst. XL» diskutierte Fall wird zunächst bejaht, dann aber wird die zustimmende Position als «zu hart» verworfen (1691, S. 82).[61] Hier soll ein anderer Fall näher untersucht werden, der in «Quæst. VII» verhandelt wird. Die Frage lautet dort, «ob ein Floh / der über die Stadt=Mauer hüpffet / und gefangen wird / auch das Leben verwürcket hat?» (S. 39). Die Antwort fällt klipp und klar aus: «Allerdings und mit ja» (ebd.). In allen späteren Ausgaben dieses Teils fällt das Urteil kaum weniger schroff aus. In § 15 der Edition von 1866 bzw. deren Nachdruck von 1923 heißt es:

> Wie dann, wenn ein Floh die Stadtmauern überspringt.
>
> Es ist bei Einigen ein Zweifel darüber entstanden, ob nicht ein Floh, wann er die Stadtmauern überspringt, am Leben gestraft werden müsse. Ich stimme damit ganz überein, weil, wo das Gesetz nicht unterscheidet, auch wir keinen Unterschied machen dürfen. Und die Gesetze bestimmen überhaupt für dieses Verbrechen die Todesstrafe; ja Romulus erschlug auch aus dieser Ursach, nach den klaren Zeugnissen des *Livius* und *Florus*, seinen Bruder Remus (S. 55).

Dass die Todesstrafe einem Floh angemessen sein könne, wurde in mehreren hier vorgestellten Texten behauptet – etwa bei Boursault () und bei Pfeffel (). Freilich geschah dies in Fällen, in denen die Vergeltung von Floh*stichen* diskutiert wurde. Hier hingegen soll die Todesstrafe verhängt werden als Bestrafung für das Floh*hüpfen*, das auf den flüchtigen Blick eine so schwere Bestrafung in keiner Weise verdient. Die exzellente Sprungkraft der Flöhe wurde vielmehr schon immer, und zwar lobend und mit uneingeschränkter Bewunderung, hervorgehoben. Sie hat diesen Tieren auch die Bezeichnung ‹Springer› verschafft – die Blumauer und Kafka benützt haben (). Und offenkundig ist auch, dass diese Fähigkeit bei Flohforschern zuweilen auch Neid hervorgerufen hat. Umso auffälliger ist die überaus harte Strafe, die hier durchgängig über mehrere Jahrhunderte hinweg für jene besondere Fähigkeit des Tiers verhängt wurde. Sie stimmt erst recht nachdenklich, wenn man zur Kenntnis nimmt, dass in allen Ausgaben die anfänglich kompromisslose Verurteilung im Fortgang der Argumentation seltsam aufgeweicht wurde. Schon der Bearbeiter der Ausgabe von 1691 schwächte die Zustimmung ab mit dem Hinweis auf die Schwierigkeiten, ein solches ‹Vergehen› nachzuweisen. Es sei, so heißt es, zuerst notwendig, «zehen ältesten der Stadt mit Brillen / und drey Glaß=Schleiffer mit Mikroscopien […] als gültige Zeugen in dieser Criminal-Sache» vorzuladen, «damit alles Sonnenklar und wahr werden möge» (S. 40).

Geradezu abenteuerlich verwegen fällt die Revision der anfänglichen Bejahung der Todesstrafe in den späteren Ausgaben aus:

> Indeß dürfte es sehr schwierig sein, den Beweis für das Vorhandensein eines solchen Verbrechens zu führen, da nach der gewöhnlichen Ansicht der Rechtslehrer zu einem beweisenden Zeugnisse in diesem peinlichen Rechtsfalle, zehn Greise mit Lupen und drei Optiker mit Mikroskopen nöthig sind, und es überdieß heller Mittag sein muß (1923, S. 55).

Die Forderung nach solchen «beweisenden» Zeugnissen kann kaum anders verstanden werden denn als Zurücknahme des zuvor so hartherzig ausgesprochenen Todesurteils. Das vorgebliche «Verbrechen« war also möglicherweise so gut wie gar keines! Spätestens mit dieser widersprüchlichen Behandlung des Rechtsfalls erhärtet sich der Verdacht, dass es nicht so sehr um die Sprungstärke des Flohs ging als vielmehr um den Ort, an dem sie eingesetzt wurde. Die Überwindung der «Stadtmauer» ohne ausdrückliche Genehmigung der dafür zuständigen Behörden und Aufsichtspersonen war offenbar das Delikt! Es gab tatsächlich Bevölkerungsgruppen, die man nicht innerhalb der Stadtmauer haben und darum ausgeschlossen wissen wollte und auf deren Existenz man gleichwohl nicht gut verzichten konnte. Gemeint sind die Fahrenden, die so genannten ‹unnützlichen Leute›, und vor allem die Juden.

Sie wurden ja in ganz Europa über Jahrhunderte diskriminiert. Peter Habicht hat nur zusammengefasst, was länderübergreifend galt und heute unbestreitbar ist. Sie durften

> beispielsweise keiner Zunft beitreten, was ja die Bedingung dafür war, um ein Gewerbe auszuüben. So blieb ihnen meist nur der Geldverleih, was schnell zum Vorurteil führte, alle Juden seien Wucherer. Der Antisemitismus war weit verbreitet. Europäische Herrscher gewährten den jüdischen Gemeinden Schutz, weil sie häufig auf das Geld der Juden angewiesen waren (S. 55).

Auch Angehörige der städtischen Oberschichten liehen sich Geld bei Juden; auch sie waren auf den Kontakt mit ihnen angewiesen. Immer wieder aber nutzten sie dann ihre politische Macht, um sich ihnen gegenüber ökonomische Vorteile zu sichern. Sie versuchten ihre Schuldenlast zu verringern oder gänzlich loszuwerden, indem sie sich für Gesetze einsetzten, die ihre jüdischen Gläubiger schwächten oder sogar ganz ausschalteten. Während die Stadtbürger Zollfreiheit genossen, war der Eintritt für Juden häufig nur mit Vorbehalten erlaubt und an die Erteilung eines ausdrücklichen Geleits gebunden.[62] In Basel etwa mussten Juden für sich selber Zoll zahlen, wenn sie die Stadt betreten wollten, wie eine «Zoll=Ordnung für das Spahlentor» noch aus dem Jahre 1775 verrät.

Das kompromisslose und dann doch wieder ein wenig zurückgenommene Urteil über den ungenehmigten Flohsprung in den Ausgaben Zaunschliffers und Köchys spiegelt demnach einen brutalen, ja schändlichen sozialgeschichtlichen Sachverhalt wider. Der Floh selber verweist, wenn auch in seltsam verquerer Weise, auf eine unterdrückte Minderheit, die man am liebsten gänzlich vernichtet hätte, auf die man aber gleichzeitig angewiesen war. Das Todesurteil für den «Springer» und die nachträgliche Revision des Urteils auf der Basis eines wirren Kriterienbündels lassen sich als Folge einer solchen ambivalenten Einstellung verstehen: Das Stadtbürgertum wollte diese Leute nicht und brauchte sie dennoch, sobald es in finanzielle Nöte geriet.

Die Verfasser, Herausgeber oder Bearbeiter der verschiedenen Ausgaben jenes juristischen Katechismus referierten diese Widersprüchlichkeit, vermieden aber eine eindeutige Stellungnahme; jedenfalls findet sich kein ausdrücklich judenfreundlicher oder judenfeindlicher Kommentar in ihren Texten.

In der Goethe untergeschobenen Fassung der *Juristischen Abhandlung über die Flöhe* gibt es jedoch eine Illustration zu § 15 über den mauerspringenden Floh, die eine Parteinahme darstellt (s. Frontispiz). Der vielseitige begabte Johann Peter Lyser – ein Freund Heinrich Heines und nach Friedrich Hirth der «vormärzlichste aller Literaten» (S. 544) – hielt sich keineswegs genau an die Textvorgabe. Statt «zehn Greisen» und «drei Optikern» sieht man eine Gruppe von fünf dunkel gekleideten, beleibten Forschern in Perücke und eine Standesperson vor der Mauer und der Silhouette einer mittelalterlichen Stadt. Alle sechs machen einen etwas verzopften Eindruck, als wären sie aus einem vergangenen Jahrhundert. Alle bemühen sich vergeblich, mit Fernrohren (und nicht mit Mikroskopen bzw. Flohgläsern und Lupen, wie der deutschsprachige und auch der lateinische Text festhalten) ein Objekt ins Visier zu nehmen. Offensichtlich aber haben die Flohforscher und erst recht die Standesperson ihre Instrumente nicht genau auf den Floh gerichtet, so dass dieser über die Mauer ungehindert – und wie es den Anschein hat: unbekümmert und frohgemut – hüpfen kann. Der mutmaßliche Floh scheint auch gar nicht ins Innere der Stadt springen zu wollen; er steigt hoch über ihre Türme in den Himmel. Auf jeden Fall entwischt der flügellose Überflieger den Kontrolleuren und Torwächtern. Sie können *es* nicht fassen, und sie können *ihn* nicht erfassen, geschweige denn fangen und töten. Und auch wir, die Betrachter, haben Mühe, das Phänomen einzuschätzen. Ist das, was man da am «hellen Mittag» sehen kann, die Sonne, ein Gestirn, ein Käfer? Für einen veritablen Floh hat sein Körper zu wenig Schuppen. Es ist aber auch kein Mensch, und schon gar nicht ein reicher oder armer Jude oder einer aus der Schar der «unnützlichen Leute». Wohl aber ist es denkbar, dass der rätselhafte Springer oder Flieger auf einen Angehörigen einer solchen, nur bedingt erwünschten Minderheit hindeuten soll. Die Darstellung nämlich erfüllt nicht die Forderung nach einer realistischen Wiedergabe; sie überhöht und verschlüsselt. Die Proportionen stimmen nicht so recht! Legt man herkömmliche Vorstellungen von Körpergröße und Räumlichkeit zugrunde, dann müsste das hier abgebildete Flohphantom riesengroß sein – ähnlich wie Blakes *Ghost of a Flea* () oder wie die Gegenstände und Personen auf den Collagebildern Max Ernsts und Wolfgang Hildesheimers, die hier antizipiert wären.

Auch die Mauern und Türme auf dem Bild können *diesen* Springer nicht aufhalten. Lyser hat ein Such- und Rätselbild geschaffen, das Sympathie weckt für einen vorgeblichen Übeltäter – und nicht für die Mehrheit, die hier für einmal deutlich den Kürzeren zieht.

Flöhe als Erreger sexueller Phantasien

21 Floh-Jagden als erotische Manöver (Scarron, Pater, Surugue und Fuchs)

Eine Frau wird von einem Mann beobachtet; sie ist wehrlos seinen Blicken ausgesetzt, er kommt ihr bedrohlich nahe – diese Figurenkonstellation dominiert auf den Bildern mit Personen, die sich flöhen. Und doch gibt es auch Ausnahmen, d. h. Abbildungen, wo eine resolute Frau einen zögernden, ja widerstrebenden Mann zu verführen sucht, indem sie ihn zur Jagd nach einem Floh auffordert, der ihr angeblich zu schaffen macht. Eine solche Darstellung schuf im 18. Jahrhundert der französische Kupferstecher Louis Surugue (Abb. 15). Sie ist leicht modifiziert im zweiten Band (*Die galante Zeit*) der monumentalen *Illustrierten Sittengeschichte* von Eduard Fuchs reproduziert (Abb. 16). Der Stich trägt dort den Untertitel: «Er soll ihr einen Floh suchen» (S. 275). Ein Floh ist – wie zumeist auf Bildern vom Flöhen – nicht in Sicht. Fuchs hat den Stich auf 1735 datiert und noch zusätzlich auf ein Ölgemälde des Watteau-Schülers Jean-Baptiste Pater (1695–1736) verwiesen (Abb. 17), das Surugue als Vorbild gedient habe. Der von Fuchs angegebene Untertitel ist nicht identisch mit dem des Originalkupferstichs. Surugue bezog sich zwar tatsächlich auf ein Bild Paters, aber dessen Gemälde ist noch von einer weiteren Quelle abhängig, nämlich von dem französischen *Romant Comique* (1651/57) des Paul Scarron. Pater malte zwei Serien, deren Sujets er dem Buch Scarrons entnahm (Portalis, Bd. II, S. 495). Von den Bildern stellte dann Surugue 16 Stiche her; den berühmtesten von ihnen – es ist der hier erwähnte – versah er mit Paters Bildtitel «Mme Bouvillon pour tenter Le Destin le prie de luy chercher une puce»

Das mit Artikel versehene Wort ‹Destin› ist mehrdeutig; es wird im Roman als «Theatername» («nom de Theatre») eingeführt. Scarron folgt damit einer damals bei Schauspielern üblichen Mode, handhabt sie jedoch auf ei-

Abb. 15: Louis Surugue: *Madame Bouvillon pour tenter le Destin le prie de luy chercher une puce.*

genwillige Weise. ‹Destin› – so nennt sich ein junger Komödiant. Sein Name ist aber auch Bezeichnung: Das französische maskuline Substantiv heißt auf Deutsch ‹Geschick›, ‹Schicksal›, ‹Verhängnis›. Die Unterschrift des Kupferstichs ließe sich demnach folgendermaßen übersetzen: ‹Um Destin zu versuchen oder [bzw. und] um das Schicksal herauszufordern, bittet Mme Bouvillon den Schauspieler um Hilfe bei der Suche nach einem Floh.› Surugue bezieht sich mit dieser Unterschrift auf eine Romanepisode im zehnten Kapitel des zweiten Teils, in der eine ältere, korpulente, sehr begüterte Dame, eben Mme Bouvillon, einen jungen attraktiven Schauspieler namens Destin umgarnt. Bei Pater und bei Surugue ist der krasse Unterschied im Alter und in der erotischen Ausstrahlung sehr viel weniger stark ausgeprägt als bei Scarron. Der Romanautor macht keinen Hehl aus seiner Abneigung gegen die Frau; seine misogyne Haltung ist kaum zu übersehen. Die von Pater gemalte und dann von Surugue nachgestochene Szene lautet bei Scarron:

Abb. 16: Eduard Fuchs: Er soll ihr einen Floh suchen.

> Ihre bösen Begierden machten sie erröten [...] ihr Busen war ebenso rot wie das Gesicht, und beide zusammen hätte man von weitem für ein Stück Scharlach ansehen können. Destin wurde gleichfalls rot, aber aus Scham, während Madame Bouvillon, die keine Scham mehr hatte, aus Begierde errötete. Sie schrie, dass ein kleines Tier auf ihrem Rücken wäre, und zuckte in ihren Kleidern herum, als wenn sie sich gebissen fühlte – endlich bat sie Destin, die Hand hineinzustecken. Der arme Mensch tat es mit Zittern, und unterdessen fasste ihn Madame Bouvillon bei den Hüften und fragte ihn, ob er kitzlich wäre. Er musste nun entweder kämpfen oder nachgeben [...] (Scarron/Blei, S. 268 f.).

Weder das eine noch das andere tritt freilich im Roman ein; Mme Bouvillon gelangt nicht ans Ziel ihrer Wünsche, und das bis ins Detail geplante Schäferstündchen findet ein abruptes, ganz und gar unerwartetes Ende.

Eduard Fuchs hat dem Kupferstich Surugues einen neuen Untertitel gegeben; er hat den Bezug zu Scarrons Roman getilgt, indem er die Namen Bouvillons und Destins strich. Damit wird der Flohszene eine allgemeinere

Abb. 17: Jean-Baptiste Joseph Pater: *Madame Bouvillon pour tenter le Destin le prie de lui chercher une puce.*

Bedeutung zugesprochen und auch der – ohnehin ja nur für Kenner des Romans bekannte – scheiternde Ausgang des Verführungsversuchs vertuscht. Dieser Eingriff ist ohne Zweifel problematisch; er wird jedoch nachvollziehbar, wenn man sich die Intention vergegenwärtigt, die Fuchs in seiner *Illustrierten Sittengeschichte* verfolgte. Offensichtlich ging es ihm nicht um eine genaue Interpretation von Surugues Kupferstich, und auch dessen Verhältnis zu Paters Gemälde und Scarrons Roman interessierten ihn allem Anschein nach nicht. Er sammelte Texte und Bilder ausschließlich, um verbreitete gesellschaftliche Zustände einer vergangenen Ära zu zeigen, die uns heute gar nicht mehr oder nur noch ungenügend vertraut sind. Die geradezu erschlagende Fülle der von ihm zusammengetragenen Zeugnisse in dem Band *Die galante Zeit* sollte Aufschluss geben über die Beziehung der Geschlechter im 17. und 18. Jahrhundert. Seine Haltung gegenüber den gesellschaftlichen Verhältnissen des Ancien Régime war durchaus kritisch: Er deutete sie als Indizien für die Notwendigkeit einer Revolution und damit als Vorboten der

Ereignisse von 1789. Die von ihm gesammelten Texte und Bilder benützte er als Dokumente, um einen Verhaltenskodex zu rekonstruieren, der vom französischen Adel propagiert und vom wohlhabenden städtischen Bürgertum nachgeahmt wurde. Dieser Kodex habe sich in Europa bis zu einem gewissen Grad geschlechterübergreifend durchgesetzt und eine auf Repräsentation und Pose ausgerichtete sexuelle Verhaltenslehre entstehen lassen. Sie war – so Fuchs – auf eine virtuos gehandhabte Koketterie ausgerichtet, die spontan wirken sollte, ohne es tatsächlich zu sein. Beide Geschlechter hätten ein solches Kalkül als Bedingung für hohen Sinnengenuss gebilligt. Unschuld und Anstand seien zwar hohe Werte gewesen; aber man habe sie nicht unbedingt einhalten und bewahren müssen, solange sie dem Schein nach weiterhin existierten. Ein Unterschied beim männlichen und weiblichen Begehren habe sich allerdings insofern geltend gemacht, als die Raffinesse des Mannes mehr Anerkennung fand und sich auch zumeist erfolgreicher erwiesen habe als die der Frau. Was wie Sittenstrenge, Naivität, Scham und Sprödheit aussah, habe durchaus auch ein «geschicktes ins Licht rücken begehrter Vorzüge» (S. 239) sein können. Weder die Kleidung noch das Betragen hätten sichere Rückschlüsse auf die erotischen Wünsche zugelassen. Ganz bestimmte Verhaltensweisen konnten Verführbarkeit versprechen, zur Verführung ermuntern, diese hinausschieben oder aber als wenig aussichtsreich erscheinen lassen. Und diese Vieldeutigkeit der erotischen Zeichensprache erfüllte nach Fuchs eine Funktion: Sie verschaffte den Liebesangelegenheiten zusätzlichen Reiz. Gerade auch bei der Jagd nach Flöhen hätten sich erotische Rituale und modische Besonderheiten herausgebildet.

Dass es solche Floh-Rituale in und selbst außerhalb Frankreichs gegeben hat, steht außer Zweifel; es lässt sich auch anhand von Quellen belegen, die in der *Illustrierten Sittengeschichte* nicht erwähnt werden, etwa bei Brückmann in dessen anonym erschienener *Neu=erfundener Curieusen Floh=Falle* (S. 30 und 39). Fuchs verweist auf die «Pein eines schmerzhaften Flohstiches an irgendeiner heimlichen Stelle» und interpretiert sie als eine

> günstige Gelegenheit zu einer unerläßlichen Augenscheinnahme durch den Geliebten. Dieserpeinliche Fall gibt wie kein andrer die Möglichkeit zu pikanten Situationen, denn hier muß ja der zu Rat gezogene doch obendrein stets bestrebt sein, zugleich auch des Peinigers habhaft zu werden, und das ist bekanntlich keine so einfache Sache (S. 264).

Mit der Rede vom Flohstich konnte ein doppelbödiges Spiel eingeleitet werden. Der lebhaft geäußerte Wunsch der Frau nach Hilfe bei der Suche nach dem lästigen Floh erwies sich als Vorwand, nackte Haut zu zeigen und Berührungen zuzulassen, ohne liebestoll oder liederlich zu erscheinen. Obendrein war ein solches Spiel geeignet, die Begierde des Geliebten und die eigene noch zusätzlich zu schüren. Verführungstechniken dieser Art waren lernbar, und sie wurden gelernt, bis sie wie impulsive, spontane Regungen erschienen. Dass sie habitualisiert und etabliert waren, habe sich – so Fuchs – nur allzu oft gezeigt. Man schuf Schönheitspflästerchen in Gestalt von Floh-Attrappen.

> Der bevorzugte Platz hierfür war die tiefste Stelle des Kleiderausschnittes, die den Blicken noch sichtbar war, oder die Höhe des Busens. Damit lenkte man nicht nur die Blicke, sondern auch die Hände der Männer ständig an diese Stellen (S. 252).

Der Zufall – die Anwesenheit eines veritablen Flohs – ließ sich also ausschalten; auch ein künstlicher Floh genügte und konnte die Sinnlichkeit anheizen. Von Menschen hergestellte Flöhe galten über Jahrhunderte als ein Ding der Unmöglichkeit. Nur der göttliche Uhrmacher konnte Flöhe erschaffen, ja dieser hat – so lehrten die Physikotheologen () – gerade bei der Erschaffung der winzigen Wesen das ganze Ausmaß seiner Allmacht glaubhaft und eindrücklich vorgeführt. Dass Menschen zu solchen unglaublichen Leistungen fähig sein sollten – diese Idee ist erst russischen Autoren wie Lesskow und Samjatin gegen Ende des 19. Jahrhunderts gekommen. Sie haben allerdings ihren Einfall für ganz andere Zwecke, nämlich zur Destruktion grotesker nationaler Konkurrenzkämpfe, geltend gemacht. Hier hingegen, bei den Verführungsritualen im Ancien Régime, spielte die möglichst getreue Nachbildung keine Rolle. Man brauchte einfach noch mehr Flöhe, als momentan ohnehin tatsächlich vorhanden waren, und behalf sich darum mit Attrappen. Es kam ja nur darauf an, den Eindruck zu vermitteln, dass die Dame an einer strategisch bedeutsamen Stelle gebissen worden sei. Der Floh wurde zum festen Bestandteil eines ausgeklügelten stimulierenden Spiels gemacht; schon der Gedanke an ihn sollte sexuell aufgeladen sein. Eine solche erotisierende Wirkung haben sich auch die zeitgenössischen Modeschöpfer zunutze gemacht. Sie verwendeten die dunkelbraun-schwarze Farbe des Flohs mannigfach abgewandelt bei ihren Kleiderentwürfen:

> Eine Zeitlang ist puce, flohfarben, die begehrteste Farbe. Und alles kleidete sich darin. Aber es gab darin ein halb Dutzend der raffiniertesten Abstufungen, die Farbennamen unterscheiden in: Floh, Flohkopf, Flohrücken, Flohbauch, Flohschenkel, ja sogar Floh im Milchfieber (S. 204).

Der schmale Grat zwischen An- und Abwesenheit, den Autoren wie Johann Peter Hebel und Kurz Tucholsky später ihren Floh-Erzählungen zuschreiben sollten (), hier wurde er genutzt und ausgeschöpft, um auf breiter Front Kasse zu machen. Fuchs zufolge stellte der Floh ein einschlägiges Symbol für beide Geschlechter dar, sofern sie zum Adel oder zur oberen Gesellschaftsschicht gehörten oder gehören wollten. Und um diese These zu stützen, benützte Fuchs den Kupferstich Surugues.

Der von ihm gesetzte Titel «Er soll ihr einen Floh suchen» stellt eine vieldeutige Aufforderung dar. Der Mann im Bilde soll aus der Bitte der Frau im Bilde noch andere, unausgesprochene Wünsche heraushören. Dieser «Er» soll «ihr» unter die Kleider greifen, ihre Haut betasten, ihr beim Ausziehen behilflich sein und mit ihr ins Bett gehen. Der Mann hat offensichtlich das Gesagte und auch das Mitgemeinte verstanden und scheint den Bitten der Frau, wenn auch zögernd, nachzukommen. Das ungleiche Paar hat das Diner abgebrochen und sich vom gedeckten Tisch entfernt. Die Frau sitzt schon auf dem Bett, während der Mann unschlüssig neben ihr steht. Hund und Katze machen sich über die Speisen her. Der Hund ist vom Tisch herabgesprungen mit einem Fleischstück, das er mit der rechten Vorderpfote festhält, während die buckelnde Katze auf dem Tischtuch ihrem Gegner die Beute streitig machen möchte. Dieser prägnante Moment ist in allen drei bildlichen Darstellungen, in der Fuchs-Version, im originalen Kupferstich Surugues und auf dem Ölgemälde Paters, festgehalten. Er reizt die erotische Phantasie der Bildbetrachter und lässt ganz unterschiedliche Spekulationen über den weiteren Verlauf der Verführungsszene zu.

Wer aber Scarrons Vorlage kennt und die beiden Personen, angeregt durch die Originalunterschrift des Kupferstichs, mit den Romanfiguren in Verbindung bringt, wird die abgebildete Szene anders einschätzen. Schon das Verhalten der tierischen Nebenfiguren wird er nicht als Vollzug des Floh-Rituals, sondern als dessen Störung interpretieren. Erst recht werden die Romanleser es wenig galant finden, was Mme Bouvillon ausersonnen hat und hemmungslos durchzusetzen versucht. Sie erscheint bei Scarron nicht als

Spielerin, sondern als Verderberin eines Spiels, das – aus der Sicht des Romanautors – allenfalls zwischen gleichrangigen und gleichaltrigen Liebesleuten oder aber, noch wahrscheinlicher: nur von einem *Mann* inszeniert werden darf. Das von einer älteren Frau listig eingefädelte Vorhaben läuft denn auch bei Scarron aus dem Ruder, und es kommt zu einem gänzlich unerotischen, banalen Unfall: Mme Bouvillon holt sich an der von außen eingedrückten Türe eine blutige Nase und eine Beule auf der Stirn, während Destin sich an einer Bank verletzt und ohnmächtig wird. Was bei Fuchs unter der Bezeichnung «Er soll mir einen Floh suchen» als erotischer Kupferstich gelten sollte, war an seinem Ursprung bei Scarron eher eine Aufforderung im Dienste einer frauenfeindlichen Ideologie. Es sollte nicht so sehr erotisierend wirken, sondern eine die Männer begünstigende Moral propagieren.

Im Unterschied zu den bildlichen Darstellungen, bei denen das Ende der missratenen Verführung ausgeblendet ist, teilt der Romanautor von Beginn an etwas über den Ablauf und den Ausgang der ganzen Episode mit. Schon mit der Überschrift des zehnten Kapitels, in dem der erfolglose Verführungsversuch erzählt wird, erfährt der Leser, «Comment Madame Bouvillon ne fut resister à une tentation et eut une bosse au front» (Adam, S. 711).

Dennoch ist es nicht so, dass Scarron in seinem Roman stets auf Eindeutigkeit und auf vollständige Information bedacht wäre. Auch er verzichtet nicht auf Anspielungen und liebt es, Unschärfen zu belassen oder herzustellen, wie schon die Namenwahl seines Lieblings Destin bezeugt. Auch Scarron kennt das vielsagende Floh-Ritual, auf das er anspielt mit der Bemerkung von «quelque petite beste dans le dos» (ebd., S. 714), aber er kritisiert es, genauer: er zieht es ins Lächerliche, *weil* es auf Voraussetzungen beruht, die seinen Wunschvorstellungen offenkundig widersprechen. Dabei schreckt er auch vor krassen frauenfeindlichen Äußerungen nicht zurück, wie vor allem die despektierliche, ja denunziatorische Beschreibung des überdimensionalen Busens von Mme Bouvillon zeigt.

Die beiden Stiche hingegen, das Original von Surugue und erst recht die von Fuchs bearbeitete und als «[g]alanter französischer Kupferstich» bezeichnete Version zielen mit vollen Segeln auf Unschärfe. Sie nutzen sie, um den Betrachter im Ungewissen über das Gesehene zu belassen und damit den Eindruck des Galanten und sogar des Schlüpfrigen zu erzeugen.

Was dem Kulturkritiker Fuchs als Inbegriff der Dekadenz des Ancien Régime erschienen ist, kann obendrein noch anders verstanden werden. Es war auch ein machtvoller und breitenwirksamer Schlag gegen das zähe Vorurteil, wonach eine besondere Bedeutung auf einen besonders großen Bedeutungsträger angewiesen wäre (). Kein lebendiger Floh war nötig; schon die grobe Nachbildung eines der winzigen, beinahe immateriellen Tierchen konnte vor 1789 einer ganzen Welt eine Lektion in Verführung erteilen.

22 Lobschriften auf einen Nebenbuhler (Celander und zweimal Blumauer)

Immer schon hatten die Menschen eine Neigung, sich in den Floh hineinzufühlen und sich mit ihm zu vergleichen. Selbst gestandene Biologen liebten es, die mirakulöse Sprungkraft des Insekts in menschliche Verhältnisse zu übersetzen und auf die eigene Situation zu übertragen. Ein solcher Gedankenwettstreit ist in den Überlegungen der Flohforscher und Entomologen immer wieder aufgetaucht. Wenn Menschen mit ihrer Körpergröße dasselbe leisten wollten wie ein Floh mit seiner, dann müssten sie – so befand ein rheinländischer Wissenschaftler – mit einem Satz den Kölner Dom überspringen können. Und der vor allem in München tätige, uns schon hinreichend bekannte Insektenforscher Karl von Frisch () behauptete, dass es in einem solchen Fall für uns «eine Kleinigkeit» wäre, «quer über die Bahnhofshalle des Münchener Hauptbahnhofs hinwegzusetzen» (S. 44).[63]

Der Floh sei überhaupt eines der stärksten Tiere; er könne etwa 80-mal mehr ziehen, als er selber schwer sei – weiß Rudolf Schenda zu berichten (S. 94). Neben solchen Hinweisen auf die «Kraftkünste» des Flohs, die zum festen Repertoire nicht nur der Flohzirkusdirektoren gehörten, wurden auch ganz andere Eigenschaften des Flohs gepriesen. In den Lobsprüchen auf den Floh schwang zuweilen auch ein Gefühl des Neides mit, das freilich selten eingestanden wurde. Johann Georg Heinzmann, ein Publizist des 18. Jahrhunderts, hob vor allem die sexuelle Reproduktionskraft wie überhaupt die sexuelle Aktivität des Flohs hervor, die dieser allerdings mit anderen kleinen Lebewesen teilen müsse:

> Die kleinsten Geschöpfe vermehren sich in kurzer Zeit ins Unendliche. Ihr seht das an den Läusen, Flöhen, Käsemilben, Müken; Millionen werden gebohren, Millionen sterben wieder in kurzer Zeit. Das Auge Gottes sieht überall hin (S. 71).

Für Leeuwenhoek sei der Floh «ein wahrer Maniac des Sex» gewesen, behauptet Böhme (S. 378), und ähnlich haben auch Rösel und Ledermüller das kleine Tier eingeschätzt (). Den meisten Männern erschien der Floh überdies als «Frauenmöger» (Neukirch/Ruisinger, S. 5). Noch in dem wissenschaftlichen Handbuch von Mumcuoglu und Rufli von 1982 heißt es lapidar: «Frauen werden weit häufiger von Flöhen befallen als Männer» (S. 17). Ruisinger und ihre Mitautorin Christiane Neukirch haben über die Gründe für die Vorliebe spekuliert; sie erwähnen die zartere Haut und die anders geartete Kleidermode der Frauen, kommen dann aber zu dem Schluss:

> Wer sich mit dem Floh beschäftigt, fand sich unter dem Reifrock wieder. Und das war ein Gefilde, das Männern eher versagt war, aber in Form des Flohforschers, des Flohfolgers konnte man diese Gebiete erobern und entdecken, und das wurde weidlich genutzt in der Literatur (S. 6).

Unter «Literatur» verstehen die beiden Autorinnen von Männern produzierte Dichtungen. Tatsächlich waren es ausnahmslos männliche Autoren. Sie waren fasziniert von der den Flöhen nachgesagten Fähigkeit, leicht und unbemerkt in den weiblichen Intimbereich einzudringen. Was ich eher als eine besonders hartnäckig verfochtene Männerphantasie einschätze, wurde zum Ausgangspunkt zahlreicher Erotika und Sotadica (unzüchtiger Schriften). Ihre Verfasser stellten sich als mehr oder weniger erfolgreiche Konkurrenten der Flöhe in der Gunst einer Angebeteten dar und schwelgten in der Schilderung unverhüllter körperlicher Reize der schönen Floh-Wirtinnen. Aus der Unzahl einschlägiger Texte, wie sie etwa in der Anthologie von Munkepunke (= Alfred Richard Meyer) dominant vertreten sind, sei hier nur ein einziges Epigramm vorgestellt. Es stammt von einem Autor, der sich Celander nannte und der vielleicht mit dem sächsischen Arzt Johann Georg Gressel (1675–1771) identisch gewesen ist. In Celanders Sammelband *Verliebte=Galante / Sinn=Vermischte und Grab=Gedichte* von 1716 steht die

> Poetische Grab=Schrifft Eines Flohes
>
> Nachdem ich lange Zeit die weisse Brust bewacht /
> So kahm ich an den Ort / woselbst die Anmuth lacht /
> Allein den Vorwitz must ich mit dem Leben büssen
> Denn allda will man nichts als grosse Stachel wissen
> (S. 472).

Flöhe gelten nicht erst bei Psylander (S. 23 f.) und noch bis Karl von Frisch (S. 49) als geräuschlose, wenn nicht stumme Tiere. Hier kommt einer sogar noch nach seinem Tode zu Wort. Damit ist schon ersichtlich, dass der Autor keine naturwissenschaftlich exakte Beschreibung eines Insekts beabsichtigt hat. Obwohl der «zur Nahrung höchst nöthige Saugrüssel» (Rösel, S. 19) am Kopf und der Genitalapparat am Hinterleib des Flohmännchens liegen, hat Celander beide Organe zusammengefasst und den Floh zu einem Potenzprotz mit einem Superglied gemacht. Der einschlägige Versuch des Flohs, mit den Männern gleichzuziehen, scheitert, denn «allda will man nichts als grosse Stachel wissen». Der redende Floh zählt sich offensichtlich zu den weniger ‹gut bestückten› Freiern (um die Redewendung für einmal zu benützen, die in den heutigen Tageszeitungen unter der euphemistischen Überschrift ‹Erotik› üblich ist); er glaubt, aufgrund seines vermeintlichen Defizits sein Leben verloren zu haben. Das Gedicht lässt offen, wer mit dem «allda» gemeint ist, doch ist anzunehmen, dass der enttäuschte Floh die Schuld einer weißbrüstigen Frau anlastet. Mit dieser Pointe verstummt er endgültig und verschwindet, und zugleich ist auch das Epigramm Celanders zu Ende. Das kleine Gedicht präsentiert sich damit selber ein wenig wie ein Floh: Es besteht aus einem einzigen Einfall. Zusammen mit fünf anderen kurzen «Grab=Schriften» steht es auf der letzten Seite von Celanders Buch und markiert das «Ende des gantzen Wercks». Immerhin ist so dem «ewigen Verschwinder» ein Denkmal in Stein und auf Papier gesetzt.

Schon darum wäre es problematisch, das Epigramm *nur* als pornographisches Gedicht zu lesen, und noch problematischer, es darum entrüstet beiseitezulegen. Spätestens seit Michel Foucault in seiner *Histoire de la sexualité* unnachsichtig immer wieder die gesellschaftliche Funktion von Lustverweigerung betont hat, wissen wir zudem, dass Pornographie immer auch machtpolitisch gelesen werden muss. Selbst ein methodisch ganz anders ausgerichteter Kulturwissenschaftler wie Günter Oesterle hat gezeigt, dass frivoles, sexuell freizügiges Schreiben vom Ausgang des 17. Jahrhunderts an ein – wenn auch zaghafter – «Versuch der Befreiung unterdrückter Sinnlichkeit» gewesen sei und zumindest im deutschsprachigen Bereich der «Entlarvung der daraus resultierenden heuchlerischen Moral» gedient habe (S. 98). Der bei Psylander unübersehbare machtkritische Aspekt fehlt bei Celander keineswegs vollständig; er verbirgt sich bloß im Motiv der tödlichen Konkurrenz des Menschen mit dem Tier sowie im Hinweis auf die Größe des Stachels. Dennoch überwiegt die machtaffirmative Geste, weil der Floh als Verlierer siegreichen Männern gegenübergestellt ist. In Celanders Epigramm hat er zwar das letzte Wort – aber er darf es nur gebrauchen, um seine Niederlage gegenüber seinen ungleich mächtigeren menschlichen Nebenbuhlern einzugestehen.

Von einem solchen triumphalen Sieg des Mannes über den Floh kann in den Gedichten des im oberösterreichischen Steyr geborenen und in ärmlichen Verhältnissen aufgewachsenen Aloys Blumauer (1755–1798) keine Rede sein. Blumauer scheint eine schillernde, vielseitige Persönlichkeit gewesen zu sein: Er war Jesuit und Antikatholik, Buchzensor und selber Opfer der Zensur, Anhänger der Josephinischen Reformen, Freimaurer, Illuminat und, glaubt man Reinalter (S. 32), auch Jakobiner. Obendrein war er ein Bewunderer Voltaires und der französischen Aufklärung, Satiriker, Verfasser eines lange Zeit berühmten Versepos mit dem Titel *Virgils Aeneis, travestirt* (1783 f.) und, was hier Beachtung finden soll: Lyriker. Unter seinen Gedichten finden sich zwei Loblieder auf den Floh. In der Blumauer-Ausgabe von 1829 fehlen sie. Warum sie nicht aufgenommen sind, lässt sich erahnen, wenn man sie kennt und die «Biographie des Dichters» liest, die der namenlos gebliebene Herausgeber seiner Werkauswahl voranstellt:

> Jenen zahlreichen Poesien Blumauers, in denen seine Muße als unsaubre Stallmagd erschien, oder als ekelhafte Priesterin der Venus cloaca – vor denen alle Grazien erschrecken, und sich verhüllend, entfliehen, diesen wünschen wir schon aus Liebe zum freisinnigen, oft so liebenswürdigen öfter noch ergötzlichen Vertrauten der komischen Muße ewige Vergessenheit (S. 9).

Auch wenn Blumauer zumindest im ersten der beiden Gedichte tatsächlich «unsaubre» Töne anschlägt, möchte ich dem Wunsch dieses moralisch Entrüsteten aus den angegebenen Gründen nicht nachkommen. Und ich bin nicht der Einzige. Michael Serrer hat seine – allerdings nicht gerade philologisch überzeugende – Ausgabe ausgewählter Werke Blumauers sogar nach diesem ersten Gedicht benannt und es gegen alle Chronologie an den Anfang seiner Sammlung gestellt. Zum ersten Mal erschienen ist es in dem von Blumauer mitherausgegebenen *Wiener Musenalmanach auf das Jahr 1788:*

Lob des Flohs

Du kleiner Nero, Compagnon der Läuse,
Blutgieriger Tyrann!
Für dich stimm' ich, nach Meister Linguets Weise,
Nun auch ein Loblied an.

Dein ganz brünetter Teint, so sehr verschieden
Vom Teint der blonden Laus,
Erkor gleich Anfangs dein Geschlecht hienieden
Zu großen Thaten aus.

Nur deinen Stamm, der stets in ganzen Schaaren
Bei Mädchen Wache hält,
Hat die Natur zu tapfern Leibhusaren
Der Jungferschaft erwählt.

Und darum patroulliren auch Schwadronen
Von diesem leichten Heer
Beständig in den dunklen Regionen
Des Unterrocks umher.

Nichts schützt die Mädchen, die sich dir verschließen,
Vor deiner Blutbegier:
Die Erstlinge von ihrem Blute fließen
O Glücklicher, nur dir!

Du Springinsfeld bist überall gelitten,
Wo nie ein Mann hin soll,
Und schwelgst dich, gleich der Biene, an den Blüten
Geheimer Schönheit voll.

Kein Fleck im ganzen weiblichen Gebiete,
Auch noch so heilig, ist,
Auf dem du nicht schon mit verweg'nem Tritte
Herumspazieret bist.

Da ist kein Strauch, wo du dich nicht verstecktest,
Kein Plan, wo du nicht liefst,
Kein Hügelchen, wohin du dich nicht legtest,
Kein Thal, wo du nicht schliefst.

Ja wollte man einst auch rektificiren
Der Schönheit Lustrevier,
So brauchte man, um recht es zu mappiren,
Nur dich zum Ingenieur.

Nur dies verzeihen dir die Schönen nimmer,
Daß stets von jedem Kuß,
Den insgeheim du ihnen aufdrückst, immer
Ein Fleckchen zeugen muß.

Drum lauern auch stets auf dich losen Näscher,
Enthüpfst du nicht geschwind,
Bei Tag und Nacht so viele hundert Häscher,
Als Mädchenfinger sind.

Doch hascht ein Mädchen auch dich kleinen Springer
Zuletzt in ihrem Schoos,
So ist doch unter einem schönen Finger
Noch neidenswerth dein Loos
(1877, S. 563 f.).

Schon die ersten beiden Verse deuten nicht gerade auf das hin, was der Titel des Gedichts verspricht. Üblicherweise wurde das winzige Tierchen gerade von den Läusen und von Despoten à la Nero abgesetzt (). Blumauers Wiener Leser (und nicht nur sie!) konnten wohl auch nicht viel anfangen mit dem Hinweis, dass dieses Loblied «nach Meister Linguets Weise» abgefasst sei. Der Name «Linguet» nämlich dürfte nicht allen vertraut gewesen sein, und selbst die, die ihn kannten, hätten Mühe gehabt, den Namensträger mit Blumauers Gedicht in Verbindung zu bringen. Der 1736 geborene Schriftsteller, Rechtsgelehrte und Advokat Simon Nicolas Henri Linguet war eine höchst umstrittene Figur. Der brillante Redner und gefürchtete Polemiker blieb, bis er im Jahre 1794 guillotiniert wurde, ein Nonkonformist (s. Thamer, S. 37–130). In Berlin pries ihn der heute vergessene Publizist Karl Clauer und warnte die französischen Monarchisten vor ihm – offensichtlich ohne zu wissen, dass Linguet nicht nur zeitweise gerade diesen Monarchisten nahestand. «Ihr könnt» – so schrieb Clauer –

> einen Löwen einsperren, einen Linguet ins Gefängnis werfen – aber vergebens hofft ihr ihn zu zähmen; er wird als Löwe Linguet aus seinem Kerker wieder hervorgehen (S. 64).

Wie konnte ein solcher «Löwe» das Muster liefern für ein «Loblied» auf den Floh? Wie konnte er sich der Opposition von ‹Floh und Löwe› entziehen, die Psylander so sehr betont hatte ()? Vielleicht weil er ein «Meister» war, der sich durch eine ungewöhnliche intellektuelle Brillanz und juristische Begabung wie auch durch seine philosophische Bildung auszeichnete; vielleicht weil er unzähmbar war und weil er, der Freund Voltaires, eine Fortsetzung des *Candide* verfasst hatte, die auf höchst ironische und sarkastische Weise die Syphilis behandelte. Blumauers Rede von «Meister Linguets Weise» könnte sich schließlich obendrein auf einen Rang bei den Freimaurern beziehen: Wer bei ihnen «Meister» war, stand über dem ‹Lehrling› und dem ‹Gesellen› und war zu noch höheren Graden berufen. Blumauer, ein Mitglied der Wiener Loge ‹Zur wahren Eintracht›, war ein solcher ‹Meister› und setzte gerne hinter seine Unterschrift ein «M». Wenn er in seinem Gedicht Linguet so tituliert, dann ist das auch eine Geste der Huldigung, ja vielleicht sogar eine heimliche Identifizierung des österreichischen Freimaurers mit dem Franzosen. Reinalter zufolge hat Blumauer wie viele seiner Wiener Gesinnungsfreunde großen Anteil an den Vorgängen in Frankreich unmittelbar vor (und auch noch nach) dem Beginn der Revolution genommen. Auf jeden Fall bedeutet der Verweis auf den «Meister Linguet», dass dieser in den Augen Blumauers ein freier, ein «freisinniger» Geist gewesen sein muss, dem der Verfasser des Floh-Lieds nacheifern wollte.

Das Gedicht führt in zwölf Strophen mit jeweils vier Versen den «kleinen Springer» vor, der auf dem weiblichen Körper herumhüpft und lustwandelt – so als sei er ein Spaziergänger in einer Landschaft. Blumauer folgt damit den Verfassern schlüpfriger Verse in der Manier von Celander und dessen Vorgängern und Nachfolgern. Und dennoch ragt sein «Loblied», wie man sehen wird, aus der Unzahl dieser Produkte hervor. Die neunte Strophe lautet:

> Ja wollte man einst auch rektificiren
> Der Schönheit Lustrevier,
> So brauchte man, um recht es zu mappiren,
> Nur dich zum Ingenieur.

‹Rektifizieren› nennt man einen Vorgang, bei dem die Länge krummer Linien bestimmt wird, und das uns heute nicht mehr geläufige Wort «mappiren» heißt so viel wie ‹Karten zeichnen›. Der herumspazierende Floh ist demnach auch ein naturwissenschaftlich orientierter Erkunder schlecht erforschten Geländes, ein Geometer, der einen ihm unbekannten Bau bemisst, oder eben ein Freimaurer, der auf dem Reißbrett mit Winkelmaß und Zirkel ausgerüstet die Wahrheit aufzeichnet. Das Ich imaginiert sich als Floh in mehreren Rollen. Blumauer selber gebärdet sich damit entschieden anders als jene so genannten ‹galanten› Autoren, die mit ihren eintönigen Beschwörungen von holden Rosenknospen und schneeweißen Marmorbrüsten ihre Leser aufzureizen versuchten. Wie Linguet verfolgt er verschiedene Perspektiven und Interessen, um Erkenntnisse aus dem «ganzen weiblichen Gebiete» zusammenzutragen. Freilich geschieht dies eher augenzwinkernd, denn als wahrer «Meister», als Experte für die Erkundung und Vermessung des «Lustreviers» gilt ihm unstreitig der Floh. Damit ist nur scheinbar, nur auf den flüchtigen Blick, eine Desexualisierung des Tiers vorgenommen. Von einer solchen werden höchstens die «Mädchen» erfasst. Sie verschwinden hinter den Kurvenlinien, während der Floh selber, der so sachlich umzugehen schien mit dem weiblichen Körper, sich in den Augen des Ich und der Leser erotisch auflädt. Der Gehilfe bei der Erkundung von Weiblichkeit wird selber zum Objekt der Begierde. Wenn sogar der Tod des Flohs «unter einem schönen Finger» als beneidenswert erscheint, dann stuft sich das Ich als glückloser Konkurrent gegenüber dem glücklicheren «losen Näscher» ein. Das Gedicht ist demnach tatsächlich ein «Loblied» auf den Floh, aber dem Liebenden fällt es nicht leicht, ein solches zu singen. Das Lob ist erkauft durch eine seltsame Abwendung von den schönen «Mädchen», denen doch offensichtlich das primäre Interesse des Ich gegolten hatte – hin zu dem «Springinsfeld» (), der «überall gelitten» ist und «gleich der Biene, an den Blüten / Geheimer Schönheit voll» schwelgen kann. Der dem Floh zugesprochene «ganz brünette Teint» deutet an, dass dieses Insekt etwas Ähnliches zu bieten hat wie die «Mädchen», also in der Lage ist, mit diesen zu konkurrieren. Das Lob des Flohs kennt also drei Instanzen, die in einem flexiblen Verhältnis zueinander stehen: die «geliebten Mädchen», den Floh, und das liebende und lobende Ich, wobei sich Letzteres zunehmend von den «Mädchen» ab- und dem Floh zuwendet.

Ähnlich verfährt Blumauer auch in seinem zweiten Lobgedicht auf den Floh, dem

Lied, an der Toilette der Geliebten zu singen.

Dürft' ich, Huldin, dich umfangen,
Gleich der Luft, die dich umfließt,
Und mit zitterndem Verlangen
Jeden deiner Reize küßt!
Schwebt' ich ach, mit Wohlgefallen,
Wie dein Genius, um dich,
Willig böt' ich dann zu allen
Noch so kleinen Diensten mich.

Gern hielt ich als Wachspomade
Dir die krausen Locken hier,
Oder steckte gar, o Gnade!
Dort im Krepp als Nadel dir.
Wollte gern beim Puderbürsten
Kreiselnd um dein Haar mich drehn!
Oder mit den Kolonisten
Deines Haars spazieren gehn!

Bald erhöht' ich dann als Musche
Deiner Stirne blendend Weiß,
Oder wölbte die Contusche
Dir als ein Parisersteiß;
Prangte dann auf deinem Rocke
Bald als Bändchen oder Knopf,
Ja, sogar zum Haubenstocke
Dient' ich dir mit meinem Kopf.

Morgens schlich ich mich, o Liebe!
Dir als Zwieback in den Mund,
Oder machte meine Triebe
Im Kaffee als Milch dir kund;
Färbte Mittags dir als guter
Rheinwein deine Wangen roth;
Oder ließe mich als Butter
Streichen auf dein Vesperbrod.

Bald berührt' ich, armer Schlucker,
Deine Nase als Flakon,
Oder diente dir als Zucker,
Wenn du naschest, zum Bonbon!
Spannte dann, gleich Pergamente
Meine Haut zum Zeichnen ein,
Ach, und wenn du maltest, könnte
Ich wohl gar dein Pinsel sein!

Gern deckt' ich in Assembleen
Dir den Busen, als Linon,
oder hing in süßem Wehen
Dir am Hals *en Medaillon:*
Doch zu meiner Freuden Fülle,
Schönste, wünscht' ich mir allein
Unter deines Bettes Hülle
Eine Nacht – ein Floh zu sein
(1877, S. 565 f.).

Das «Lied» ist 1789 erschienen, also zu Beginn der Französischen Revolution, und es ist – wie das ein Jahr vorher erschienene *Lob des Flohs* – in einem ähnlich freizügigen, freisinnigen Tonfall gehalten, den viele zeitgenössische deutschsprachige Leser und Leserinnen als typisch ‹französisch› abtaten und als amoralisch qualifizierten. Ebenfalls ein Jahr zuvor hatte Goethe seinen *Faust. Ein Fragment* als Einzelausgabe herausgegeben, die mit dem Mephisto-Lied in ‹Auerbachs Keller› einen allerdings sehr viel komplexeren Text über den Floh und die Flöhe enthielt (). Der Hinweis auf diesen zeitlichen Zusammenhang soll keine Abhängigkeit vortäuschen, sondern eine Ähnlichkeit und zugleich einen fundamentalen Unterschied verdeutlichen.

Goethes Faust verliebt sich in Gretchen auf den ersten Blick. Er möchte mehr als einen solchen, doch Mephisto kann oder will ihm erst einmal nicht «die Dirne schaffen». Er verspricht, Faust in Gretchens Zimmer zu führen, wenn diese außer Hause ist, damit der Protagonist sich, wie es ätzend heißt, in «ihrem Dunstkreis satt» weiden könne (V. 2671). Solchen Subtilitäten kann Faust nicht viel abgewinnen (); er hat «Appetit auch ohne das» (V. 2653). Was er nur halbherzig akzeptiert, ersehnt sich das Ich in Blumauers zweitem Loblied auf den Floh offensichtlich ohne jede Abstriche.

Der Titel irritiert zunächst durch die ungewöhnliche Verwendung der Präposition «an»; jedenfalls tut er das für Lesende, die mit (ober-)österreichischen Sprachverhältnissen nicht vertraut sind. Die Redewendung bezieht sich auf einen vertrauten Ort, an dem die Frau sich normalerweise gänzlich unbeobachtet aufhält. Hier aber ist sie abwesend. Der Liebhaber weidet sich tatsächlich in ihrem «Dunstkreis»; er will die Luft in ihrem Zimmer sein; er will zur Wachspomade, zur Haarnadel, zum Schönheitspflästerchen und noch zu vielen anderen Gegenständen werden. Die Sehnsucht nach Vereinigung mit allen möglichen und unmöglichen Utensilien der Geliebten macht auch vor Trinkbarem und Essbarem (Milch und Rheinwein, Zwieback, Butter und Zucker) nicht Halt und gipfelt schließlich in dem heißen Wunsch, eine Nacht lang ein Floh im Bett der Geliebten zu sein.

Hatte das Ich sich zunächst *wie* ein Floh verhalten, indem es von einem Gegenstand des alltäglichen Gebrauchs zum anderen hüpfte, so beansprucht es jetzt, am Ende des Gedichts, wirklich ein solches Tier zu sein. Dem Floh gebührt demnach anscheinend der höchste Rang unter allen Objekten des Begehrens, aber dieser Rang sollte doch wohl eher der Geliebten selber zukommen, die ja als die «Schönste» bezeichnet wird! Wie die Beziehung zwischen den Gegenständen und dem Floh einerseits und der geliebten Frau andererseits beschaffen ist, bleibt auf jeden Fall unklar. Bringen jene die Eigenart der Geliebten erst eigentlich zum Vorschein, oder verhüllen oder gar beeinträchtigen sie diese Eigenart, indem sie die Frau in oder hinter einer langen Reihe von Gegenständen verorten? Schon der Titel wirft ein verunsicherndes Licht auf das Verhältnis des Ich zu der Frau und ihrem Hausrat einschließlich des Flohs. Der Überschrift zufolge ist das Gedicht ein Lied, das gesungen wird oder gesungen werden soll. Als Sänger fungiert das «Ich», während die begehrte Frau im Lied gepriesen wird, obwohl sie abwesend ist. Zwischen «Lied» und «Geliebte» schiebt sich jene ungewöhnliche Ortsangabe «an der Toilette». Letztere ist wie ein Hindernis, das die beiden Liebenden voneinander trennt, ja sogar trennen würde, selbst wenn die Frau anwesend wäre und sich vor dem Nacht-, Morgen- oder Putztisch zu schaffen machte. Ein Leintuch (*toile*) ist dort aufgespannt, das allein schon grammatisch oder graphisch eine Distanz zwischen den Personen signalisiert. Im Text des Liedes ruft dann das verliebte Ich immer wieder andere Gegenstände auf, die vorgeblich der Annäherung an die Geliebte dienen sollen, in Wahrheit aber eine solche Annäherung hinausschieben, vielleicht sogar die abwesende Geliebte ersetzen sollen.

Heutige Leser könnten hier vorschnell auf den Begriff des Fetischismus verweisen, wie ihn Sigmund Freud und der Freudianer Wilhelm Stekel gefasst haben. Letzterer hat im «Abrücken von dem Weibe», in der «Flucht vor dem Weibe» das tiefste «Wesen» eines «jeden Fetischismus» erblicken wollen (S. 1). Es mag zutreffen, dass in Blumauers Lied durch die repetitive Beschwörung von Verschmelzungswünschen mit den Habseligkeiten der Geliebten die Geliebte selbst in die Ferne gerückt wird. Dennoch ist die Freud'sche Begrifflichkeit im Hinblick auf Blumauers Gedicht problematisch, und zwar nicht nur, weil sie sich einer ganz anderen Epoche verdankt. Das Ich bei Blumauer zählt sehr unterschiedliche Gegenstände auf, die dem «Dunstkreis» der Geliebten entstammen und so eigentlich auf sie zeichenhaft verweisen und ihre Nähe beschwören könnten. Durch ihre Disparatheit und ihre Anhäufung büßen sie jedoch diese Zeichenfunktion weitgehend ein. Wenn sie überhaupt noch von etwas künden, dann von dem «Livree der Ausschweifung» im Ancien Régime (Fuchs, 1910. S. 153), also von den Torheiten des vorrevolutionären Zeitalters, in dem solche Accessoires Mode gewesen sind. Jetzt, d. h. im Revolutionsjahr 1789, wirken sie in ihrer kruden Materialität nur noch lachhaft; sie legen das Antiquierte der Luxusdame und das Exaltierte der Gefühle des Ich für die «Huldin» bloß.

Damit wäre die sozialkritische Bedeutung dieses Gedichts freigelegt. Sie erfährt freilich eine Einschränkung und eine Präzisierung durch den Floh, der im letzten Vers der letzten Strophe erwähnt wird und für die Pointe des ganzen Liedes sorgt. Dem Floh kam in der so genannten «galanten Zeit» eine wichtige Rolle zu, wie gezeigt wurde (). In Blumauers Gedicht ist er gleichfalls wichtig, freilich hat er hier eine ganz andere Bedeutung. Im Ancien Régime hatte der Floh den Ruf, ein mehr oder weniger erfolgreicher Konkurrent des Mannes zu sein. Unabhängig davon, ob er eine Frau tatsächlich plagte, ob diese es nur behauptete und eine Attrappe auf ihrem Körper angebracht hatte – der Floh konnte zur Intensivierung der Spannung zwischen den Geschlechtern beitragen. Die Jagd auf ihn bildete ein Ritual, das von der Frau initiiert wurde und scheinbar nur eine karitative Hilfeleistung des Mannes verlangte, in Wahrheit aber die sexuelle Begierde anheizen und die Verführung auslösen sollte (). Im erotischen Verhalten gewisser Kreise der Oberschicht vor allem Frankreichs war der Floh deshalb kaum wegzudenken.

Als lebendiges, leibhaftiges Tier, als künstlicher oder bloß behaupteter Floh war er ein fester Bestandteil eines kalkulierten, koketten Spiels, das weder kalkuliert noch kokett erscheinen sollte.

Ein deutlich anderes Bild in erotischen Angelegenheiten zeichnet Blumauer in seinem Lied. Zwar gehören die verwaisten Gegenstände, die das Ich im Kabinett der Geliebten vorfindet und mit denen es sich zu verschmelzen sucht, gleichfalls einer vor allem dem Schein verpflichteten Gesellschaft an. Sie sind auch hier Requisiten einer auf Repräsentation und Pose ausgerichteten Welt, deren Untergang sich gerade ankündigen sollte. Aber es gibt hier bei Blumauer eine Ausnahme, und das ist der Floh! Ihm kommt unter den vom Ich erwähnten Objekten eine Sonderstellung zu, was allein schon graphisch, durch den einzigen Gedankenstrich des Gedichts, zum Ausdruck kommt. Der Floh ist ein Lebewesen; *kein* Gegenstand, der besessen werden könnte (wie die Kleidungsstücke und die Accessoires). Er kann nicht gelutscht (wie das Bonbon), nicht getrunken (wie der Milchkaffee und der Rheinwein) und auch nicht gegessen werden (wie der Zwieback und das Butterbrot). Die Geliebte kann ihn sich nicht einverleiben, wohl aber kann der Floh sich ihr nähern und sie stechen. Als lästiger Plagegeist, der gejagt werden müsse, wird er aber keineswegs vorgeführt. Freilich ist er auch hier von winziger Gestalt; seine Körperlichkeit tendiert in Richtung null, aber gerade darum kann er sich konventionellen Zwängen entziehen. Er muss nicht (wie bei Pater und Surugue) herhalten für ein gesellschaftliches Spiel, das auf Schein gebaut ist. Gleich auf dreifache Weise ist er aller Sichtbarkeit entzogen: durch seine geringe Körpergröße, durch die verhüllende Bettdecke und durch die nächtliche Dunkelheit:

> Doch zu meiner Freuden Fülle,
> Schönste, wünsch ich mir allein
> Unter deines Bettes Hülle
> Eine Nacht – ein Floh zu sein.

Wie immer man das «allein» auch versteht – ob es die Einzigartigkeit des Wunsches bezeichnet oder das Zusammensein mit niemandem anderen als mit der Geliebten oder aber die Verbundenheit mit der «Schönsten» eine einzige Nacht lang –, alle drei denkbaren Fälle zielen auf ein Maximum von Genuss jenseits aller Konventionalität. Für diesen singulären Genuss steht der Meister des Verschwindens ein. Der kurzen Zeitspanne, in der er da ist, folgt eine lange, in der man ihn vergeblich sucht. Seine Erwähnung in der Aufzählung von insgesamt 19 Verschmelzungswunschobjekten steht darum mit Recht am Ende des Liedes als dessen Höhe- und Schlusspunkt.

Flohbilder

23 Bilder vo*m* Flöhen 1 (van Leyden, La Perrière, Busch, Terborgh und Spitzweg)

Ein Floh sticht einen Menschen; ein Mensch fängt Flöhe – das sind zwei Vorgänge, die sich nicht in gleicher Weise vor Augen führen lassen. Es dürfte sehr viel schwieriger sein, einen stechenden Floh als einen flöhenden Menschen abzubilden.[64] Jedenfalls überwiegen in der Geschichte der Bilder eindeutig solche vo*m* Flöhen – also solche, auf denen man eine Person sieht, die Flöhe sucht, um sie zu töten oder, wie man sagte: um sie zu ‹knicken›. Das älteste mir bekannte Bild ist ein Kupferstich von Lucas van Leyden (1494–1533) aus dem Jahre 1510. Er zeigt eine unbekleidete Frau, die einen Hund flöht (Abb. 18). Ob sie dabei erfolgreich ist, ob sie tatsächlich einen Floh fängt, kann der Betrachter allerdings nicht erkennen.

Bilder vo*n* Flöhen in Aktion hingegen sind äußerst selten. Ein besonders frühes ist erst 29 Jahre nach dem Stich van Leydens entstanden. Es wurde von dem Rechtsgelehrten und Politiker Guillaume de La Perrière (1499–1565) aus Toulouse publiziert. Der 94. Holzschnitt seiner Emblemsammlung *Le Théatre des Bons Engins* gibt eine Szene mit Flöhen wieder (Abb. 1) – freilich, auch hier fällt es schwer, diese als Flöhe zu identifizieren.

Seit dem *Emblematum Libellus* des Andreas Alciatus von 1531 erfreute sich die Emblemkunst ungeheurer Beliebtheit bis weit ins 18. Jahrhundert. Da diese multimediale Kunst heute nur noch Fachleute kennen, möchte ich hier ihre Eigentümlichkeiten kurz rekapitulieren. Wie in der Fabel werden im Emblem beispielhaft Gegenstände, Menschen und Tiere, aber auch Ereignisse und Handlungen vorgestellt, die dann in einigen prägnanten Zeilen, zumeist Versen, eine moralisch-didaktische Nutzanwendung erhalten. Anders aber als bei der Fabel ( ) wird die Dichotomie von sinnlich Erfahrbarem

Abb. 18: Lucas van Leyden: *Nackte Frau, einen Hund flöhend.*

einerseits und Geistig-Abstraktem andererseits auf eine *dreiteilige* Struktur verteilt und damit bis zu einem gewissen Grad unterlaufen. Embleme nämlich setzen sich aus Bild (*Pictura*) *und* Text (*Inscriptio*/Inschrift) und *Subscriptio* (Unterschrift) zusammen, wobei die abbildende Funktion nicht ausschließlich an die *Pictura* delegiert ist, sondern auch von der *Subscriptio* wahrgenommen werden kann, der ansonsten vor allem die Auslegung zukommt.

Auch in der Emblematik sind Floh-Bilder äußerst selten. In dem dicken, alles andere als handlichen Handbuch der *Emblemata* von Arthur Henkel und Albrecht Schöne, einer staunenswert umfangreichen Bestandsaufnahme dieser Gattung, gibt es nur eine einzige Floh-Darstellung, nämlich die erwähnte von La Perrière. In dessen Emblem fehlt die *Inscriptio*; die *Pictura* zeigt eine Landschaft mit Bergen und einem schlossartigen Gebäude und im Vordergrund eine baumbestandene hügelige Wiese, auf der ein halb entkleideter menschlicher Körper liegt, der von schwer identifizierbaren punktartigen Objekten umgeben ist. Die ersten beiden Zeilen der *Subscriptio* verraten in einem altertümlichen Französisch, was auf dem Bilde angeblich sichtbar sein soll: ein Leichnam, der soeben von Flöhen und Läusen verlassen wird. In den restlichen acht Versen der *Subscriptio* wird ein Vergleich dieser Insekten mit Schmeichlern gezogen und der Betrachter des Emblems zur Vorsicht ermahnt. Der Zehnzeiler lautet in der neuhochdeutschen Prosaübersetzung der beiden Herausgeber des *Emblemata*-Handbuchs:

> Flöhe und Läuse verlassen den toten Körper, da er ihnen weder Nahrung noch Unterhalt geben kann. Ebenso wenden sich die Schmeichler nur denjenigen zu, die ihnen den Wanst füllen können. So lange du Güter, Ehre und Reichtum besitzt, hast du tausend Schmeichler in deinem Haus. Ändert sich das Wetter und droht dir durch Unglück Armut, dann werden sie dich wie Gift meiden und dich allein lassen wie ein Tier (Sp. 946).

Was hier behauptet wird, ist eine biologische Tatsache: Flöhe registrieren ziemlich rasch die gesunkene Körperwärme und verlassen ihren toten Wirt (Benn, S. 1744; Vargas 2019, S. 202). Zwischen dem, was man aus der *Subscriptio* erfährt, und dem, was man in der *Pictura* sieht, gibt es indessen gravierende Unterschiede. Dass der sichtbare Körper eine Leiche sein soll, ist glaubwürdig, denn die Person – mutmaßlich eine Frau – hat offensichtlich ein gebrochenes Rückgrat. Die Flöhe und Läuse bilden ein *Gestöber* von Insekten, das die «tausend Schmeichler» repräsentieren soll. Man kann sie gleichwohl zählen: Es sind 25 Insekten, die allerdings so dargestellt sind, dass man die angeblichen Flöhe nicht von den angeblichen Läusen unterscheiden kann. Ob sie sich auf dem Bilde anschicken, den Leichnam zu verlassen oder in ihn einzudringen, ist gleichfalls nicht erkennbar. Sie erscheinen starr und unbeweglich und könnten ebenso gut tot sein. Was in und mit Sprache leicht zu leisten ist, erweist sich beim Bild als große Schwierigkeit, wenn nicht als Unmöglichkeit.[65]

Trotzdem hat im 19. Jahrhundert der Humorist und Zeichner Wilhelm Busch versucht, eine Handlung abzubilden. Er behalf sich mit einer *Reihe unterschiedlicher* Bilder, die zusammen genommen eine ‹Erzählung› ohne Worte ergeben. Der Titel seiner Bilderfolge *Die gestörte und wiedergefundene*

Nachtruhe oder der Floh verrät, was aus der Gesamtheit der Bilder ersichtlich werden soll (Abb. 19). Busch wollte offensichtlich Flöhe nicht an sich, sondern in Verbindung mit ihren menschlichen Wirten darstellen. Dabei machte ihm, wie dem Holzschneider aus dem 16. Jahrhundert, noch ein weiteres Problem zu schaffen: die außerordentliche Kleinheit der Flöhe im Verhältnis zum Menschen. Wie La Perrière versuchte Busch die massive Größendifferenz nicht zu unterdrücken, sondern im Bilde sichtbar zu machen. Er testete unterschiedliche Verfahren. Im *Pater Filucius*, einem «Allegorischen Zeitbild» von 1872, stellt er die Flöhe des Hundes Schrupp (einer Verkörperung der demokratischen Presse) direkt dar und kommt so zu einer Bildlösung, die der von La Perrière in seinem Emblem ähnelt: Die winzigen, kaum differenzierten Fleckchen sollen Flöhe sein (Abb. 1 und 2); sie bilden ein Insekten*gestöber*, das sich Schrupp aus seinem Fell schüttelt (Bd. 3, S. 194). Busch war ein Meister in der Darstellung gestikulierender Personen. Auf derselben Seite bedient er sich dann auch eines *indirekten* Verfahrens, wenn es darum geht, die Peiniger der Tante Line zu zeigen. Man sieht überhaupt keine Flöhe, sondern nur die Verrenkungen der sich flöhenden Tante (ebd.).[66] Auch in der textlosen Bilderserie *Die gestörte Nachtruhe* entscheidet sich Busch vor allem für jenes indirekte Verfahren. Der die Nachtruhe störende Floh bleibt so gut wie unsichtbar. Man sieht vor allem den gestörten Schläfer, der sich krümmt, windet und verrenkt, um den Störer zu erwischen und töten zu können.

Andere bildende Künstler nach Busch verzichteten *gänzlich* auf eine direkte Wiedergabe des Flohs. Sie führten Menschen vor, die den Insekten nachstellen. Dabei stießen aber auch sie auf die erwähnte Schwierigkeit, Vorgänge zu visualisieren. Sie zeigten Zustände, ausgewählte Abschnitte einer umfassenderen Handlung. Die Abbildungen mussten, wenn sie nicht durch schriftliche Hinweise noch erläutert wurden, zusätzlich vom Betrachter gedeutet werden. Die Künstler sahen sich mit dem Problem konfrontiert, dass Bilder ohne Worte – sehr viel mehr als Texte ohne Bilder – etwas Mehrdeutiges, Unscharfes behalten. Das musste freilich, wie sich zeigen wird, nicht immer nur ein Nachteil sein.

Zunächst aber ist als Befund festzuhalten, dass sich Flöhe und selbst das Flöhen – aus unterschiedlichen Gründen – nicht ohne weiteres verbildlichen lassen. Zu den Darstellungsproblemen kommen noch andere Schwierigkeiten hinzu. Sie betreffen die moralische Bewertung der Beteiligten und die Frage,

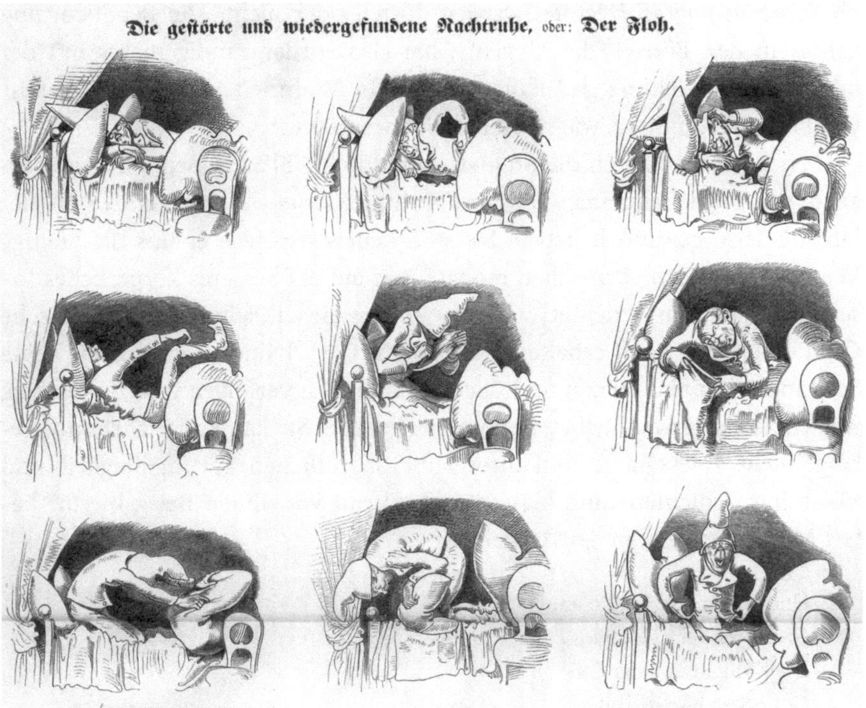

Abb. 19: Wilhelm Busch: *Die gestörte und wiedergefundene Nachtruhe oder Der Floh.*

ob Flöhe *in flagranti* getötet werden dürfen oder nicht. Die Beantwortung gehört in den Bereich der Hygiene, hat also vordergründig nichts mit der bildlichen Darstellung der Flöhe zu tun. In Wahrheit jedoch gibt es sehr wohl eine Verbindung, wie rasch deutlich werden wird.

Nicht zuletzt durch die Studien von Norbert Elias wissen wir, dass sich auch die Hygienemaßnahmen und Intimitätsvorstellungen im Laufe der Jahrhunderte gewandelt haben. Sie sind keineswegs, wie es uns die heutige Werbung zuweilen vormachen möchte, nur auf ein besseres körperliches Erscheinungsbild ausgerichtet; vielmehr sollten sie die leibliche *und* seelische Gesundheit insgesamt erhalten und fördern ( ). Flöhe zu haben war keine Schande; es gab sie zuhauf und überall, und sie zu verfolgen und zu knicken, war ein selbstverständliches Gebot der Hygiene. Sie kamen ja jahrhundertelang, nicht zuletzt aufgrund ihrer außerordentlichen Sprungfähigkeit und Volatilität, schichten- und klassenübergreifend vor. Einen Beleg hierfür liefert Mephistos Lied, in dem es heißt:

> Und Herrn und Frau'n am Hofe,
> Die waren sehr geplagt,
> Die Königin und die Zofe
> Gestochen und genagt,
> Und durften sie nicht knicken,
> Und weg sie jucken nicht.
> Wir knicken und ersticken
> Doch gleich wenn einer sticht
> (Goethe/Schöne, Bd. VII.1, S. 94 f.)

Die Verse halten aber gleichwohl einen Unterschied fest. Zwar würden offensichtlich Männer wie Frauen «geplagt» (anders als das weit verbreitete Urteil behauptet, dass speziell das weibliche Geschlecht unter den Flöhen gelitten haben soll), und offensichtlich würden hochgestellte wie auch wenig angesehene Personen gestochen. Bei der *Bekämpfung* der Flöhe aber galten andere Regeln. Nicht immer durfte man sich ihrer erwehren. In Gesellschaft, und zumal in vornehmen Kreisen, war es verpönt, sie zu töten. Die gröhlenden Pseudo-Studenten in ‹Auerbachs Keller› rechnen es sich als Privileg an, dass sie die Flöhe «knicken und ersticken» dürfen, sobald sie das Bedürfnis dazu verspüren ( ). Damit charakterisieren sie sich aber vor allem selber: Ihre

Asozialität erlaubt es ihnen, von der Lizenz zu töten ungeniert Gebrauch zu machen.

Ein – zugegeben etwas trivialer – Vergleich mag diese Situation erhellen. Flöhe umzubringen war erlaubt und geboten, *sofern* man allein war. Es war schlicht eine Sache der Hygiene – ähnlich wie es heute erlaubt, ja geboten ist, sich die Fingernägel zu schneiden oder zu reinigen, sofern man allein ist. *In Gegenwart anderer* aber sollte man keine Flöhe jagen und töten, zumindest nicht in einem christlich geprägten Kulturraum. Zeugnisse hierfür ließen sich zuhauf aus vielen europäischen Ländern und aus allen Jahrhunderten beibringen.[67] Hier sei nur auf zwei meiner Kapitel verwiesen. In dem einen wurde die Bedenkenlosigkeit erkennbar, mit der die Tötung eines Flohs in einem unbeobachteten Moment vorgenommen wird: In der Fabel *Der Floh* von Gottlieb Conrad Pfeffel kennt ein «altes Weib» kein Erbarmen und keine Gnade, einen von ihr gefangenen Floh zu töten, und zwar in einem Augenblick, da sie allein ist und sich zum Gebet rüstet ( ). Das andere Beispiel zeigt im Gegenzug das Ungehörige, Bedenkliche auf, wenn das Knicken beobachtet wird: Johann Peter Hebels flöhende Wirtin in *Ein Hausmittel* reagiert unwillig und schämt sich, als sie entdeckt, dass sie beobachtet worden ist. Sie wirft dem von ihr zunächst unbemerkten Zeugen vor: «Ihr habt mir nicht sollen zusehen» ( ).

Die ganz unterschiedliche Bewertung des Kampfes gegen die Flöhe – je nachdem, ob man allein ist oder sich in Gesellschaft befindet – ist nun aber auch relevant bei der Beurteilung von Bildern, die das Flöhen und Knicken zum Thema haben. Bilder, ganz unabhängig davon, ob es sich um Kupferstiche oder Gemälde handelt, setzen einen doppelten Zeigevorgang voraus: Sie zeigen, wie Gottfried Boehm mit Recht betont hat, auf etwas, und sie zeigen auf sich (S. 144). In beiden Fällen ist eine betrachtende Instanz mitzudenken. Das aber hat zur Folge, dass eine abgebildete Person beim Flöhen und Knicken nie als gänzlich unbeobachtet vorgestellt werden kann und dass sie darum nahezu zwangsläufig in eine moralisch fragwürdige Position gerät. Freilich – das werden die folgenden Bildinterpretationen deutlich machen – gibt es unterschiedliche Grade der Hervorkehrung des Zeigevorgangs. Die Person, die Flöhe tötet, kann als Einzelperson oder in Gesellschaft dargestellt sein, und selbst wenn sie allein beim Flöhen zu sehen ist, kann sie sich dabei verschieden gebärden: Sie kann völlig in sich selbst versunken sein; sie kann aber auch den Eindruck erwecken, als wisse sie sehr wohl, dass sie beim Flöhen beobachtet wird; ja sie kann sich so verhalten, als wolle sie ihre Beobachtung geradezu provozieren – sei es von hinzutretenden Personen *im* Bilde oder durch Bildbetrachter. Die Art und Weise, wie sie sich präsentiert, verlangt Differenzierungen bei der Beurteilung, und sie bringt es auch mit sich, dass Mehrdeutigkeiten der Bilder zugelassen werden müssen. Auf welche Indizien die deutende Instanz sich auch immer berufen mag, sie sollte im Bewusstsein handeln, dass ihre Aussagen nie vollkommen in eins gesetzt werden können mit dem, was das Bild zeigt.

Um diese ein wenig abstrakten Überlegungen zu konkretisieren, sollen zunächst zwei Bilder vorgestellt werden, die das Flöhen eines Hundes zeigen. Zuvor aber sei noch auf eine Voraussetzung dieser Bilder hingewiesen.

Flöhe und Hunde gehören aufs Engste zusammen (). Letztere haben zumeist ihren Kopf in Bodennähe und ihr behaarter Körper bietet den Ersteren Halt und ein ideales Versteck. Die Menschen hielten sich Schoßhunde, um die Plagegeister weitergeben zu können (). Die Flöhe aber im Fell eines Hundes zu finden und zu fangen, war schwierig, ja nahezu unmöglich. Selbst wenn man sie erwischte, hatte der Hund schon bald wieder neue aufgelesen. Das Flöhen der Hunde war, wie schon im Alten Testament behauptet wurde, vergebliche Liebesmühe; es war nutzlos, aber zugleich auch ein höchst intimer Vorgang, der Flöhe, Hunde und Menschen zusammenband. In 1. Samuel, V. 15 muss Saul für sein Verhalten gegenüber David die Rüge einstecken: «Wem ziehst du nach, König von Israel? Wem jagst du nach? Einem toten Hund, einem einigen Floh?» Diese Stelle – übrigens die einzige im Alten Testament, in der vom Floh die Rede ist – war einem bibelkundigen Publikum vertraut. Scheuchzer hatte nachdrücklich auf sie aufmerksam gemacht (), und sie bestimmte auch mittelbar in Redensarten und Sprichwörtern überall in Europa die Einstellung zum Flöhen der Hunde vom ausgehenden Mittelalter bis zum Beginn der Neuzeit.[68] Jüngst publizierte Gerhard Glück eine Karikatur, die den sogar in Handbüchern festgehaltenen Hang der Flöhe zum Komischen (Riegler, Sp. 1635) belegt und obendrein die traditionelle Zusammengehörigkeit von Flöhen, Hunden und Menschen aufgreift. Sie enthält den ironisch-nostalgischen Kommentar: «Nur noch drei Prozent aller Hunde können den Flohwalzer auswendig spielen!» (Abb. 20).

Diese Zusammengehörigkeit darf man bei dem erwähnten Kupferstich von Lucas van Leyden nicht außer Acht lassen. Er firmiert unter dem wohl kaum vom Künstler selber stammenden Titel «Nackte Frau, einen Hund flö-

Abb. 20: Gerhard Glück: *Nur noch drei Prozent aller Hunde können den Flohwalzer auswendig spielen.*

hend» und zeigt genau das, was dieser Titel ankündigt. Mimik und Gestik der Frau sind ganz auf den Hund ausgerichtet, der seinen Kopf, wie es scheint, vertrauensvoll auf den rechten Oberschenkel der übereinandergeschlagenen Beine seiner Herrin legt. Die an einen kahlen Baumstamm am rechten Bildrand gelehnte Frau sitzt in einer Mulde, die linker Hand mit Gras und einem pfeilblättrigen Kraut abschließt und über den Kopf der Frau hinausragt (Abb. 18). Sie kann also außer vom Betrachter des Bildes von niemandem sonst beobachtet werden.

Auffällig ist ihre Frisur. Die Haare sind nachlässig zu einem Knoten gebunden. Sie werden nur notdürftig von einem Band zusammengehalten; ein dickes Büschel ragt nach vorne in die Stirne und hängt zugleich nach unten, so dass es sich dem Fell des Hundekopfes nähert und einem sprungbereiten Floh als Fluchtziel dienen könnte.

Man hat mit Recht das enge Verhältnis zwischen dem Menschen und dem Tier in dieser Darstellung hervorgehoben und deren «Innigkeit und Intimität» betont (Wagini, S. 92). Damit war freilich nur die Beziehung zwischen dem Hund und dem Menschen, nicht aber die zwischen dem Floh und der Frau erfasst. Ikonographische Untersuchungen von Bildern und Texten, die nach 1510 entstanden sind, legen nahe, dass das Blatt eine der sieben Todsünden (*vitia principalia*), nämlich die Herzensträgheit (*acedia*), darstellen sollte. Diese Hypothese krankt freilich daran, dass keine weiteren Blätter van Leydens aus der siebenteiligen Serie vorhanden sind. Die ungeschönte Präsentation eines offenkundig nicht mehr ganz jungen weiblichen Körpers um 1510 leistete allerdings der Spekulation Vorschub, dass die Frau als Sünderin zu gelten habe. Sie müsste ja, um die Flöhe im Pelz ihres Hundes zu fangen, nicht selber unbekleidet sein. Ihre Nacktheit hat demnach vor allem eine die Frau selber kommentierende, moralisch abwertende Funktion. Und da sie einen *Hund* flöht, ist ihre Tätigkeit aus den angegebenen Gründen wenig erfolgreich und vor allem negativ einzuschätzen. Van Leydens nackte Frau könnte sogar eine Personifikation der Wollust sein oder eine Hure, eine Hexe darstellen. Solche Deutungen sind tatsächlich gemacht worden, wenn sie auch nicht ohne weiteres vereinbar sind mit dem, was der Körper der Frau zeigt, denn der erweckt den Eindruck einer Hilflosen und Linkischen. Die pejorativen Zuschreibungen können darum nur als Vorschläge gelten. Möglicherweise sind sie deplatziert; möglicherweise sind sie sogar allesamt relevant (Jacobowitz/Stepanek, S. 84). Die Vorstellung, dass das Bild nur *eine* einzige Bedeutung vermitteln würde, sollte in jedem Fall aufgegeben werden. Freilich gibt es mehr oder weniger plausible Interpretationen des Stichs. Manche sind unzutreffend – so sollte man ihn beispielsweise nicht als Zeugnis werten, mit dem van Leyden nur seine Liebe zur Kreatur und zur Natur habe bekunden wollen. Es lässt sich schwer entscheiden, was der Frauenkörper zeigen soll. Hat er die Aufgabe, den Betrachter empfänglich zu machen für die Einsicht, dass es vergeblich sei, einen Hund von Flöhen zu befreien? Oder soll er die Verwerflichkeit demonstrieren, eine Hure oder eine Hexe zu sein? In jedem Fall aber ist hier ein nackter Körper ausgestellt und die Frau selber zu einem Objekt von Betrachtern gemacht.

Was hier für van Leyden und seinen Kupferstich behauptet wird, gilt wohl ebenfalls für den Genremaler Gerard Terborgh oder ter Borch den Jüngeren (1617–1681) und sein Ölgemälde *Ein Knabe floht seinen Hund.* Auch hier stammt der Titel nicht vom Künstler, und auch hier liefert er lediglich eine kurze Zusammenfassung dessen, was auf dem Bild zu sehen ist (Abb. 21). Es zeigt einen Knaben, der auf einem niedrigen, mit Korbgeflecht bezogenen Stuhl sitzt, einen Hund auf dem Schoß hält und mit den Daumen und den beiden Zeigefingern Flöhe knickt. Die konzentrierte und zugleich liebevolle Geste des Jungen duldet das Tier ähnlich wie der Hund bei van Leyden. Es schmiegt sich mit seinem Oberkörper auf die Oberschenkel des Jungen. Wie van Leydens Kupferstich scheint auch Terborghs Bild ein eindrückliches Zeugnis menschlicher Fürsorge für ein anderes Lebewesen zu sein. Doch gerade die unübersehbare Nähe zu dem älteren Stich mahnt auch zur Vorsicht bei der Deutung. Es gibt nämlich auf dem Gemälde einen Hinweis, dass die Tätigkeit, der sich der Junge so hingebungsvoll widmet, nämlich die Jagd auf Flöhe, wie bei van Leyden als vergebliches und darum törichtes Verhalten gewertet werden kann, ja muss. Während sich der Junge nämlich ganz dem Flöhen und Knicken widmet, versäumt er seine Hausaufgaben. Rechts, von ihm aus gesehen, liegt ein ungeöffnetes Schulheft auf dem Tisch, und das Schreibgerät des Knaben steckt ungenutzt im Tintenfass. Dem Jungen kann darum ebenfalls zumindest eine etwas trivialisierte Form der *acedia*, nämlich Trägheit oder gar Faulheit, zugesprochen werden. Damit kommt seinem Verhalten eine Ambivalenz zu. Immerhin war Terborgh ein Zeitgenosse der beiden großen holländischen Naturforscher Antoni van Leeuwenhoek und Jan Swammerdam. Diese Mikroskopisten sahen – wie Hooke ( ) – im Floh keineswegs bloß ein Ungeziefer, das man unter allen

Abb. 21: Gerard Terborgh / Ter Borch, der Jüngere: *Ein Knabe flöht seinen Hund.*

Umständen verfolgen und töten müsse. Es ist daher nicht auszuschließen, dass der Maler mit dem Tier nicht nur die Vorstellung vom Flöhen und Knicken verband, sondern auch ein Verständnis für diese winzigen Lebewesen aufbrachte, dass er also ein eindimensionales Verhältnis der Natur infrage gestellt hat. Aber das ist gleichfalls nur eine Hypothese über ein Bild, das auch noch andere ungeklärte Fragen evoziert – beispielsweise was für eine Funktion dem breitkrempigen Hut zukommt, der an prominenter Stelle im Vordergrund platziert ist.[69] Vielleicht stellt dieser Hut nur einen handgreifli-

Abb. 22: Carl Spitzweg: *Der arme Poet.*

chen Beleg dar, dass Bilder mehr und anderes *zeigen* können als alle ihre Beschreibungen und Interpretationen.

In *einem* Punkte aber markiert Terborghs Gemälde eine Ausnahme. Es stellt im Unterschied zu nahezu allen anderen einschlägigen Bildern keine spärlich bekleidete Frau dar, die sich flöht. Es gibt noch ein weiteres ausnahmehaftes Bild, und das ist Carl Spitzwegs berühmter *Armer Poet* aus dem Jahre 1839 (Abb. 22). Das Gemälde zeigt einen Mann mit Nachtmütze, der bei helllichtem Tage in einem ungeheizten Dachzimmer unter einem Regenschirm liegt und mit einer Wolldecke seine angewinkelten Beine zudeckt. Die Zipfelmütze weist ihn als Deutschen Michel aus. Sie war im 19. Jahrhundert, wie das Beispiel Glaßbrenners zeigte (), vor allem das Kennzeichen eines langmütig-lethargischen Untertanen. Ob der Zipfelmützen-Mann hier aber tatsächlich kritisiert wird, oder aber ob er als selbstgenügsamer, nur seiner Verskunst verpflichteter Künstler bewundert werden soll, lässt sich nicht entscheiden. «Der Betrachter weiß nicht genau, ob er eine Idylle vor sich hat oder eine Satire» – schreiben Rose-Marie und Rainer Hagen (S. 149). Sie wollen *beide* Deutungen gelten lassen, ja sie behaupten, dass Spitzwegs Bild gerade aufgrund des zwiespältigen Eindrucks, den es vermittele, seine «ganz außerordentliche Popularität» in Deutschland erlangt habe. Der mit allen Insignien der Armut ausgestattete Mann hält in der linken Hand ein Papierbündel – was er mit der rechten macht, ist auf dem relativ kleinformatigen Bild (36 × 44 cm) schwierig auszumachen. Er scheint *entweder* zu dichten und ein Versmaß laut zu skandieren, indem er Daumen und Zeigefinger zusammenführt wie ein Dirigent ohne Taktstock. *Oder:* Er scheint einen Floh zwischen diesen beiden Fingern zu zerdrücken, was eigentlich der Chitinpanzer eines Flohs nahezu unmöglich macht (Neukirch, S. 16). Für beide Auslegungen gibt es Argumente und Gegenargumente.[70] Man kann auch nicht zweifelsfrei erkennen, ob der Poet auf sein Papierbündel (ein noch nicht vollendetes Manuskript?) oder aber auf einen gefangenen – für die Betrachter unsichtbaren – Floh blickt. Die Kunsthistoriker haben sich mehrheitlich für Letzteres entschieden. Wie auch immer, ob der arme Poet sich anschickt, ein Gedicht zu verfassen oder einen Floh zu töten, das Bild lässt beide Deutungen zu. Damit nähert es sich den Darstellungen an, bei denen eine mehr oder weniger entkleidete Frau sich selber oder ihren Hund flöht. Der Eindruck des Vergeblichen, den jene Darstellungen hervorrufen, stellt sich auch bei Spitzweg ein. Diesem Manne ist nicht zu helfen, aber er scheint darüber nicht verzweifelt oder resigniert. Wie Terborghs Knabe ist Spitzwegs armer Poet eine Gestalt, die in einer bedenklichen oder bemitleidenswerten Lage ist. Das verbindet beide Personen mit den porträtierten Frauen, die sich oder ihre Hunde flöhen und dabei einem voyeuristischen Blick ausgesetzt sind.

24 Bilder vo*m* Flöhen 2 (La Tour und Čapek)

Unter den zahlreichen Bildern von flöhenden Frauen ragen zwei Werke besonders hervor: Georges de La Tours *Femme à la Puce* und Josef Čapeks *Blecha* (*Der Floh*).

Das Nachtbild von Georges de La Tour (1593–1652) ist um 1638 entstanden (Abb. 23). Es ist nicht signiert, nicht datiert und auch nicht betitelt. Ursprünglich wurde es sogar einem anderen Künstler zugeschrieben, nämlich dem Utrechter Gerrit van Honthorst (1592–1656), der gleichfalls der

Tradition Caravaggios verpflichtet war und sich wie La Tour als Maler von Nachtbildern einen Namen gemacht hatte. Honthorst hat in der Tat ähnliche Sujets bearbeitet, und dennoch sind seine Bilder von flöhenden Frauen gänzlich verschieden von der *Femme à la Puce.* Sie bedienen in weit größerem Ausmaß die männliche Schaulust, ja sie scheinen geradezu auf sie angelegt zu sein.

Abb. 23: Georges de La Tour: *Femme à la Puce.*

La Tours Bild zeigt eine nicht mehr ganz junge, halb entkleidete Frau, die sich offenkundig flöht. Sie sitzt auf einem Stuhl nahe bei einem anderen Stuhl, auf dessen lederner Sitzfläche eine schon merklich abgebrannte Kerze steht, die einen ansonsten kargen Raum ausleuchtet und in ein warmes, überwiegend karmesinrotes Licht taucht. Der zweite Stuhl ist verwaist, genauer: Er ist zweckentfremdet und dient jetzt als Podest des Kerzenhalters, bietet also keine Sitzgelegenheit mehr für eine weitere Person. Zusammen mit der kahlen Einrichtung des Zimmers verstärkt er den Eindruck, dass die Frau allein ist oder vielleicht sogar allein sein möchte. Sie trägt ein weites, weißliches Nachthemd, das offen ist und fast die ganze Brust sehen lässt. Im Längssaum befindet sich ein Band, mit dem das Hemd vorne zusammengebunden werden könnte. Stattdessen wird es wie zufällig ein wenig zusammengerafft durch die angewinkelten Arme und die aneinandergedrückten Hände der Frau, die einen Floh mit den Fingernägeln der Daumen knickt. Dieser Floh ist allerdings nur mit einer Lupe vor dem Original zu sehen – genau wie ein zweiter Floh, der auf Reproduktionen gar nicht erkennbar ist und den selbst die sich flöhende Frau noch gar nicht bemerkt zu haben scheint.[71] Sie hat die brennende Kerze nahe herangerückt, um genau wahrnehmen zu können, was sich da am Rande der Sichtbarkeit tut.

Die Frau ist barfuß. Ob La Tour mit dieser Darstellung seinem großen Vorbild Caravaggio folgen und eine Person niederen Standes aus ärmlichen Verhältnissen darstellen wollte, ist nicht erwiesen und auch nicht beweisbar. Es gibt Anzeichen, dass sie sich in einem Zimmer aufhält, das begüterten Leuten gehört. Darauf deuten der mit genageltem Leder bespannte linke Stuhl und der gedrechselte Kerzenleuchter sowie die kunstvoll gezimmerten Beine des rechten Stuhls. Die Frau selber kann dennoch eine Dienerin sein. Das wurde immer schon vermutet. Seit der Arbeit von Paulette Choné bestehen heute kaum noch Zweifel, dass hier eine Magd dargestellt ist. Sie trägt am linken Handgelenk ein Armkettchen aus Gagat.[72] Choné hat es als «bijou des pauvres» bezeichnet (S. 123) und als typischen Schmuck von Dienerinnen in der ersten Hälfte des 17. Jahrhunderts identifiziert (). Außerdem ist – wie noch auszuführen sein wird – unter den Fingern ebendieser linken Hand etwas sichtbar, das gleichfalls auf eine niedere soziale Herkunft hindeutet. Der ältere Titel für das Bild *La Servante à la puce* wäre demnach wohl präziser.

In der La Tour-Forschung sind auch Angaben über das Nachtgewand der Frau gemacht worden. Es entspricht genau der Kleidung, in der der Maler seine Lieblingsheilige Maria Magdalena dargestellt hat. Damit soll nicht gesagt sein, dass die Frau Maria Magdalena *ist*, wohl aber wird damit eine

Deutungsperspektive eröffnet, die dem Bilde zumindest auch eine religiöse Dimension zuspricht. Davon wird noch zu reden sein.

Ein Interpret des Bildes hat behauptet, dass er noch nie eine so unerotische Frau auf einem Bilde gesehen habe, die zugleich so feminin, jung und schön sei (Quignard, S. 64). Das ist ein Urteil von der Art, wie ich es oben im Kapitel über Fischarts *Flöh Haz* kritisiert habe (). Der Herausgeber Adolf Hauffen hatte ein Wort Fischarts übernommen, ihm aber eine etwas andere Bedeutung verliehen, indem er sich als genussfreudiger Connaisseur zu erkennen gab, der sich am pornographischen Vokabular Fischarts delektierte. Hier lässt ein Interpret sein Bedauern durchblicken, dass La Tour seine flöhende Frau nicht anzüglicher gemalt habe. Damit berührt er zwar durchaus etwas Zutreffendes; die Frau ist tatsächlich in einer «manière stricte, sans grande sensualité» (Pénet) dargestellt, aber gerade dadurch arbeitet der Künstler dem Eindruck von Schlüpfrigkeit entgegen – im Gegensatz zu anderen Malern, die sich einem ähnlichen Sujet zugewandt haben.[73] La Tours Frau ist in einem Moment extremer Intimität erfasst. Sie konzentriert sich allein auf ihre Hygiene, wobei dieser Begriff wie der der Diätetik allerdings im 17. und auch noch im 18. Jahrhundert weiter gefasst war (). Beide Begriffe jedenfalls umfassten nicht nur den Bereich der reinen Körperpflege – Flöhen und Knicken also gehörten gewiss zu dieser Pflege –, sondern auch die Erhaltung und Förderung geistiger und seelischer Gesundheit. Inwiefern und inwieweit diese bei der Frau in Mitleidenschaft gezogen oder infrage gestellt worden sind, lässt sich nicht zweifelsfrei erkennen. Irgendetwas scheint sie zu beschäftigen oder zu belasten. Die Interpreten und auch die Interpretinnen sind rasch bei der Hand gewesen, die semantische Lücke auszufüllen und Deutungen vorzuschlagen über das, was die Frau bedrücken könnte: ein harter Arbeitstag, ein Unglück, eine Verfehlung oder eine ungewollte Schwangerschaft. Deutungen dieser Art sollten nicht von vornherein denunziert werden; sie bleiben jedoch spekulativ, solange sie nicht durch zusätzliche Indizien gestützt werden können. Sie werden problematisch, ja sogar falsch, wenn es Indizien gibt, die ihnen widersprechen.

Greifen wir die am häufigsten vertretene Behauptung auf: Die Frau sei schwanger! Man hat sogar allen Ernstes erwogen, dem Bild den Titel «Reue nach der Verfehlung» oder «Die ersten Geburtswehen» zu geben (Thuillier, S. 94). Ob der Bauchumfang der Frau allerdings solche verwegenen Interpretationen rechtfertigt, muss bezweifelt werden. Zum einen wird dabei nicht genügend in Rechnung gestellt, dass sich das weibliche Schönheitsideal im Laufe der Jahrhunderte verändert hat. Im 17. Jahrhundert sind häufig Frauen mit einer vergleichbaren Körperfülle und mit Bauchansatz dargestellt worden, ohne dass sie darum als schwangere Personen gelten sollten – man denke an die Frauengestalten von Peter Paul Rubens, dem älteren Zeitgenossen La Tours, aber auch und vor allem an dessen eigene Gemälde.[74] Selbst wenn der Bauch der Frau für damalige Verhältnisse von der Norm abwiche und ungewöhnlich dick, nämlich *zu* dick wäre, so müsste er damit nicht unbedingt auf *andere Umstände* hindeuten; er könnte auch einem *ganz* anderen Umstand geschuldet sein. In früheren Kapiteln war schon die Rede von Franz Ernst Bruckmann (). Dieser fanatische Flohfeind hat in seiner *Curieusen Floh-Falle* den Bauch mehrfach als «Schlacht-Altar» gewürdigt, auf dem die «Frauensleute [...] die höchst-löbliche Gewohnheit haben / die Flöhe zu würgen» (S. 69). Ein solcher Hinrichtungsort für die Plagegeister sei zwar nicht so effizient wie die von ihm (Brückmann) selber propagierte Flohfalle, aber es sei doch hinlänglich und sogar sprichwörtlich bekannt, dass der Bauch sich für das Knicken besonders gut eigne, vorausgesetzt er sei «dick» und «hart». Ob Brückmann recht hat und ein Bauch wirklich hart genug sein kann, um als Unterlage beim Zerbrechen des Chitinpanzers eines Flohs zu dienen, ist bezweifelbar. Brückmanns Argumentation aber ist immerhin das Zeugnis eines Zeitgenossen La Tours. Als These bleibt sie indes so wenig hieb- und stichfest wie die Behauptung einer Schwangerschaft.

Dalia Judowitz hat behauptet, die Frau würde nicht nur einen Floh knicken, sondern zugleich auch beten. Das sei erkennbar an einem Anhängsel unterhalb des kleinen Fingers der linken Hand, das die Interpretin für das Ende eines Rosenkranzes hält (S. 70–73). Ich gebe zu, dass mich dieses Etwas unterhalb der linken Hand irritiert und zu einer Fahrt nach Nancy bewogen hat. Der Augenschein vor dem Original mit einem Vergrößerungsglas ergab zumindest so viel, dass die Frau nichts Hartes oder Festes in ihren Händen hält (Abb. 24). Vielleicht sollte es das ausgefranste Ende des erwähnten Bandes im Längssaum ihres Nachthemds sein? Dann hätte die brennende Kerze ihr Licht auf dieses Ende geworfen und einen Schatten erzeugt, der das Band unkenntlich gemacht hat.

Nach dem Studium kulturhistorischer Quellen über gängige Mittel der Flohbekämpfung neige ich jetzt allerdings mehr dazu, dass jenes Anhängsel zu einem «Flohflecken» () gehören könnte. Anders als die Flohfalle, die

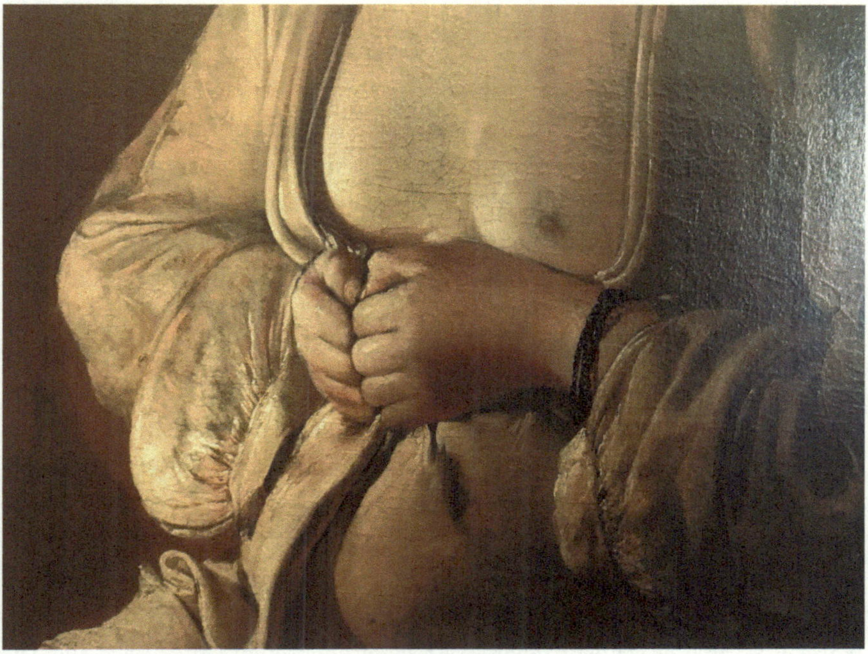

Abb. 24: Georges de La Tour: *Femme à la Puce* (Detail).

Brückmann in seinem Buch propagiert und abgebildet hat (Abb. 6), und anders auch als die von Sofonisba Anguissola (Abb. 3 und 4) und Hans Mielich gemalten Flohpelze (Abb. 5) wäre hier ein Gebrauchsgegenstand der billigsten Sorte abgebildet. Die Ärmeren unter der Bevölkerung trugen einen solchen Flohflecken «am Handgelenk, an einer Kette am Hals oder an der Schulter, damit die Flöhe sich darin verkrochen» und man sie dann leichter fangen konnte (Schmitz, S. 35). Eine solche Annahme würde zumindest die von Paulette Choné vertretene These von der niederen sozialen Stellung der Frau markant stützen. Meine Vermutung lässt sich neben die von Frau Judowitz stellen. Beide Hypothesen nämlich würden bestätigen, dass die Bekämpfung der Flöhe wie auch die religiöse Bußübung im Verborgenen stattgefunden haben und auch im Verborgenen stattfinden *sollten* (). Es kann gar nicht entschieden werden, ob hier ein Rosenkranz *oder* eine Flohfalle abgebildet ist. Abgebildet ist vielmehr die Unentscheidbarkeit, die Unsicherheit, die den Betrachter spekulieren lässt, was denn am Leib der Frau sich befinden könnte. Der Maler hat m. E. *gerade diese Verborgenheit zur Schau gestellt.*

Die Bekleidung der Frau mag kokett sein, die Person ist es nicht! Diese erweckt in keiner Weise den Eindruck, als wolle sie sich an frivolen Machenschaften beteiligen. Eher scheint sie für sich sein und mit sich ins Reine kommen zu wollen, und zwar körperlich wie seelisch. Dalia Judowitz spricht von einer «conflation of the flea and the rosary» (S. 74), d. h. von einer Verschmelzung von Floh und Rosenkranz. Offenkundig kennt sie das Œuvre La Tours, auch dessen religiöse Bilder und dessen Vorliebe für die Büßerin Maria Magdalena. Diese Heilige war geradezu die leibhaftige Verkörperung der Ambivalenz. Die berühmte *Legenda aurea* des Jacobus de Voragine berichtet von ihr, sie habe sich zeitweise «ganz der leiblichen Wollust» hingegeben und sei doch auch «erleuchtet im Geist von dem Licht vollkommener Erkenntnis» gewesen; Christus habe sie so geliebt, dass er sich ihr als Erster nach seiner Auferstehung offenbart habe (S. 473). Der Interpretin Judowitz ist die Magadalenen-Nähe auf dem Bilde La Tours ebenso wenig entgangen wie der konzentrierte Ernst der abgebildeten Frau. Das Gemälde ist kein religiöses Bild, aber es schließt religiöse Assoziationen nicht kategorisch aus. Die Frau ist ganz versunken in ihr Geschäft der Hygiene, bei der Flöhen und Beten, wiewohl ungleiche Tätigkeiten, doch beide gleichermaßen einen Platz finden. Pierre-Hippolyt Pénet ist jedenfalls zuzustimmen, der von einer Reinigung spricht, die den *ganzen* Menschen betrifft: «La purification du corps pourrait être ainsi une évocation de la purification de l'âme.»[75]

La Tours Bild fügt sich nur sehr bedingt in die lange Motivtradition der Geschichte Davids und Bathsebas (2. Samuel, 11. Kapitel) und der Historia von Susanna aus dem gleichnamigen apokryphen Buch. Dieser Bildtypus zeigt eine Frau, die bei einer intimen Tätigkeit (beim Bade, beim An- und Ausziehen oder eben bei der Flohjagd) von einem oder von mehreren Männern beobachtet und belästigt wird. Selbst wenn Männer nicht abgebildet sind, erscheinen jene Frauen doch von einem männlichen Maler mehr oder weniger kalkuliert dem Blick eines männlichen Bildbetrachters ausgeliefert. Neben dem schon erwähnten Honthorst wären hier Jacob van Campen (1596–1657), Giuseppe Maria Crespi (1665–1747), Jean Raoux (1677–1734) und Giovanni Battista Piazzetta (1682–1754) zu nennen. Von ihren Bildern soll hier nicht weiter die Rede sein. Nur ein einziges sei noch vorgestellt, das wie La Tours *Femme à la Puce* dem offenen oder verdeckten Voyeurismus *nicht* zuarbeitet. Es ist das Ölgemälde *Der Floh* (*Blecha*) des in Bergen-Belsen ermordeten Josef Čapek (1887–1945) aus dem Jahre 1916 (Abb. 25). Es befindet sich heute in der *Nordböhmischen Galerie der Schönen Künste* in Litoměřice. Wie auf dem Gemälde La Tours, aber auch auf anderen Bildern, die das Flöhen zum Thema haben, lässt sich hier nur mit großer Mühe ein Floh erkennen. Man sieht eigentlich nur einen winzigen schwarzen Fleck auf dem rechten Ellenbogen der abgebildeten Figur. Die bisherige Betrachtung von einschlägigen Gemälden lehrte, dass sich Flöhe schwer abbilden lassen, besonders wenn sie zusammen mit den Menschen dargestellt werden sollen, die sie stechen. Auch Čapek muss sich dieser Schwierigkeit bewusst gewesen sein. Andererseits hielt er sich auf seinem Bild nicht strikt an das tatsächliche Größenverhältnis von Floh und Mensch. Er, der zu den Gründungsvätern der tschechischen klassischen Moderne gehörte und Mitbegründer der Künstlergruppe *Skupina* gewesen ist, sah sich nicht mehr an eine realistische, allein der optischen Wahrnehmung verpflichtete Darstellungsweise gebunden. Sein Bild zeigt einen auf geometrische Formen reduzierten Menschen, augenscheinlich eine Frau, die wohl von einem Floh gebissen worden ist und sich vergeblich gewehrt hat. Insofern könnte man annehmen, dass ein Titel wie ‹Frau beim Flöhen› dem Bilde angemessen gewesen wäre. Der schlichte Titel *Der Floh* (*Blecha*)[76] aber rückt ins Zentrum, was auf dem Gemälde nur schwer zu erblicken ist. Weitgehend unsichtbar blieben die Flöhe auch auf den Bildern von van Leyden und Terborgh () wie auch bei La Tour (). Die von diesen Künstlern geschaffenen Werke tragen allerdings Titel, die erst *postum* festgelegt wurden und denen vor allem eine ‹indexikalische Funktion› (Tobias Vogt) zukommt. D. h., sie sollen nachträglich die Bilder beschreiben und dadurch identifizierbar, von anderen Bildern im Œuvre der Maler unterscheidbar machen. Bei Čapek hingegen geht der Titel nach Auskunft der Museumskustodin von Litoměřice, Frau Alena Beránková, auf den Künstler selber zurück. Das Faktum der Authentizität des Titels wie auch die Wahrnehmung der Diskrepanz zwischen diesem und dem auf dem Bild Dargestellten mögen zunächst einmal irritieren, aber sie erst eröffnen den Zugang zu Čapeks Gemälde, das unstreitig zusammen mit La Tours *Femme à la Puce* zu den bedeutendsten Floh-Bildern in der europäischen Kunstgeschichte gehört. Čapeks *Blecha* ist beides: ein Bild vom Flöhen und auch und vor allem eines vom Floh.

Abb. 25: Josef Čapek: *Blecha* (Der Floh).

Der immer noch in Westeuropa zu wenig bekannte Čapek hat sich früh für die Malerei El Grecos und die kubistischen Bilder Picassos begeistert und maßgeblich dazu beigetragen, dass sich in und um Prag ein so genannter Kuboexpressionismus entwickelt hat. Die Herausgeber des Bandes *Frühling in Prag* behaupten, Čapek habe

> einen künstlerischen Kosmos geschaffen, der zwar mit der häufig bei ihm zu findenden Mehransichtigkeit Elemente des Kubismus übernimmt, diese jedoch in eine ganz eigene Ausdrucksform und Weltanschauung transferiert. Seine Bilder zeigen einen spielerischen und übersteigerten Konstruktivismus, der sich eine kindliche Freude an der Mechanizität von Automaten oder Gliederpuppen bewahrt hat (Fabritius/Hagedorn, S. 25).

Čapeks *Floh* strahlt allerdings nicht gerade «kindliche Freude» aus; das Gemälde vermittelt eher den Eindruck von Leid und Trauer. Stilistisch knüpft es an expressionistische und kubistische Tendenzen der Malerei des 20. Jahrhunderts an, setzt sich aber obendrein mit der Tradition der früheren Floh-Darstellungen in Wort und Bild auseinander. Der Floh ist bei Čapek nicht als ein Übeltäter erkennbar, und er ist auch keine Beute des Menschen: Die Frau greift mit keiner ihrer Hände auch nur in die Nähe des Tiers. Dieses ist ein leidfähiges, ein leidendes Geschöpf wie der Mensch. *Darum* können Floh und Frau jetzt *ununterscheidbar* werden. Der Menschenfloh trifft auf den Flohmenschen. Die Verschmelzung von Tier und Mensch wird durch die Verformungen, besonders aber durch die Farben kenntlich. Unstreitig war Rot eine Lieblingsfarbe Čapeks. Es gibt zahlreiche Ölbilder von ihm, auf denen diese Farbe dominiert, doch unterscheiden sich die von dem Maler verwendeten Rottöne zum Teil sehr deutlich voneinander. Hier, auf dem Bild *Der Floh*, gibt es zwei schwarze Stellen: den Fleck auf dem Ellbogen und die langen Haare der Frau; alle anderen Flächen werden von einem dunklen Rot eingenommen, das an verkrustetes Blut erinnert, und von einem Weiß, das an eine sehr bleiche Haut denken lässt. Beide Farben legen nahe, dass der ganze Körper der Frau eine einzige Wunde darstellt, die zwar nicht mehr blutet, wohl aber als späte Folge einer heftigen Verletzung gedeutet werden kann. Die Farbe des vertrockneten Bluts mischt sich mit dem Weiß, so dass der Eindruck entsteht, die Person sei dem Tod nahe oder bereits gestorben. Für eine solche Vermutung spräche nicht nur, dass der Körper der Frau bereits kristalline, eben kubistische Formen angenommen hat, sondern auch und vor allem die provozierende Entscheidung des Malers, sein Bild *Der Floh* zu nennen und gleichzeitig auf eine akribische Darstellung eines solchen Tiers zu verzichten. Flöhe nämlich – schon La Perrière wusste es () – verlassen fluchtartig den Körper, sobald dieser kalt geworden und die Wirtsperson gestorben ist. Čapek hätte demnach das Kunststück fertiggebracht, etwas Unsichtbares sichtbar gemacht zu haben. Er hätte das *Verschwinden* gemalt! Damit hätte er den alten etymologischen Zusammenhang von ‹Floh› und ‹Fliehen› bestätigt () und sich zugleich mit seinem Gemälde in die Nachbarschaft von La Tours *Femme à la Puce* gestellt. Auch dort herrschte ein Rot vor, aber es war die Farbe von warmem, frischem Blut. Die Frau ging der Hygiene nach, die nicht auf eine Verbesserung ihres Aussehens zielte, sondern der Erhaltung und Förderung ihrer leiblichen und geistigen Gesundheit galt. Was sie auch belastet und bedrückt haben mag, es erschien behebbar, und das Knicken und das Beten versprachen Besserung, Gesundung oder Reinigung, was auch immer. Bei Čapek hingegen sind derlei Aussichten unwahrscheinlich geworden. Sein mitten im Ersten Weltkrieg entstandenes Gemälde ist ein Bild in den Farben des Untergangs: Der Floh ist nicht mehr saugend und stechend; er ist aufgesogen von der Figur, die nicht mehr knickend ist, sondern geknickt. Damit ist das Ende des Flohs vorgezeichnet; er wird sterben und vielleicht sogar *aus*sterben. Da er und seine Wirtin ununterscheidbar geworden sind, gilt die Prognose für beide Geschöpfe: *Dieses* Rot in Čapeks *Floh* verspricht auch dem Menschen alles andere als eine rosige Zukunft.

Meisterwerke der Flohsammlung

25 Schrecklich, schön, erhaben: das Phantom eines Flohs (nochmals Hooke und vor allem Blake)

Robert Hookes Buch war 1665 in London erschienen – also just in dem Jahr, als die Bewohner der Stadt die schlimmste Pestepidemie seit Menschengedenken zu überstehen hatten. Das Werk trug den schon erwähnten Untertitel: *Physiologial Descriptions of Minute Bodies Made by Magnifying Glasses with Observations and Inquiries thereupon.* Zu diesen «Minute Bodies» zählte Hooke auch den Körper des Flohs, den er durch «Magnifying Glasses» unzählige Male betrachtet und immer wieder gezeichnet hatte, bevor er ihn in Kupfer stechen ließ. Seinem solchermaßen vergrößerten Floh sprach er neben der Stärke auch Schönheit zu, womit er zweifellos seine Zeitgenossen irritiert haben muss (). Hooke hielt indes die beiden Attribute für gerechtfertigt, weil er den vollkommen zweckmäßigen Körperbau dieses Insekts bewunderte, der sich ihm unter dem mikroskopischen Blick erschlossen hatte. Das Tierchen bedachte er mit dem Attribut des Schönen; es erschien ihm als ein außerordentliches kunstvolles Produkt, das ein göttlicher Handwerker oder Uhrmacher hergestellt haben musste.

In Hookes Buch ist aber Schönheit nicht bloß als vollkommene Zweckmäßigkeit gefasst. Sie wird noch in anderer Weise verstanden, und zwar geschieht dies am deutlichsten bei der Besprechung der Ameise. Letztere bereitet – so Hooke – dem Mikroskopisten besondere Mühe, denn sie entziehe sich fortwährend ihrer Erfassung. Sie sei

> viel schwieriger zu zeichnen als alle anderen, denn ich konnte eine gute Weile nichts ersinnen, was bewirkt hätte, dass sie in ihrer natürlichen Stellung verharren würde [...]. Wenn ich sie aber tötete, dann verunstaltete ich ihr Körperchen, bevor ich sie ganz genau betrachten konnte: denn das ist die Eigenart dieser winzigen Lebewesen,

> dass fast immer ihre Gliedmaßen schrumpfen und ihre Schönheit vergeht, vom Augenblick an, da man ihnen das Leben nimmt (S. 203; Übersetzung U. St.).

Schönheit wird hier unabdingbar an Lebendigkeit geknüpft. Zugleich betont Hooke, dass sie etwas sehr Flüchtiges an sich habe: Sie existiere bei Lebewesen, welche tödlich bedroht seien; mit dem Tode selber aber «vergeht» sie. Dieser Zusammenhang gilt nicht nur für die Ameise, sondern auch, und vielleicht noch in höherem Maße, für den Floh. Dessen Leben und dessen Schönheit bilden bei Hooke eine höchst fragile Einheit.

Die Vorstellung vom Schönen als einem ephemeren Zusammenhang widerstreitender Momente findet sich nicht nur in der *Micrographia.* Sie ist auch in Werken präsent, bei denen es gar nicht um die Würdigung eines Insekts ging. Walter Benjamin etwa, der in seiner Erkundung der ‹nicht mehr schönen Künste›[77] dem Ursprung des deutschen Trauerspiels nachforschte, hat sich auf jene Konzeption berufen. Er hielt es für «fraglich», ob eine Schönheit, die nur daure und nicht auch zu entschwinden drohe, überhaupt als eine solche bezeichnet werden dürfe (Bd. I.1, S. 357). Benjamin beließ es nicht nur bei dieser Behauptung, sondern suchte sie auch in seinen Arbeiten rund um sein *Passagen*-Projekt zu erhärten. Darin fasste er Paris als die ‹Hauptstadt des 19. Jahrhunderts›, und der Autor Charles Baudelaire (1821–1867) diente ihm als zentrale Autor-Figur und als Wegbereiter der ästhetischen Moderne. Mehrfach hat er sich dabei auf das Sonett *A une Passante* bezogen, das ihm als eines «von den berühmtesten Stücken der *Fleurs du mal*» erschienen ist (Bd. I.2, S. 547 und 622). Das flanierende Ich schildert eine nur für einen kurzen Moment wahrgenommene Frau, die wie ein Blitz in der Finsternis verschwindet. Ich zitiere hier die deutsche Prosaübersetzung des Gedichts von Friedhelm Kemp und verweise auf das französische Original im Anhang.[78]

> An eine, die vorüberging
>
> Betäubend heulte die Straße rings um mich. Hochgewachsen, schlank, in tiefer Trauer, hoheitsvoller Schmerz, ging eine Frau vorüber: Üppig hob und wiegte ihre Hand des Kleides wellenhaften Saum;
>
> Leicht und edel setzte sie wie eine Statue das Bein. Ich aber trank, im Krampf wie ein Verzückter, aus ihrem Auge, einem fahlen, unwetterschwangeren Himmel, die Süße, die betört, die Lust, die tötet.

> Ein Blitz … und dann die Nacht! – flüchtige Schönheit, von deren Blick ich plötzlich neu geboren war, soll ich dich in der Ewigkeit erst wiedersehen?
>
> Anderswo, sehr weit von hier! zu spät! *niemals* vielleicht! Denn ich weiß nicht, wohin du enteilst, du kennst den Weg nicht, den ich gehe, o du, die ich geliebt hätte, o du, die es wußte! (Baudelaire/Kemp, S. 199)

Es ist eine Liebe auf den ersten und zugleich auf den letzten Blick, denn der Flaneur wird diese Frau wohl nie wiedersehen. «Un éclair … puis la nuit! – fugitive beauté» (S. 198). Für Benjamin verdankt sich diese Liebe unter einem «fahlen, unwetterschwangeren Himmel» (S. 199) der Menschenmenge in der Großstadt Paris.

Die von Baudelaire beschworene Schönheit als flüchtige, nur kurz aufscheinende ist ganz allgemein zu einem Kennzeichen der gesellschaftlichen und ästhetischen Moderne geworden, wie etwa Michael Gamper gezeigt hat. Besondere Bedeutung kam dieser bloß aufblitzenden Schönheit in der Bildenden Kunst und in der Poesie des 20. Jahrhunderts zu. Heimito von Doderer hat auf sie angespielt in zwei Versen, die seinem Hauptwerk *Die Strudelhofstiege* programmatisch vorangestellt sind:

> Viel ist hingesunken uns zur Trauer
> Und das Schöne zeigt die kleinste Dauer.

Unabhängig von Doderer haben Lyriker ganz verschiedener Provenienz den Moment des Verschwindens als zusätzliches Merkmal großer Dichtungen festgehalten. Emily Dickinson (1830–1886) behauptete in einem kurzen Gedicht und daher in zugespitzter und apodiktischer Formulierung:

> To see the Summer Sky
> Is Poetry, though never in a book it lie –
> True Poems flee –.

In der Übersetzung Gunhild Küblers:

> Den Sommerhimmel sehn
> Ist Poesie, mag sie auch nie in Büchern stehn –
> Echte Gedichte fliehn –. (S. 456 f.)

Besonders nachdrücklich aber sei hier auf eine andere Zentralfigur der klassischen Moderne hingewiesen, den russischen bzw. sowjetischen Dichter Ossip Mandelstam (1891–1938). Er fand für die flüchtige Existenzform der Poesie ein einprägsames Bild:

> Poetische Sprache [...] ist nie endgültig ‹befriedet›, in ihr brechen nach vielen Jahrhunderten alte Zwiste auf: Sie ist der Bernstein, in dem die vor Urzeiten vom Harz umschlossene Fliege noch immer summt – der Fremdkörper lebt noch in der Versteinerung weiter (S. 179 f.).

Die in Bernstein eingeschlossene Fliege gleicht dem Floh, der vor Urzeiten sich vergeblich aus dem klebrigen Harz hatte befreien wollen (). Mandelstams Charakteristik erinnert obendrein an die Vision des lyrischen Ichs von dem in schwarzem Bernstein eingeschlossenen Paar bei John Donne ().

Was diese poetischen Bilder sinnlich vor Augen führen, wurde schon in Poetiken und Ästhetiken des 18. Jahrhunderts theoretisch erörtert. Das kann hier nur angedeutet werden. Die flüchtige Einheit widerstreitender Momente galt für unterschiedliche Konzeptionen des Schönen, aber auch des Erhabenen, das erst nach dem Erscheinen von Hookes *Micrographia* durch Nicolas Boileaus Übersetzung der Pseudo-Longin-Schrift *Über das Erhabene* im Jahre 1674 theoretische Beachtung fand (). Das Hässliche hingegen, das dem Erhabenen nahestand, wurde in ästhetischen Abhandlungen zunächst überhaupt nicht gewürdigt und schien sich nur auf Unförmiges und Formloses zu beziehen. Es galt als kunstfremd, da es den Eindruck des Schrecklichen und Schmerzlichen auslöste. Autoren wie Edmund Burke, Immanuel Kant und Friedrich Schiller, aber auch Karl Grosse, hielten sich vor allem an das Schöne und das Erhabene; sie betonten allerdings immer auch den Unterschied zwischen den beiden ästhetischen Begriffen. Schiller fand für das Gemeinsame wie für die Differenz die Formel: «Das Erhabene verschafft uns [...] einen Ausgang aus der sinnlichen Welt, worin uns das Schöne gern immer gefangen halten möchte» (S. 799). Er gestand damit ein, dass das Erhabene wie das Schöne dem Betrachter, wenn auch auf unterschiedliche Weise, zusetzen. Er und andere bestanden überdies darauf, dass den beiden Begriffen verschiedene Geltungsbereiche zugewiesen werden müssten. Das Erhabene wurde mit dem Großen, das Schöne mit dem Kleinen in Verbindung gebracht. Der Floh als ‹minute body› kam darum eher für das Schöne als für das Erhabene in Betracht. Da er sich aber mithilfe der optischen Gläser Hookes in staunenswerter Größe präsentieren ließ, verwies er zugleich auf, ja über die Grenzen der sinnlichen Natur des Menschen und lenkte die Betrachter auf ihre moralische, d. h. vernünftige Natur. Hookes vergrößerter Floh konnte so auch das Gefühl des Erhabenen auslösen. Wie immer man aber den schönen und zugleich erhabenen Floh einschätzte, eine jüngere Generation war der Überzeugung, dass es Hooke nicht wirklich gelungen sei, den Floh ästhetisch und moralisch zu würdigen.

Zu dieser neuen Generation gehörten der Dichter und bildende Künstler William Blake (1757–1827) und der Jurist, Romanautor, Komponist und Zeichner E. T. A. Hoffmann (1776–1822). Beide beschäftigten sich exakt zur gleichen Zeit, nämlich um 1820, mit dem Floh; beide kannten seine vergrößerte Abbildung aus der *Micrographia* oder aus der *Mikroskopischen Gemüths= und Augen=Ergötzung* Ledermüllers (). Beide missbilligten es, dass Hooke und erst recht seine Nachfolger die Flöhe auf dem Objekttisch der optischen Gläser *hingerichtet* hatten (in der doppelten Bedeutung des Wortes!) und dass sie obendrein noch behaupten konnten, die Schönheit der sterbenden Tierchen aufgedeckt zu haben. Beide waren künstlerische Mehrfachbegabungen und versuchten als bildende Künstler und als hochgradig phantasiebegabte Poeten Hookes Darstellung durch eine auf Imagination und intuitiver Schau beruhende Schöpfung zu überbieten. Sie sahen sich mit der Aufgabe konfrontiert, ein nahezu oder sogar gänzlich Unsichtbares sichtbar zu machen. Freilich schlugen sie dabei verschiedene Wege ein. Vom *Meister Floh* soll im folgenden Kapitel die Rede sein, hier sei nur so viel vorausgeschickt, dass Hoffmann, anders als Blake, vor allem moralische Einwände gegen die Mikroskopisten und ihre Anhänger vorbringen sollte.

Hooke hatte durchaus eingestanden, dass die Resultate seiner Beobachtungen durch andere Forscher mit anderen und besseren Gläsern verbessert werden könnten. Er war sich allerdings sicher, dass er *den* Floh so erfasst habe, dass dessen Stärke und dessen Schönheit im Kupferstich und durch den Textkommentar sinnfällig geworden seien. Blakes und Hoffmanns Darstellungen unterscheiden sich radikal und in grundsätzlicher Weise von der *Micrographia* Hookes.[79] Statt Abbilder von etwas Vorfindlichem zu entwerfen, schuf Blake eine neue Wirklichkeit, die sich vor allem der Verunsicherung des Rezipienten verdankte. Sein Gemälde *The Ghost of a Flea* ist ein Werk der gegenständlichen Malerei und überfordert nichtsdestoweniger das

Abb. 26: William Blake: *The Ghost of a Flea.*

sinnliche Wahrnehmungsvermögen (Abb. 26). Man erblickt ein unbekanntes, seltsames Ungeheuer mit Stiernacken, einem athletischen Oberkörper und muskulösen Armen und Beinen. Sein Äußeres gleicht mitnichten einem

Floh; mit dessen Figur hat es herzlich wenig gemeinsam, wenn man von der Mundpartie absieht, die Ledermüller mit dem Schnabel eines Sperlings (1763, S. 43) verglichen hatte. Man könnte diese Figur eher als Phantom eines Flohs bezeichnen. Mit ihrer herausgerollten Zunge und den Stielaugen erscheint sie zunächst vor allem hässlich; sie attackiert, ja verletzt. Je länger sich der Betrachter jedoch mit dem Gemälde beschäftigt, desto mehr verflüchtigt sich diese Wirkung. An die Stelle des Hässlichen rückt etwas, das Blake selber wohl «erhaben» genannt hätte, was für ihn «a term of the highest praise» gewesen ist (Blunt, S. 16). Der Eindruck schwankt jedoch zwischen Erhabenheit und Schönheit, und dieses Schwanken verdankt sich der Malweise des Bildes und vor allem der Schwierigkeit des Bildbetrachters, die Größenverhältnisse in dem Gemälde einschätzen zu können. Der Künstler war bekannt für seine Vorliebe für kleine Formate. Das Bild *The Ghost of a Flea* bestätigt diese Vorliebe: Es ist eine Miniatur. Als eine solche bezieht es sich immer schon auf etwas Größeres (Lehnert/Weilandt, S. 9). Ob dieses Größere in der Phantasie noch zusätzlich vergrößert wird, oder aber ob das Gemälde die Kategorie von Größe ganz generell destruiert, ist schwer zu entscheiden. Überhaupt häufen sich bei längerer Betrachtung des Bildes Unklarheiten und Ungereimtheiten. Besonders krass macht sich der Gegensatz zwischen der furchterregenden Figur und der geradezu erlesenen Farbgebung des Bildes bemerkbar. Der Maler hat Temperafarben auf Mahagoniholz aufgetragen und für die Lichteffekte eine Folie aus einer veritablen Gold-Silber-Legierung unterlegt, um die Sterne, aber auch die Vorhangfalten, den Fußboden und den Körper der zentralen Figur zum Leuchten zu bringen. Vor allem das Gold, die traditionell edelste Materie, stellt die Hässlichkeit der Figur infrage und rückt diese in die Nähe von Schönheit und Erhabenheit. Es ist zwar behauptet worden, dass Tierkörper niemals erhaben sein können (Grosse, S. 294), aber es ist höchst zweifelhaft, ob die Figur im Zentrum von Blakes Gemälde überhaupt als ein Tier bezeichnet werden kann. Sie ist jedenfalls sicher kein Floh; sie hat zwei Beine und zwei Arme und geht aufrecht wie ein Mensch. Die Extremitäten gleichen indes eher den sichelförmigen Krallen eines Flohs, die Hooke drastisch vor Augen geführt hatte (Abb. 7). Auch der Kopf erinnert ein wenig an einen Floh, und zwar an dessen Profil mit dem Mundtaster und dem Saugrüssel. Blake hatte solche Flohähnlichkeit in Vorzeichnungen geübt, wie das Skizzenbuch seines Freundes und Schülers John Varley (1778–1842) verrät, aber er hat solcher Ähnlichkeit gleichzeitig entschieden entgegengearbeitet. Die spitzen Ohren ähneln denen eines Esels oder eines Satyrs und könnten – wie die der arabesken Köpfe auf den Umschlagseiten der Erstausgabe von Hoffmanns *Meister Floh* (Abb. 27 und 28) – auf eine satirische Funktion der Figur hindeuten.[80] Noch mehr aber erinnern sie an die kleinen, geschwungenen Flügel am Hut oder Helm Merkurs, der als Bote und als Gott der Händler und Diebe für schnelle Funde und Gewinne sorgen soll. Einem Menschen oder einem Floh lassen sich diese Ohren schwerlich zuordnen, es sei denn, man sieht in ihnen eine Anspielung auf die Redensart, wonach man die Ohren spitzen müsse, um Flöhe husten zu hören. Vielleicht nämlich hustet oder keucht jenes hässlich-erhaben-schöne Ungeheuer, weil es seine Gier nicht kontrollieren kann?

Die Haare sind gleichfalls rätselhaft. Bilden sie einen Zopf? Sind es überhaupt Haare, oder sieht man eine entblößte Wirbelsäule? Als eine solche würde sie von Ferne auch an die übereinandergeschichtete und bewegliche Chitinpanzerung eines Flohs erinnern. Sofern es aber Haare sind, könnten ihre goldbraune Farbe und ihre Länge ein soziales Symbol oder ein Märchenzitat sein und auf «Lebenskraft», aber auch auf «Außenseitertum und Ausgestoßensein» sowie auf einen «Zustand der inneren und äußeren Vereinsamung» hindeuten (Tiedemann, S. 30 und 118).

Ganz und gar ‹unflöhisch› ist die Gangart. Die nackte Figur hüpft nicht; eine Fähigkeit zum Hüpfen ist nicht einmal angedeutet. Sie scheint etwas im Schilde zu führen; mit der rechten Hand oder Klaue verbirgt sie etwas. Sie wird eingerahmt durch einen nach links außen und rechts außen gerafften Vorhang, der in der Bildmitte die Sicht auf einen Ausschnitt des Nachthimmels mit einem Kometen freigibt. Von den vier Sternen sind drei im Himmel platziert; der vierte hingegen leuchtet *auf* dem Vorhang. Ob er durch diesen hindurchscheint oder aber zum Muster des Vorhangstoffs gehört, lässt sich nicht entscheiden. In jedem Fall bleibt das Verhältnis der Figur zum Hintergrund unklar. Sie kommt nicht aus der Tiefe des Raums, macht sich auch nicht bemerkbar, wie ein Schauspieler eine Bühne betreten würde, sondern scheint ungefähr auf Höhe des geöffneten Vorhangs vorbeizuschreiten. Wenn Sterne und Figur gleich weit vom Bildbetrachter anzusiedeln wären, dann könnten beide gemeinsam auch ein Sternbild vorstellen. Wie immer man die Figur verortet, ihre Größe schwankt gewaltig – je nachdem, welche Parameter man heranzieht. Hält man sich an die Flohähnlichkeit, dann überträfe die Figur zwar drastisch die Größe eines veritablen Flohs, bliebe aber deutlich kleiner als die Flohabbildung bei Hooke. Berücksichtigt man das kleine Format des Bildes und die Ähnlichkeit der Figur mit einer menschlichen Gestalt, dann besäße diese die Größe eines ungeschlachten Riesen. Sieht man hingegen ein didaktisch aufbereitetes Sternbild in der Figur, so würde diese wahrhaft unermessliche, astronomische Dimensionen für sich beanspruchen. Ob das Gemälde einen Blick ins Weltall gestattet oder aber den Hintergrund eines von Menschen gemachten und bemalten Bühnenbilds zeigt, lässt sich nicht entscheiden. Die Unsicherheit, ja Unmöglichkeit der Einschätzung von Größe überträgt sich von der Zentralfigur auf die Ränder des Bildes. Das Gefäß in der linken Hand ist unbestimmbar groß; damit wird auch unbestimmbar, *was* es darstellen soll: einen Korb, eine Schüssel oder eine Tasse? Ist es leer, oder enthält es etwas, das die Gier des Ungeheuers erregt, wie die Zunge und das linke Glubschauge vermuten lassen? Ist es mit Blut gefüllt, wie manche Interpreten in der Nachfolge Varleys meinen? Dann könnte es ein Hinweis auf die Nahrung eines Flohs sein. Allein, die Figur ist ja nicht einfach ein Floh! Insofern bleibt nichts anderes übrig, als zu konstatieren, dass man über den Gefäßinhalt nichts Sicheres aussagen kann. Was immer darin enthalten sein mag und worauf sich auch immer der begehrliche Blick des Ungeheuers richtet, dieses müsste nicht auf das Objekt seiner Begierde zugehen, sondern könnte es allein schon mit dem linken Arm zum Munde führen. Durch Gehen allein ließe sich der Abstand zwischen dem Gefäß und der Zunge nicht verringern! Gang, Gestik und Mimik der Figur erhalten so etwas Stilisiertes, das allein der Ausfüllung, Realisierung und Visualisierung eines Sternbilds geschuldet zu sein scheint. Ob die vier trapezförmig angeordneten Sterne, deren hellster mit dem Kopf des Kometen zusammenfällt (oder aber sein Licht durch diesen hindurchdringen lässt), überhaupt ein *bestimmtes* Sternbild darstellen, bleibt gleichfalls offen. In der Geschichte der Astronomie gab es kein Sternbild des Flohs, wohl aber eines, das ‹Mikroskop› und eines, das ‹Teleskop› genannt wurde. Beide weisen aber eine ganz andere Konstellation auf. Mir jedenfalls ist es nicht gelungen, das Trapez mit einem bekannten Sternbild zu identifizieren. Am ehesten ließen sich die vier Sterne noch als der schwanzlose Körper des Großen Bären oder als Teil des Orion fassen. Es wäre allerdings verwunderlich, wenn Blake hier deskriptiv verfahren wäre; sein Gemälde ist ja offenkundig keinem Abbildrealismus Hooke'scher Prägung verpflichtet. Nur so viel ist sicher: Blake zeigt zwei verschiedenartige Himmelskörper: einerseits Planeten oder aber Sterne, die möglicherweise ein Sternbild bilden, also eine relativ fixe Konstellation darstellen,[81] und andererseits einen auftauchenden und dann rasch wieder verschwindenden Kometen. Dauer und Vergänglichkeit wären dann hier enggeführt, so dass Blakes kleines Gemälde auch als Sinnbild des ewigen Verschwindens verstanden werden könnte.[82]

Als vorläufiger Befund ist festzuhalten, dass sich die Bildelemente keineswegs der physiognomischen Ähnlichkeit mit einem Floh verdanken. Ihre Zusammenstellung wirkt zufällig, hat aber dennoch einen ganz bestimmten Effekt: Sie stößt uns an die Grenzen unseres Wahrnehmungsvermögens. Weil die Gegenstände und das tierisch-menschliche Lebewesen allem Anschein nach beziehungslos und zugleich dicht aneinandergerückt sind, wird es schwierig, ja unmöglich, sie zu deuten, und gleichwohl werden die Betrachter zu waghalsigen Spekulationen über das Bild und seine Bestandteile provoziert. Diese Erfahrung musste auch ich machen, wie die Fragezeichen und die obigen Interrogativ- und Konjunktivsätze verraten.

2006 wurde das Gemälde in der *New York Times* als das «ziemlich seltsamste und sicherlich gotischste Werk» von Blake bezeichnet.[83] ‹Gotisch› war damals und ist auch heute noch ein vielfach strapazierter Ausdruck. In der zweiten Hälfte des 18. Jahrhunderts hatte das Wort, nicht zuletzt durch Moses Mendelssohn (1729–1786), zusätzliche Bedeutungsnuancen erhalten. In der Schrift *Über die Empfindungen* von 1755 verwendete es der Philosoph und Ästhetiker in deutlich abwertendem Sinne. Eine Ansammlung heterogener Lebewesen und Gegenstände, wie sie in Blakes Bild vorliegt, hätte er zweifellos als ‹gotisch› bezeichnet wegen ihrer «allzuverwickelten Ordnung» (S. 58). Das «Allzuverwickelte» habe zu wenig oder aber gar keine Ordnung; ihm mangle es an Vollkommenheit. Für den Aufklärer Mendelssohn konnte es nichts Erstrebenswertes sein. Dem mehr als eine Generation jüngeren Blake hingegen musste gerade eine solche Verwickeltheit besonders attraktiv erscheinen. Die Fülle divergierender Empfindungen, die sie hervorrief, sicherte seinem Bilde etwas Geheimnisvolles, auf das er offenkundig Wert legte, wie die Komposition und der Titel des Gemäldes (*Ghost of a Flea*) bekunden.

Zu Blakes Lebenszeit wurde viel über Geister oder Gespenster spekuliert. Man stritt sich heftig über ihre Existenz, ob sie sichtbar sind, ob sie einem Einzelnen oder gar einer Menschenmenge gleichzeitig erscheinen können oder ob man sie unter ganz bestimmten Umständen herbeirufen könne. Das Übermaß an Befremdlichem in Blakes Bild hat dazu geführt, dass man zu sehr den Angaben vertraute, die der Aquarellmaler und Astrologe John Varley (1778–1842), ein Freund und Verehrer Blakes, hinterlassen hatte. Dieser ein wenig naive und zugleich geltungssüchtige Gespensterliebhaber hat die Rezeption des Gemäldes bis in unsere Gegenwart maßgeblich bestimmt, und zwar nicht zu dessen Vorteil. Bei der Identifizierung der Bildelemente haben ihm viele Interpreten eine Deutungshoheit zugesprochen, um das Unklare und Widersprüchliche des Bildes möglichst rasch aus der Welt schaffen zu können.

Dieser Weg soll hier nicht eingeschlagen werden. Es ist vielmehr ein Exkurs notwendig, der sich nur *scheinbar* vom *Ghost of a Flea* entfernt. In Wahrheit wird er zeigen, dass der Visionär Blake um 1820 einem Geheimnis auf der Spur war, das erst am Ende des 19. Jahrhunderts in der naturwissenschaftlichen Forschung entschlüsselt werden konnte.

Blake versuchte mit und in seinem Bilde etwas Übersinnliches darzustellen, was zugleich sinnlich wahrnehmbar sein sollte. Sichtbar waren und sind Einzelheiten, aber ihr unklares Verhältnis zueinander verweist nahezu zwangsläufig auf etwas Unsichtbares, ja stellt etwas Unsichtbares allererst her. Man weiß nicht, *was* sie bedeuten, ja man ist sich nicht einmal sicher, ob ihnen überhaupt Bedeutung zukommt. Ihr intrikates Verhältnis zum Sichtbaren teilen sie mit dem, was im Titel ‹Ghost› heißt. Auch Gespenstern wird nachgesagt, dass sie sinnlich wahrnehmbar seien – sie werden ja oft auch als ‹Erscheinungen› bezeichnet –, und trotzdem werden sie mit Recht als übersinnlich eingestuft. (Shakespeares Hamlet hört seinen Vater rufen und reden, obwohl dieser ja ermordet wurde!)

Schon der Titel von Blakes Gemälde weist auf eine vergleichbare Kombination des Sinnlichen mit dem Übersinnlichen hin. Zusätzlich muss irritieren, dass der Maler nicht den Geist eines Menschen (etwa den des verstorbenen Königs von Dänemark oder den der berüchtigten ‹weißen Frau›) ankündigt, sondern den eines *Flohs.* Man kann sich noch vorstellen, dass ein Insekt ‹den Geist aufgibt›. Damit wäre zum Ausdruck gebracht, dass es stirbt, dass es erledigt ist. Hier aber ist nichts erledigt und nichts geklärt – selbst dann nicht, ja gerade dann nicht, wenn man das dazugehörige Bild vor Augen hat.

Unklar ist auch noch, wer oder was überhaupt als «Ghost of a Flea» infrage kommt. Eine naheliegende Antwort wäre: die Figur im Zentrum des Gemäldes, denn sie ist weder Tier noch Mensch, oder besser: sie ist Tier und

Mensch zugleich und erweist sich damit als ein Wesen oder Unwesen, dessen Seins-Status sich nicht fassen lässt. Freilich: Etwas Unfassbares ist nahezu allen Gegenständen auf dem Bilde eigen. Es verdankt sich hauptsächlich der Anhäufung von Bildelementen, die untereinander so gut wie keinen einschätzbaren Abstand aufweisen und daher ihre Bedeutung nicht frei entfalten können. Sie schaffen gleichwohl einen unsichtbaren Hohlraum, und dieser Hohlraum *ist* das Gespenst eines Flohs.

Dass selbst ein *leibhaftiger* Floh etwas Gespenstisches an sich hat, lässt sich kaum leugnen. Er ist im Prinzip sichtbar, zugleich aber ist er ein Meister in der Kunst, sich unsichtbar zu machen: Sobald man ihn entdeckt hat, ist er auch schon verschwunden. Seine geringe Körpergröße erschwert seine Thematisierung in der Bildenden Kunst, so dass die Künstler, statt den Floh darzustellen, auf den Menschen auswichen, der sich flöhte ( ). Das intrikate Verhältnis dieses Insekts zwischen Sichtbarkeit und Unsichtbarkeit dürfte Blake nicht entgangen sein. Er stellte sich die anspruchsvolle Aufgabe, etwas nahezu Undarstellbares darzustellen. Dass er dabei Hooke überbieten wollte und dem Floh generell ein gespenstisches Wesen zusprach, verlieh seiner Darstellung eine Aktualität, von der er selber vielleicht kaum ein Bewusstsein gehabt hat: Er reihte seinen gespenstischen Floh in einen historischen Kontext ein, bei dem sich jenes prekäre Verhältnis faktisch auf zahllose Menschen tödlich ausgewirkt hat. Dieser Kontext war die *Pest*.

Die großen, fürchterlichen Pestepidemien wüteten vor allem in Hafenstädten wie in Marseille und London oder auf zentralen Warenumschlagplätzen wie in Lyon und Paris. Maßgeblich an der Verbreitung beteiligt waren – so nimmt man noch immer an – neben den Ratten die Flöhe ( ). Mit ihren Stichen übertrugen sie den Bazillus *Yersinia pestis* auf die Nagetiere, die daraufhin erkrankten und starben. Die Flöhe bevorzugten, wie mehrfach betont, warmes Blut, sie verließen darum die tierischen Kadaver und suchten sich einen neuen, eben oft menschlichen Wirt, den sie gleichfalls mit der tödlichen Krankheit ansteckten. Ihre außerordentliche Sprungkraft machte es ihnen einfach, immer wieder neue Wirte nach dem Tod der alten zu infizieren. In London, dem Geburts- und Wirkungsort William Blakes, gab es im ganzen 17. Jahrhundert nur in vier Jahren *keine* Pest (Wölcken, S. 274). Die schlimmste war die von 1665, bei der etwa 70 000 von 460 000 Bewohnern starben. Daniel Defoe hat sie als Fünfjähriger überstanden und mehr als ein halbes Jahrhundert später ein *Journal of the Plague Year* aufgrund von umfangreichen Quellenstudien verfasst. Das Buch liest sich wie ein Bericht, obwohl der Autor durchaus fiktive Elemente verwendet. So hat er einen neugierigen Sattler als Erzähler eingeführt, der in unterschiedlichen Gesellschaftsschichten verkehrt und dadurch mitteilen kann, was der Autor selber in mühseligen Recherchen zusammengetragen hat. Defoe veröffentlichte sein Werk publikumswirksam in einem Augenblick, da sich erneut eine Pestepidemie ausbreitete. Nicht nur darum, sondern auch weil seine Schrift den «Eindruck der Zuverlässigkeit und Wahrheit» hervorrief, galt sie «schon im Augenblick des Erscheinens und dann zwei Jahrhunderte lang in der Kulturgeschichte wie in der medizinischen Forschung als wichtigste Quelle» für die Epidemie von 1665, ja für Pestepidemien überhaupt (Wölcken, S. 274 und 271). Durch die Auswertung der Totenregister in den Vororten und Stadtteilen Londons gelang es Defoe, den Verlauf der Pest von ihrem Beginn an in Long Acre am 20. Dezember 1664 bis ins Zentrum der City genau nachzuzeichnen. Die Krankheit sei aus der Levante eingeschleppt und per Schiff mit Handelsgütern aus Holland herübergebracht worden. Die Ansteckung selber sei «auf dem gewöhnlichen Wege der Übertragung von jemandem oder von jemandes Kleidern oder jemandes Berührung oder Ausdünstung» erfolgt. Letztere beschreibt der Sattler als

> bestimmte Dämpfe oder Dünste, die die Ärzte Effluvia nennen; sie gehen vom Atem aus oder von Schweiß oder von dem Wundgeruch der Kranken, oder sie haben einen anderen Ursprung, der vielleicht sogar das Verstehen der Ärzte übersteigt; diese Effluvia ziehen einen Gesunden, der sich einem Kranken auf eine bestimmte Entfernung nähert, in Mitleidenschaft, sie dringen sofort in das Lebenszentrum des besagten Gesunden ein, versetzen sein Blut sogleich in Gärung und rühren seine Geister auf, bis zu dem Grad der Erregung, in dem wir die Kranken fanden; und so teilt ein neu Angesteckter die Krankheit auf die gleiche Art wieder anderen mit (S. 85 f.).[84]

Die Unsicherheit, den Vorgang auch sprachlich zu erfassen, ist unübersehbar. Der Erzähler trägt verschiedene Hypothesen vor, ohne sich für eine einzige zu entscheiden. Im Weiteren referiert er auch eine seiner Meinung nach einfältige Theorie, wonach die Übertragung

> durch die Luft allein weitergetragen werde, indem sie ungeheure Mengen von Insekten und unsichtbaren Geschöpfen mit sich führe, die mit dem Atem in den Körper gelangten oder sogar mit der Luft durch die Poren eindrängen (S. 86).

Damit kommt er dem Geheimnis der Ansteckung, zumindest im Fall der Lungenpest, recht nahe. Dass bestimmte blutsaugende Insekten ihre Wirte verlassen, sobald diese tot sind, hätte Defoe wissen können, dass sie aber beim Übersprung von tierischen auf menschliche Wirte diese mit einem todbringenden Erreger infiziert haben, ist erst 172 Jahre nach dem Erscheinen des *Journal of the Plague* bekannt geworden. In Defoes Schrift ist jedenfalls weder von Ratten noch von Flöhen die Rede. Der Erzähler propagiert zunächst ein scheinbar einfaches Rezept gegen die Seuche: «Die beste Medizin gegen die Pest ist es, vor ihr davonzulaufen» (S. 218). Das sei möglich als Flucht aus der Stadt aufs Land (also das Modell, das Giovanni Boccaccio bei der berüchtigten Florentiner Pestepidemie im Jahre 1348 schon propagiert hatte und das zur Entstehung des *Decamerone* geführt haben soll) oder als Abschottung, als Einschließung mit allen Familienangehörigen und mit dem Gesinde im eigenen Haus. Beide Ausweichmanöver hätten sich jedoch als sehr problematisch erwiesen. Abgesehen davon, dass sie nur von begüterten Personen befolgt werden konnten, die ein Fahrzeug hatten und über genügend Proviant verfügten, mussten alle Beteiligten vorgängig gesund sein. Wenn nur eine einzige Person unter ihnen bereits angesteckt war, dann wäre – im ersten Fall – die Krankheit auch dorthin getragen worden, wo sie bisher nicht existiert hatte; oder aber – im zweiten Fall – wären die dicht beieinander Lebenden besonders rasch infiziert worden und dann in ihrer selbst errichteten Falle umgekommen. Verhängnisvoll sei in beiden Fällen gewesen, dass man bereits befallen sein konnte, ohne es bemerkt zu haben. Der Pesterreger war unsichtbar – genau wie der Vorgang der Ansteckung und die bereits hochansteckende Anfangsphase der Krankheit. Sobald erste Symptome – wie Atemnot, Wunden, Schwellungen oder Geschwulste – sichtbar wurden, habe es zumeist keine Rettung mehr gegeben. Auch beim Verlauf der Pest verwickelten sich demnach Sichtbares und Unsichtbares – ähnlich wie auf Blakes Gemälde.

Die Verunsicherung der sinnlichen Wahrnehmung rief bei der Pest aber noch zusätzliche Folgen hervor, die Defoe als ‹Kollateralschäden› der Epidemie kenntlich machte. Da Anzeichen für einen Pestbefall anfangs fehlten, habe man «kopflos» und «wie besessen» nach anderen Zeichen geforscht (S. 29), die sich denn auch unweigerlich eingestellt hätten. Es sei die hohe Zeit der Leichtgläubigen und damit auch die hohe Zeit der Quacksalber, Wahrsager und Astrologen gewesen. Planetenkonstellationen und Kometen wurden zu Vorboten, die den verängstigten Leuten vermeintlich zuverlässig die verheerende Wirkung der Epidemie prophezeit hätten. Der Erzähler berichtet von einer Menschenansammlung, bei der

> alle gen Himmel starrten, um zu erkennen, was, wie eine Frau erklärte, für sie ganz klar zu sehen sei: ein Engel, in Weiß gekleidet, mit einem feurigen Schwert in seiner Hand, das er hin und herschwang oder über dem Kopf kreisen ließ. Sie beschrieb jede Einzelheit der Gestalt bis ins Kleinste, zeigte ihnen Bewegung und Form, und die armen Leute waren ganz bei der Sache und machten bereitwilligst mit. «Ja, ich sehe es ganz deutlich», sagte einer; «da ist das Schwert, deutlicher kann man es nicht sehen»; ein anderer sah den Engel. Einer sah sogar seine Gesichtszüge und rief laut, was für ein herrliches Geschöpf er sei! Der eine sah dies, der andere das. Ich schaute so ernsthaft wie alle anderen, aber vielleicht nicht mit der gleichen Bereitschaft, mir etwas vormachen zu lassen; und ich sagte schließlich, daß ich nichts sehe als eine weiße Wolke, hell auf der einen Seite, weil das Sonnenlicht von hinten auf sie falle. Die Frau bemühte sich, es mir zu zeigen, aber sie konnte mich nicht dazu bringen zu gestehen, daß ich es sah, was auch eine Lüge gewesen wäre. Aber die Frau kam auf mich los, schaute mir ins Gesicht und meinte, ich lache, worin ihre Einbildung sie ebenfalls täuschte, denn ich lachte in Wirklichkeit nicht, sondern machte mir ernste Gedanken darüber, wie die armen Leute durch die Macht ihrer eigenen Einbildungskraft sich so in Schrecken versetzen ließen (S. 30).

Defoes Erzähler ist ein biederer Aufklärer mit allen Vorzügen und Schwächen eines solchen. Er nimmt sich vor, nur das mitzuteilen, was ist,[85] und bei der Verwirklichung dieses Vorhabens kennt er keine Skrupel. Er weiß, was «Lüge» ist und was sich «in Wirklichkeit» zugetragen hat. Den Londonern könne zwar zugutegehalten werden, dass sie um ihr Leben gefürchtet hätten und daher den Einflüsterungen von Scharlatanen besonders leicht erlegen seien; nichtsdestoweniger sei ihre Empfänglichkeit für Zeichen, ja ihre Gier nach solchen töricht gewesen. Was sie als Zeichen gedeutet hätten, sei lediglich ein Produkt ihrer überhitzten Phantasie: Es zählt nicht; es darf nicht zählen. Damit markiert der Erzähler seine große Distanz zur Bevölkerung, und das gilt erst recht für den Autor, der ja sein Buch im Abstand von 58 Jahren nach der Epidemie publiziert hat.

Nur ein einziges Mal – aber das geschieht eher wie zufällig – zeigt der Sattler die Schwäche der von ihm eingenommenen Position. Er schildert da eine Erfahrung, die er durchgängig habe machen können. Alle Berichte hätten in *einem* Punkte übereingestimmt: Je weiter seine Gewährsleute von den

Ereignissen entfernt gewesen seien, über die sie berichteten, desto mehr neigten sie zu Übertreibungen bei der Schilderung des Schrecklichen. Der große Abstand eines Erzählers von seinem Erzählgegenstand sei geradezu das Erkennungsmerkmal für die Unzuverlässigkeit des Erzählten (S. 96). Wenn diese Beobachtung zutrifft, dann wirft sie auch ein irritierendes Licht auf den Autor Defoe und sein *alter ego*, den Sattler. Beide nämlich sind ja Erzähler, und sie erzählen nicht nur aus räumlicher oder zeitlicher Distanz, sie heben auch immer wieder ihren ideologischen Abstand hervor, indem sie einen aufgeklärten Standpunkt gegenüber den in ihren Augen abergläubischen Leuten für sich beanspruchen.

Ganz anders geht William Blake vor. Er kennt ebenso wenig wie Defoe die Rolle der Flöhe bei der Entstehung und Verbreitung von Pestepidemien, und er weiß auch nichts von der Existenz des Bakteriums *Yersinia pestis*, aber was er den «Ghost of a Flea» nennt, erfasst ziemlich genau die Funktion, die der schweizerische und französische Arzt Alexandre Émile Jean Yersin (1863–1943) am Ende des 19. Jahrhunderts aufdecken sollte. Von ‹ghost› spricht auch Defoe mehrfach (S. 24 und 86), und auch er verweist auf Himmelszeichen und Planetenkonstellationen. Blake gibt ihnen aber eine ganz andere Funktion als der Chronist der Pestepidemie. Er präsentiert Gegenstände so, dass es schwer, ja unmöglich ist, ihnen eine *bestimmte* Bedeutung zuzusprechen. Sofern sie Zeichen und Vorzeichen zu sein scheinen, betreibt er ein inflationäres Spiel mit ihnen und subvertiert auf diese Weise ihre Zeichenfunktion. Er kombiniert die Gegenstände mit anderen Gegenständen und drängt sie dabei so dicht aneinander, dass ihre mangelhafte Eignung als *deutbare* Zeichen offenkundig wird. Als Schöpfer stellt sich Blake – anders als Defoe und sein Erzähler, und anders auch als Mendelssohn – nicht *über* die unordentlichen, ‹allzu verwickelten› Phänomene. Er versucht erst gar nicht, sie zu ordnen, sie auseinanderzuwickeln. Vielmehr platziert er sich dicht neben ihnen – so als wäre er bedrängt und möglicherweise bereits von ihnen in Mitleidenschaft gezogen. Man sollte sein Gemälde darum nicht zu verstehen suchen, indem man den Kommentaren seines ein wenig schlichten Bewunderers und Nachlassbetreuers John Varley vertraut. *Dieser* Leichtgläubige wäre eher mit denen zu vergleichen, über die sich Defoe ein wenig allzu rasch erhaben gedünkt hatte.

26 Das Märchen von einer anderen Wissenschaft: ein Floh als Lehrer und Freund (Hoffmann und Thiele)

Der Titel und der Untertitel von E. T. A. Hoffmanns 1822 erschienenem Werk *Meister Floh. Ein Märchen in sieben Abentheuern zweier Freunde* lesen sich nicht wie die Ankündigung einer wissenschaftlichen Untersuchung. Sie versprechen eher etwas Wunderbares. Bei den «zwei Freunden» handelt es sich um einen ganz besonderen Menschen und einen ganz besonderen Floh. Beide sind in «Abentheuer» verwickelt, die der gesellschaftlichen Realität Preußens nach der Niederlage Napoleons entsprechen und dennoch phantastischer Natur sind. Und kritisiert werden naturwissenschaftliche Praktiken, die seit dem 17. Jahrhundert bis heute gängig sind. Dabei wird ein Standpunkt eingenommen, der, wie man sehen wird, ein anderes, ein partnerschaftliches, ja symbiotisches Verhältnis zwischen dem Menschen und dem Tier vorlebt.

Der *Meister-Floh*-Roman hat sich unheilvoll auf das Leben seines Verfassers ausgewirkt. Hoffmann, der neben seiner literarischen, musikalischen und zeichnerischen Begabung auch ein tüchtiger Jurist war, wurde nach seiner Rückkehr in den preußischen Staatsdienst Mitglied der ‹Immediat-Untersuchungskommission zur Ermittlung hochverräterischer Verbindungen und anderer gefährlicher Umtriebe›. Bei seiner neuen Tätigkeit bestand er strikt auf Rechtsstaatlichkeit und geriet dadurch in Konflikt mit der Art und Weise, wie die Regierung gegen die so genannten «Demagogen» vorging. Insbesondere mit seinem unmittelbaren Vorgesetzten Karl Albert von Kamptz (1769–1849) gab es einen Zwist, der sich noch verschärfte, als Hoffmann diesen Kamptz als Knarrpanti in seinem Märchen karikierte und einzelne Aussagen aus den Prozessunterlagen der Kommission in seine Erzählung hineinnahm. Die Folgen waren für den Autor desaströs; es kam – neben Zensureingriffen in das bereits druckfertige Werk – zu einem Prozess, der Hoffmanns letztes Lebensjahr verdüsterte und wohl mit einem Schreibverbot und einer (nochmaligen) Strafversetzung in die Provinz geendet hätte, wäre der ohnehin schwer kranke Autor nicht vor dem Ende der Gerichtsverhandlungen gestorben. Die Einzelheiten dieses Vorgangs sind von Wulf Segebrecht im Anmerkungsteil seiner Ausgabe der *Späte*[n] *Werke* Hoffmanns (S. 899–913) übersichtlich zusammengestellt worden. Man kann sie dort nachlesen. Wenn sie hier beiseitegelassen werden, so bedeutet das nicht, dass sie unerheblich wären für Hoffmanns *Meister Floh*. Das Vorurteil, die Knarrpanti-Episode passe nicht in das Märchen hinein, ist nämlich gleich auf zweifache Weise zu korrigieren. Zum einen trägt sie maßgeblich zum kritischen Charakter der Erzählung bei und erfüllt damit eine Funktion, mit der häufig zu rechnen ist, wenn Flöhe in literarischen oder bildnerischen Gestaltungen thematisch werden (). Zum anderen ist das Nicht-Passen als ästhetischer Einwand hier – wie schon bei Blakes Bild () – generell unangebracht. Diese Erzählung ist so beschaffen, dass selbst das scheinbar Fremdeste darin einen Platz findet. Alles, was aus der Welt des Meister Floh stamme, müsse – so sagt dieser selbst – den Menschen vorkommen «wie ein verwirrtes Märchen, das ein müßiges Gehirn ausgebrütet» habe (S. 719). Die vertrackte, äußerst kompliziert angelegte Handlung gleicht einem Labyrinth. Sie spielt hauptsächlich in Frankfurt am Main, aber auch in Mainz, Berlin, Jena, Delft und Den Haag sowie in Famagusta, Samarkand und Madras. Zeitlich ist sie kaum einzugrenzen: von 1820 zurück bis 1723 und darüber hinaus bis in die sagenhafte Vorzeit des Königreiches Golkonda. Es gibt keinen Erzähler, der von einem Mittelpunkt aus eine einheitliche Perspektive vorlegte und den Erzählstoff hierarchisierte oder organisierte. Die Instanz, die sich zuweilen zu Wort meldet und sich «Herausgeber» oder «Referent» nennt (S. 801), bekundet Mühe, sich gegenüber dem eigenwilligen Verlauf der «Geschichte» zu behaupten (S. 738). Sie muss sich schließlich sogar noch mit dem Leser verbinden, um alles, «was links und rechts liegt [,] nicht achtend, dem Ziel entgegeneilen» zu können, damit «Seufzer, Liebesklagen, Schmerz, Entzücken, Seligkeit […] sich in dem Brennpunkt des Augenblicks» sammeln (S. 801).

Die Märchenfiguren leben in mehr als einer Welt; sie können verschiedenerlei Gestalt annehmen und haben entsprechend auch mehrere Namen. Dennoch sind sie in vielfältiger Weise miteinander verbunden, vor allem durch ihre Liebe zu der schönen Holländerin Dörte Elwerdink alias Prinzessin Gamaheh alias Aline, die obendrein mit einem Tulpenblütenstaubkorn identisch ist. Auch Meister Floh liebt diese Prinzessin, auch er wechselt seine Gestalt, aber er bleibt als einzige Märchenfigur namenlos. Als Floh ist er überall und nirgends zu Hause (). Selbst den ausschließlichen Aufenthalt *in* Hoffmanns Erzählung hat er nicht ausgehalten: Er scheint zusätzlich aus dem Text gesprungen zu sein, jedenfalls zeigt er sich auch auf dem Originaleinband der kartonierten Erstausgabe. Als erzählte Figur lebt er *im* Buch; als bildhafte erscheint er auf der Vorder- und Rückseite des Buchdeckels. Die doppelte mediale Präsentation geht auf Hoffmann selber zurück. Die beiden Abbildungen (Abb. 27) und (Abb. 28) stammen zwar von dem Kupferstecher Carl Friedrich Thiele (ca. 1780–1836), dieser aber hat die Aquatinta-Radierungen im Auftrag und nach Entwürfen des Autors angefertigt.[86]

Schon ein flüchtiger Blick auf die Bilder verrät, dass die beiden Flöhe auf den Buchdeckeln markant vergrößert dargestellt sind. In der Tat überragen sie einen gewöhnlichen Menschenfloh etwa um das 30-fache. Man hat darum angenommen, dass Hoffmann sich bei seinem Entwurf an Hookes Riesenfloh orientiert hat. Bilder von vergrößerten Flöhen sind in der Nachfolge Hookes sehr häufig hergestellt und publiziert worden. Umso bedeutender ist die Entdeckung Wolfgang Bunzels, der jetzt unter den vielen Vergrößerungen den Kupferstich Ledermüllers in dessen *Mikroskopischer Gemüths= und Augen=Ergötzung* von 1763 als Quelle Hoffmanns identifizieren konnte. Mit Ledermüllers Vorlage teilen die beiden Umschlagbilder von Hoffmanns Roman vor allem die Darstellung des Flohs in *aufrechter* Haltung bei gleichzeitiger Seitenansicht. Schon aufgrund dieser Position erhalten die beiden Flöhe etwas Menschliches. Dass sie sowohl auf der Vorderseite wie auf der Rückseite Stiefel tragen, unterstreicht noch ihre Menschennähe, unterscheidet sie freilich auch von Ledermüllers Floh und erst recht von den vergrößerten Abbildungen bei Hooke und Rösel (). Ich werde – getreu der labyrinthischen Struktur des Kunstmärchens – zuerst einige Umwege machen, bevor ich den Text und danach die Bilder auf den Buchdeckeln betrachte.

Der Floh war tatsächlich ein Lieblingssujet aller Mikroskopisten. Der Vergrößerungskoeffizient der «Flohgläser» () konnte im Laufe des 18. Jahrhunderts noch gesteigert werden; es gab neue Geräte, wie etwa das in Hoffmanns Märchen erwähnte Sonnenmikroskop (S. 699 und 706) von John Cuff (1708–1772) und das «Rußwurmsche Universal-Mikroskop» (S. 720).[87] Die Schärfe der mit den neuen Instrumenten gewonnenen Bilder ließ freilich zu wünschen übrig – vor allem wegen des noch immer sehr mangelhaften Linsenglases, das sich erst im Laufe des 19. Jahrhunderts, also nach dem Tode Hoffmanns, entscheidend verbessern sollte.

Die Bedeutung des Vergrößerungskoeffizienten war anfangs überschätzt worden, da die erste Generation der Mikroskopisten tatsächlich wichtige Entdeckungen mit optischen Gläsern gemacht hatte – neben Hooke etwa die italienischen experimentellen Naturforscher Marcello Malpighi (1628–1694)

Abb. 27 und 28: Ernst Theodor Amadeus Hoffmann und Carl Friedrich Thiele: Originalumschläge (Vorder- und Rückseite) der Erstausgabe von *Meister Floh*.

und Francesco Redi oder die beiden Niederländer Antoni van Leeuwenhoek und Jan Swammerdam, die Hoffmann in seinem *Meister Floh* wiederaufleben lässt. Joseph Glanvill (1636–1680) pries das Mikroskop als «the most excellent invention that ever was» (zit. nach Weigl, S. 13). Im 18. Jahrhundert ging der Anteil der mit ihm gemachten wissenschaftlichen Entdeckungen jedoch markant zurück; es verlor, wie schon Goethe registrierte (9. Bd., S. 647, Nr. 1170), mehr und mehr seinen Ruf als herausragendes Instrument naturwissenschaftlicher Forschung. Von den ideologischen, mentalitätsgeschichtlichen und technologischen Faktoren, die einen solchen Reputationsverlust auslösten,[88] sei hier nur ein einziger hervorgehoben: die Nähe der neuen Mikroskope zu anderen optischen Geräten wie etwa der *Laterna magica* und der *Camera obscura*. Diese Nähe trug dazu bei, dass sich zusätzliche Verwendungsmöglichkeiten für die Instrumente, insbesondere für das Sonnenmikroskop, eröffneten. In dem Maße, wie sich ihr Ansehen als wissenschaftlich seriöse Geräte verminderte, machten sie Karriere in massenwirksamen Medienspektakeln, für die einer der raffiniertesten Schausteller, der Unternehmer und Abenteurer Etienne Gaspard Robert alias Robertson (1763–1837), den Namen ‹fantasmagories› verwendete. Seine Veranstaltungen in einem Pariser Kapuzinerkloster lassen sich als Geisterbeschwörungen und zugleich als Gedankentheater bezeichnen (von Arburg, S. 13–18); jedenfalls bediente *und* bekämpfte Robertson den Gespensterglauben. Er arbeitete mit technischen Machinationen im Dunkeln (Fackeln und Rauch), setzte die Laterna magica und andere optische Instrumente ein und konnte auf diese Weise noch nie gesehene Ungeheuer (Abb. 29), aber auch längst Verstorbene erscheinen lassen. Dabei setzte er zusätzlich Geräusche und Gerüche ein, um das Gemisch von äußeren Trugbildern und inneren Projektionen gänzlich unentwirrbar zu machen.

Hoffmann muss sich sehr für solche Massenveranstaltungen interessiert haben. Er hat sich zeitlebens mit dem Verhältnis von Wahrnehmung und Phantasie beschäftigt; sein ganzes Œuvre bezeugt, dass er eine Obsession für Brillen, Ferngläser und Mikroskope gehabt haben muss. Er erkannte, dass der mit Instrumenten aufgerüstete Blick keineswegs nur eine genauere Erkenntnis der Objektwelt ermöglicht, sondern auch eine gesteigerte Phantasietätigkeit des Subjekts auslöst. Radikaler als jeder unbewehrte Blick schneidet der technisierte ein kontextloses Segment aus der wahrnehmbaren Außenwelt heraus und stellt dadurch eine semantische Offenheit her, die eine Deu-

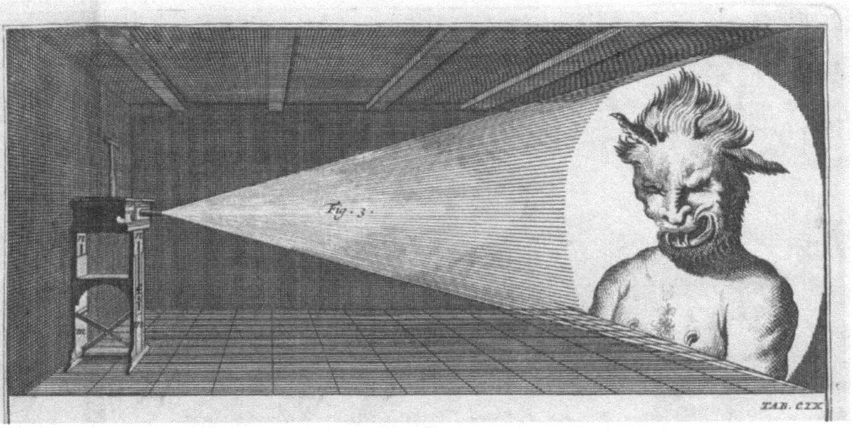

Abb. 29: Aus Willem Jacob Gravesande: *Physices elementa mathematica, experimentis confirmata.*

tung des Betrachters geradezu erzwingt. Hoffmanns Verhältnis zur ambivalenten Wirkung des instrumental verstärkten Blicks ist vielfach beschrieben worden, u. a. von mir.[89] Bei den Phantasmagorien, die der Autor übrigens unmittelbar vor seiner Haustüre am Berliner Gendarmenmarkt erleben konnte (Stadler 2006a, S. 154), wurde dieser Effekt auf die Spitze getrieben durch die versteckte, heimliche Verwendung unterschiedlicher optischer Geräte. Die Zuschauer gerieten dadurch in eine Lage, die es ihnen schwer, wenn nicht unmöglich machte zu entscheiden, ob eine Projektion ein wirklich vorhandenes oder aber ein auf ein Glasplättchen gemaltes Tier wiedergab. Da die Bilder von einem Publikum gemeinschaftlich und gleichzeitig wahrgenommen werden konnten, ergab sich – anders als bei der einsamen Tätigkeit der älteren Mikroskopisten – ein synchroner und überindividueller Eindruck von Tatsächlichkeit, wie etwa der durch ein Sonnenmikroskop auf eine Wand projizierte Floh des Experimentalphysikers Jean-Antoine Nollet (1700–1770) zeigt (Abb. 30). Je nach Abstand zwischen Projektionsfläche und Linsensystem konnte dann ein abgebildeter Floh ungeheure Dimensionen annehmen, welche die des von Hooke oder Ledermüller präsentierten Flohs bei weitem übertrafen. Das Sensationelle der Bilder ließ sich durch Tricks zusätzlich steigern. Man verschob langsam oder ruckartig den gläsernen Objektträger oder die Projektionsfläche, ohne dass es das Publikum merkte, und dadurch erschien ein neues, ein größeres Bild bzw. ein anderes

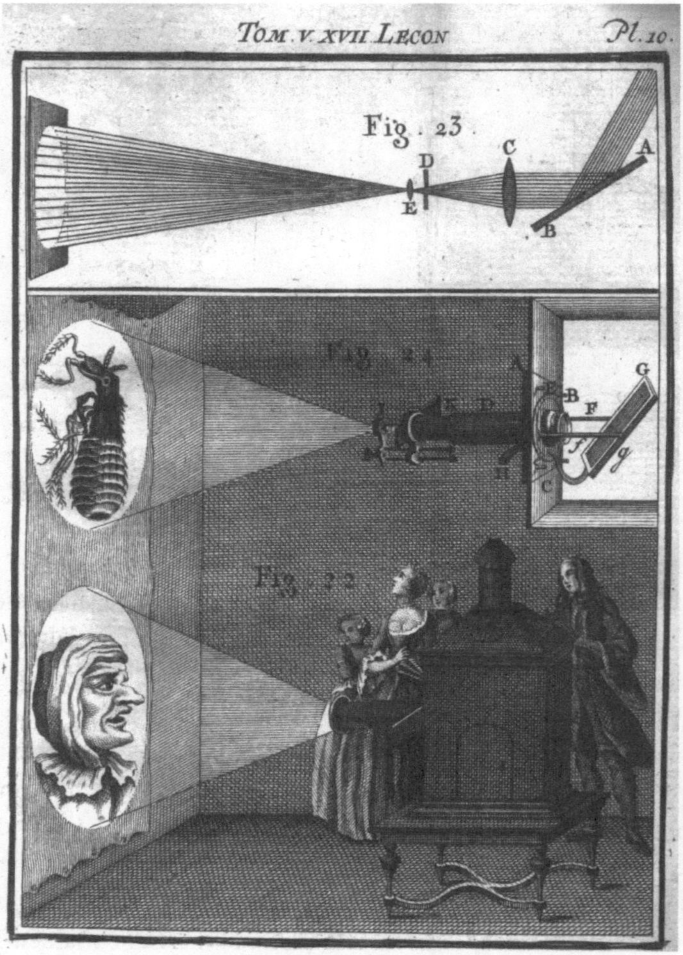

Abb. 30: Aus Jean-Antoine Nollet: Lichtstrahlführung beim Sonnenmikroskop Figura 23 und 24) und bei der Laterna Magica (Figura 22). In: *Leçons de Physique experimentale.*

Tier. Man wählte obendrein statt einer starren Projektionswand aufsteigenden Wasserdampf oder weißen Rauch, um den Eindruck von Lebendigkeit besonders glaubhaft zu vermitteln. Die Zuschauer im abgedunkelten Raum wurden so in Staunen, aber vor allem auch in Angst und Schrecken versetzt (Abb. 31). In Hoffmanns Märchen wird eine solche Inszenierung geschildert. (Sie verläuft freilich anders, als der Veranstalter sie konzipierte, weil Meister

Abb. 31: Etienne Gaspard Robertson: La fantasmagorie du professeur Robertson.

Floh seinen Beistand aufgekündigt hatte.) Die Besucher geraten in Panik und stürzen angesichts dessen, was ihnen da vor Augen geführt wurde, entsetzt aus dem Saal:

> Alles lebte darin, ein ekelhaftes Gewirr der scheußlichsten Kreaturen erfüllte den Raum. Das Geschlecht der Pucerons [Blattläuse], der Käfer, der Spinnen, der Schlammtiere *bis zum Übermaß vergrößert*, streckte seine Rüssel aus, schritt daher auf hohen haarichten Beinen, und die greulichen Ameisenräuber faßten, zerquetschten mit ihren zackichten Zangen die Schnacken, die sich wehrten und um sich schlugen mit den langen Flügeln, und dazwischen wandten sich Essigschlangen, Kleisteraale, hundertarmichte Polypen durcheinander und aus allen Zwischenräumen kuckten Infusionstiere mit verzerrten menschlichen Gesichtern (S. 700; Hervorhebungen U. St.).

Die Schilderung erfolgt hier nahezu vollständig aus der Perspektive der Zuschauer. Sie erfahren, dass die «scheußlichsten Kreaturen» menschliche Gesichter haben. Andererseits ist die Rede von einer «übermäßigen Vergrößerung», womit ein gänzlich ungewohnter Maßstab hervorgehoben wird. Beides zusammen muss das Publikum überfordert haben. «Hexenmeister», «Satanskerl» und «betrügerischer Taschenspieler» – so bezeichnen die aufgebrachten Zuschauer den Veranstalter (S. 699). Dieser heißt nun aber nicht wie die im 19. Jahrhundert berüchtigten Schausteller Johann Karl und Karl Georg Enslen in Berlin (oder Johann Georg Schröpfer in Leipzig oder der Tausendsassa Robertson in Paris). Bei einem Märchen ist man ja in aller Regel nicht überrascht, wenn alle geschilderten Gegebenheiten in eine unbestimmte und wundersame Ferne verlegt sind, ja man rechnet sogar damit. Der Autor Hoffmann kommt einer solchen Erwartung in aller Regel nach, aber bekanntlich nicht nur! Raum und Zeit in seinen Kunstmärchen verweisen immer wieder auch auf gegenwärtige Lebensverhältnisse. Im *Meister Floh* hat er sich nachweislich um solche Aktualität bemüht.[90] Im Fall des Schaustellers, der bei seinen «Abendunterhaltungen einige artige optische Kunststücke» zeigt (S. 711), ist dies jedoch komplizierter. Der Mann heißt Leuwenhoek, und sein Konkurrent Herr Swammer sagt von ihm:

> Daß unser Leuwenhoek [...] vielleicht ein Abkömmling jenes berühmten Mannes sei, kann man so eigentlich nicht sagen, da er der berühmte Mann selbst und es nur eine Fabel ist, daß er vor beinahe hundert Jahren in Delft begraben worden (S. 732).

Swammer kehrt hier die Verhältnisse um; er bezeichnet das historische Faktum, das Begräbnis Le(e)uwenhoeks, als «Fabel» und verleiht ihm dadurch fiktionale Züge, während er die Lebenszeit des Gelehrten wahrheitswidrig ins 19. Jahrhundert verlegt. Swammer selbst erscheint als der historische, 1637 geborene Jan Swammerdam, dessen *Biblia naturae* in der ersten Hälfte des 18. Jahrhunderts erschienen sei und der gleichwohl jetzt, d. h. um 1820, lebe.

Der zweifache Anachronismus wurde mit Recht als Aufkündigung eines Realismus-Konzepts gedeutet, die Hoffmann bereits in seiner frühen Erzählung *Ritter Gluck* von 1809 programmatisch vorexerziert hatte. Als Ungereimtheit gehört dieser doppelte Anachronismus zum Wunderlichen im *Meister Floh*, das ja ausdrücklich als «ein angenehmer Schnörkel», ja als «der eigentliche Schmuck des Märchens» bezeichnet wird (S. 753). Er ist aber noch mehr. Mit der Namengebung leitet der Autor Hoffmann eine, nämlich *seine* Revision der naturwissenschaftlichen Forschungsgeschichte und darüber hinaus auch die der Geschichte des Menschen in Verhältnis zum Tier ein. Wenn er seine Mikroskopisten des Egoismus und des Konkurrenzneids bezichtigt, dann zielt er zugleich auch auf die wissenschaftliche Praxis jener Personen aus dem 17. und 18. Jahrhundert. Seine Kritik mag übertrieben sein – etwa, wenn er die beiden Revenants statt mit Stichwaffen mit Fernrohren gegeneinander fechten lässt (S. 746) –, aber sie ist unverkennbar eine wissenschaftshistorische Stellungnahme, weist sie doch mit Nachdruck darauf hin, dass schon in der so genannten heroischen Anfangsphase der neuzeitlichen Naturwissenschaft etwas prinzipiell schiefgelaufen sein muss. Aus der Optik des Märchens bestand das Defizit jener Forscher darin, dass sie *ausschließlich* Gelehrte waren, d. h., dass ihre Versuche, in die Geheimnisse der Natur einzudringen, abgekoppelt waren von sozialem Verantwortungsgefühl wie überhaupt von moralischen Erwägungen. Die beiden literarischen Figuren bilden sich ebenso wie die beiden historischen Gestalten ein, «hochweise Herren» zu sein, in Wahrheit müssten alle vier als «ungeschickte Tölpel» gelten (S. 721). Am Schluss des Märchens werden Leuwenhoek und Swammerdam gleichermaßen der «fortwährenden Dummheit» bezichtigt (S. 787).[91]

Was sie dumm macht, tritt besonders krass hervor, wenn man die beiden mit den Protagonisten Peregrinus Tyß und Meister Floh konfrontiert. Diese bilden ein denkwürdiges «Freundschaftsbündnis» (S. 715 und 724), und vor allem praktizieren sie auch ein ganz anderes Verhältnis zwischen Menschen und Tieren als die Mikroskopisten der Frühen Neuzeit. Leuwenhoek und Swammerdam glauben, man könne, ja man müsse «geistige Vernunftmasse nach der körperlichen Extension abmessen» (S. 765). Sie glauben fest an die Gültigkeit der Maxime, dass sich die Bedeutung eines Objekts nach seiner materiellen Größe bemessen ließe, d. h., sie halten an dem Vorurteil fest, das im vorliegenden Buch immer wieder einer Kritik unterzogen wurde (). Beide machen aus ihrer Geringschätzung der winzigen Flöhe keinen Hehl. Insbesondere Leuwenhoek sieht in ihnen Objekte, die sich, wie der spanische Arzt Gómez Pereira (1500–1567) und vor allem sein berühmterer Nachfahre René Descartes behauptet hatten, «als künstliche Maschinen ohne Denkkraft, ohne Willensfreiheit [...] automatisch bewegen» (S. 765). Es sei ein «Wunder», dass sie überhaupt bestimmte Kunststücke ausführen können, meint der Flohbändiger. Möglich sei es nur, wenn man ihnen *Gewalt* antue. Er erlaubt sich, auch die verwandelte, winzige Prinzessin Gamaheh mit seinem «optischen Marterinstrument etwas zu quälen, damit sie doch erkenne, daß ich [also Leuwenhoek], trotz ihres eingebildeten Prinzessintums, ihr Herr und Meister bin» (S. 745). Der Flohbändiger besteht also auf seinem brutalen Verhalten und nimmt für sich den Titel eines Meisters in Anspruch. Dieses Etikett steht ihm jedoch auf keine Weise zu. Hoffmann, der die Bezeichnung offensichtlich geschätzt und noch für den Titel zweier weiterer Erzählungen (*Meister Martin der Küfner und seine Gesellen* und *Meister Johannes Wacht*) verwendet hat, unterscheidet Meisterschaft von Herrschaft. Sein Meister Floh will kein Herr und erst recht kein König sein, obwohl er einem Senat mit 45 999 Flöhen vorstehe. Er dünkt sich nicht erhaben über sein «von einem beinahe unbezähmbaren Freiheitssinn» beseeltes Volk, das eine «republikanische Verfassung» habe (S. 717 f.). Wie alle anderen Flöhe stellt er sich auf den Standpunkt: «Stechen ist nun einmal das Hauptbedingnis meines Seins» (S. 807). Im Unterschied aber zu seinen «aus lauter jugendlich kecken Springinsfelden» () bestehenden Mitflöhen geht er sorgsam um mit seiner Waffe. Gegenüber Peregrinus Tyß, dem kindlich unsteten Helden des Märchens, versichert er: «stets habe ich zu rechter Zeit und an rechter Stelle gestochen. Laßt Euch das zu Herzen gehen, ehrlicher treuer Freund!» (S. 807). Was er damit meint, bleibt zunächst offen, jedenfalls setzt er seine Art zu stechen deutlich ab von den Quälereien Leuwenhoeks. Sein Verhältnis zu Tyß ist partnerschaftlich, nicht herrschaftlich. Er sieht in ihm seinen «Beschützer» und «Schutzherrn», der sich immer wieder um seinen «Schützling bemühe» (S. 788 und 792). Meister Floh, der «in allen Dingen des Lebens zur Meisterschaft gelangt» ist und «wirklich den Namen: Meister» verdient (S. 718), ist für Peregrinus ein hilfreicher Lehrer. Er selbst, Tyß, ist nach Ansicht seines Freundes «nicht sonderlich tief» in die Naturwissenschaft eingedrungen und besitzt überhaupt wenig Weltkenntnis (S. 717). Sein Lehrmeister unterzieht ihn einer ungewöhnlichen Schulung; er setzt ihm ins linke Auge ein mikroskopisches Gedankenglas, eine Art Lügendetektor.

Man kann die Radikalität dieses naturwissenschaftlichen, soziologischen und pädagogischen Experiments schwerlich überschätzen. Hier geht es um mehr als nur um einen poetischen Vorgriff der Erfindung von optischen Kontaktlinsen. Hier wird ein kaum Sichtbares oder gar völlig Unsichtbares durch ein kaum Sichtbares sichtbar gemacht. Und das geschieht, ohne dass das betrachtete Objekt vorher zerschnitten oder zerstückelt werden musste. Es bleibt lebendig und bemerkt nicht einmal, dass es beobachtet wird. Das technisch hochgradig elaborierte Verfahren verdankt sich einerseits dem alten Grundsatz, dass Gleiches nur durch Gleiches erkannt werden könne; andererseits beruht es auch auf dem Prinzip der Umkehrung. Georg Christoph

Lichtenberg hatte sich einem solchen Prinzip verpflichtet, wie seine berühmte Aufzeichnung in den *Sudelbüchern* drastisch vor Augen führte: «Der Amerikaner, der den Kolumbus zuerst entdeckte, machte eine böse Entdeckung» (2. Bd., S. 166, G 183). Auch in Meister Flohs Versuchsanordnung wird die Perspektive verkehrt. Nicht der Flohforscher blickt auf den Floh, vielmehr richtet sich dessen Blick auf den Wissenschaftler. Der Floh – sonst das Objekt von Experimenten, die ihm nur allzu oft das Leben kosteten – wird zum ausführenden Subjekt der Untersuchung *menschlicher* Verhältnisse.

Mit dieser Vertauschung von Subjekt und Objekt ist die Experimentalordnung in Hoffmanns Roman jedoch noch nicht hinreichend erfasst. Ich hatte darauf hingewiesen, dass ein Floh aus verschiedenen Gründen das menschliche Erkenntnisvermögen des Menschen infrage stellt, selbst wenn dieser ein Mikroskop benützt (). Neben seiner geringen Körpergröße macht uns auch seine ungeheure Beweglichkeit zu schaffen. Seine Winzigkeit wie auch die Geschwindigkeit seiner Bewegungen erschweren, ja verunmöglichen unsere Wahrnehmung. In der neuen Versuchsanordnung werden nun beide Eigenschaften des Flohs für einen genau definierten Zeitraum auch zu Eigenschaften des Peregrinus. Der Meister Floh delegiert seinen eigenen Blick an den Freund; er setzt ihm rasch ein Glas in die Augenpupille, das «einhundertzwanzigmal kleiner als ein Sandkorn» ist (S. 725).[92] Tyß profitiert von dieser Raschheit und dieser Winzigkeit. Durch die Übernahme von Floh-Eigentümlichkeiten sieht er nun besser als die Mikroskopisten vom Schlage Hookes, Le(e)uwenhoeks und Swammerdams. Er kann Gedanken lesen und Immaterielles wie Materielles wahrnehmen. Die Lügen des Herrn Swammer(dam) durchschaut er, und er nimmt obendrein die Adern und Nerven im Gehirn wahr, ohne dass diese mechanisch bloßgelegt würden, und das heißt: ohne dass der Körper des beobachteten Gelehrten verletzt werden musste. Tyß kann sogar die Einheit von Gedanken und Gehirnwindungen erkennen:

> Hinter der Hornhaut von Herrn Swammers Augen gewahrte er seltsame Nerven und Äste, deren wunderlich verkreuzten Gang er bis tief ins Gehirn zu verfolgen und zu erkennen vermochte, daß es Swammers Gedanken waren. Die lauteten aber ungefähr: Hätte ich doch nicht geglaubt[,] daß ich hier so wohlfeilen Kaufs davon-

> komme […] der Einfaltspinsel […] ist unbefangen genug mir alles zu glauben (S. 733).

Nicht genug damit, dass das Gedankenglas den cartesischen Gegensatz von *res cogitans* und *res extensae* außer Kraft setzt; seine Entstehung deutet bereits darauf hin, dass es auch den Gegensatz von Natur und Kultur aufheben kann. Sein wahrer Besitzer, der Meister Floh, schenkt es Tyß mit dem Hinweis, dass es «ein sehr geschickter, kunstvoller Optiker aus meinem Volke» verfertigt habe, «als er noch in Leuwenhoeks Dienste war» (S. 725). Ein Tier also und ein Mensch haben *zusammengearbeitet*, um jenes mikroskopische Glas herzustellen, und Floh und Tyß – wiederum ein Tier und ein Mensch – bewirken nun gemeinsam, dass das fertige Glas «große Dienste» leisten kann (ebd.). Tyß braucht nur mit dem Daumen zu «schnippen» (S. 734), und schon springt ihm das Glas ins Auge. Mit dem Springen – einer zentralen Eigenschaft der Flöhe – nähert er sich noch mehr den tierischen «Springern» (). Und mit dieser zusätzlichen Nähe gewinnt sein Blick auch eine neue, eine höhere Qualität. Wenn ‹etwas ins Auge springt›, dann kommt diesem Etwas größte Evidenz zu.[93] Und in der Tat: Das Glas von Meister Floh vermittelt schlagartig eine neue Erkenntnis, die der wahren Natur der Menschen näher kommt und Peregrinus sogar zur Selbsterkenntnis verhelfen kann (S. 809).

Hoffmanns Märchen beschränkt sich allerdings nicht darauf, die Leistungen des wundersamen Gedankenglases nur zu preisen; es zeigt auch dessen problematische Seiten. Die Erzählung lässt zwar keinen Zweifel aufkommen, dass die Sicht mit dem wundersamen Augenglas der Sicht ohne Glas überlegen ist, ja dass sie sogar Wahrheiten zutage fördert, aber indem die beiden rasch aufeinanderfolgenden Blicke je verschiedene Beurteilungen des Wahrgenommenen hervorbringen, wird zugleich die Relativität jeder Wahrnehmung offenbar. Diese Konsequenz des technisierten Blicks, für die uns erst ein Philosoph unserer Tage, nämlich Hans Blumenberg (), sensibel gemacht hat, wird in Hoffmanns Märchen nur am Rande deutlich – etwa im Schmerz, den Tyß empfindet, wenn ihm das Glas des Meister Floh ins Auge dringt, oder, wie man noch sehen wird, an den Flohgestalten auf dem Buchumschlag. Zweifellos sieht Tyß mit dem Augenglas schärfer und auch tiefer, aber sein Blick bleibt – so würde Blumenberg zu bedenken geben – mit der neuen technisch vermittelten Sichtbarkeit an ein dem Erkenntnisgegenstand fremdes Moment gekoppelt (S. 33). Hoffmann hat mit allen ihm zur Verfügung stehenden Kräften versucht, diese Fremdheit möglichst gering erscheinen zu lassen. Darum wohl musste das optische Glas seinem Träger *einverleibt* werden; darum wohl hat der Autor das Experiment an die enge Zusammenarbeit zweier Freunde gebunden und darum vor allem hat er seiner Erzählung auch einen utopischen Abschluss verliehen: Der tumbe Tyß ist zum König Sekakis im Reiche Golkonda geworden, der nicht mehr auf ein implantiertes Augenglas angewiesen ist, sondern dem strahlenden Karfunkel «aus seinem Innern» vertrauen kann (S. 810).

Im Alltag aber muss sich Tyß noch weiterhin auf die heilsame Wirkung des Augenglases verlassen. Sie bringt ihm erkenntnistheoretischen und moralischen Nutzen; er bemerkt den krassen Gegensatz zwischen Worten und Gedanken bei seinen Mitmenschen. Wie an vielen kleinen Szenen des Märchens deutlich wird, registriert er, dass das laut Gesagte einerseits und das heimlich Gedachte, Gemeinte, Ge- oder Verwünschte andererseits auseinanderklaffen. Wenn Meister Floh seinen Schüler und Freund «zu rechter Zeit und an rechter Stelle» sticht, dann verursacht er zwar auch Schmerzen. Diese verschaffen aber Welt- und Selbsterkenntnis und kommen so Tyß zugute.

Der Autor Hoffmann hat versucht, seinen Märchenhelden noch zusätzlich zu erhöhen. Dieser wird in den König Sekakis verwandelt und an die Stelle des Gedankenglases soll ein innerer Karfunkel in ihm aufglühen (S. 779, 809 und 811). Tyß heiratet Röschen, die Tochter des Buchbinders Lämmerhirt, und lernt bei und mit ihr die Tugenden noch mehr zu schätzen, die den sektiererischen und in Konkurrenzdenken erstarrten Gelehrten Swammerdam und Leuwenhoek fehlen.

Zugleich aber bleibt Tyß im Wirkungsbereich des Meister Floh. Dieser nämlich ist zwar nach Flohart auf und davon, aber auch dieser Meister ist ein «ewiger Verschwinder» und kommt darum auch ewig wieder (). Das hat zur Folge, dass es kein definitives Ende des Märchens gibt. Was vorliegt, ist ein Abbruch, denn für einen wirklichen Schluss fehlen, wie es heißt, «plötzlich alle weiteren Notizen» (S. 814). Man erfährt lediglich, dass der Meister Floh den Tyß und das Röschen verlasse, aber ihnen dennoch «treu und freundlich gewogen» bleibe, so dass die beiden «immerdar» seine Gegenwart auf «ergötzliche Weise verspüren» würden (ebd.). Das bedeutet, dass der verschwindende Floh weiterhin für Peregrinus Tyß sorgt und ihm einen wohldosierten Gebrauch des Gedankenglases ermöglicht. Der abrupte, fortwährende Wechsel zwischen Blicken mit und ohne das Gedankenglas soll fröhlich und erwünscht sein, so dass aus der Forschungsgemeinschaft der beiden Freunde eine Lebensgemeinschaft entstehen kann.

Längst nicht alle Fäden und «Verschlingungen» (S. 778) von Hoffmanns Roman sollten und konnten hier nachgezeichnet werden. Die stark von Novalis abhängige geschichtsphilosophische und ursprungsmythische Fundierung des Märchens – m. E. ohnehin die bedenklichste Eigenheit der Erzählung – blieb weitgehend unberücksichtigt. Berücksichtigt werden sollen hingegen noch die beiden Bilder auf der Vorder- und Rückseite der Erstausgabe des *Meister Floh.* Sie können den zweifachen, wenn nicht zweideutigen Schluss des Märchens noch zusätzlich verdeutlichen.

Dietmar J. Ponert hat ein «kritisches Gesamtverzeichnis» des bildkünstlerischen Werks von E. T. A. Hoffmann publiziert und darin auch die beiden Aquatinta-Radierungen abgebildet und genau beschrieben. Seine Kommentare beschränken sich freilich nahezu ausschließlich auf die Angabe der Quellen zur Entstehungsgeschichte und auf die Wiedergabe der Romanpassagen, die seiner Meinung nach als Textvorlagen für die beiden Bilder gedient haben. Zu wenig beachtet werden aber die Beziehungen der beiden Abbildungen zueinander wie auch ganz generell das von Hoffmann inszenierte Verhältnis von Bild und Text.

Für den Floh auf dem vorderen Buchdeckel (Abb. 27) verweist Ponert mit Recht auf eine Szene, in der Peregrinus Tyß im Traum, oder genauer: im Delirium, «das dem Schlaf vorherzugehen pflegt»,[94] ein kleines «Ungeheuer» auf seiner Bettdecke entdeckt. Dieses war

> kaum eine Spanne lang, in dem Vogelkopf staken ein Paar runde glänzende Augen und aus dem Sperlingsschnabel[95] starrte noch ein langes spitzes Ding, wie ein dünnes Rapier hervor, dicht über dem Schnabel streckten sich zwei Hörner aus der Stirne. Der Hals begann dicht unter den Kopf auch vogelartig, wurde aber immer dicker, so daß er ohne Unterbrechung der Form zum unförmlichen Leibe wuchs, der beinahe die Gestalt einer Haselnuß hatte, und mit dunkelbraunen Schuppen bedeckt schien, wie der Armadillo.[96] Das Wunderlichste und Seltsamste war aber wohl die Gestaltung der Arme und Beine. Die ersteren hatten zwei Gelenke und wurzelten in den beiden Backen der Kreatur dicht bei dem Schnabel. Gleich unter diesen Armen befand sich ein Paar Füße und denn weiterhin noch ein Paar, beide zweigelenkig, wie die Arme. Diese letzten Füße schienen aber diejenigen zu sein, auf deren Tüchtigkeit die Kreatur sich eigentlich verließ, denn außerdem daß diese Füße merklich

länger und stärker waren als die andern, so trug die Kreatur auch an denselben sehr schöne goldne Stiefel mit diamantenen Sporen (S. 716 f.).

Die Schilderung entspricht ungefähr der Abbildung des Flohs auf der Vorderseite der Erstausgabe. Freilich, das Gold der Stiefel und die Diamantenfarbe der Sporen muss sich der Betrachter vorstellen; er kann sie auf der in Sepia gehaltenen Aquatinta-Radierung nicht sehen. Zwischen einem biologischen Floh einerseits und der bezeichneten und beschriebenen «Kreatur» andererseits gibt es zudem eine markante Abweichung, und das sind ebenjene Stiefel. Sie werden im selben Abenteuer als Auszeichnung kenntlich gemacht, wonach *dieser* Floh zu einem Volk gehört, dem er nicht als König, wohl aber als jemand vorsteht, der es «in allen Dingen des Lebens zur Meisterschaft» gebracht habe (S. 718 f.). Das Bild auf der Vorderseite ist demnach so etwas wie eine Visitenkarte, mit der sich die Titelfigur dem Leser vorstellt, der möglicherweise die Rolle des zweiten Protagonisten im Roman (Peregrinus Tyß) übernehmen könnte. Das Bild auf der Rückseite hingegen zeigt einen völlig veränderten Meister Floh (Abb. 28). Er ist zwar nach wie vor von «mikroskopischer Gestalt»; hat einen Vogelkopf und einen sperlingsartigen Schnabel, aber sein armadillohafter Leib ist unsichtbar geworden; statt der Schuppen sieht man jetzt die Falten eines Talars. Der Floh der Rückseite ist also im Verhältnis zu dem der Vorderseite noch menschenähnlicher geworden. In der zu einer Hand umfunktionierten Rechten trägt er eine Fackel. Auf zoologische Korrektheit ist jetzt offensichtlich weniger Wert gelegt. Die Titelfigur ist nicht mehr so sehr als Meister aller Flöhe dargestellt, sondern als Lehrer des Peregrinus. Der Talar und die «hochauflodernde Fackel» werden in einem Augenblick erwähnt, da sich Tyß wiederum in einem «träumerischen Delirium» befindet und von Meister Floh für mündig erklärt wird. Dieser hat seine Aufgabe bei Tyß gelöst und seinen Schüler zur Selbsterkenntnis gebracht (S. 808 f.). Das Bild auf der Rückseite verweist demnach auf den Abbruch der wundersamen Geschichte der beiden Freunde,[97] während das der Vorderseite den Beginn der Freundschaft zwischen den beiden darstellt. Die Umschlagsbilder gehen jedoch keineswegs in der Funktion auf, die inhaltlichen Eckpunkte des Märchens zu illustrieren. Mit dem Einbezug des anderen Mediums verändert sich auch die Leistung der Bilder. Ihnen kommt nun noch die Fähigkeit zu, eine Symbolisierung im ursprünglichen Sinne des Wortes als pointierten ‹Zusammenfall›, d. h. als Konzentrat prägnanter im Roman verstreuter oder vielleicht sogar fehlender Elemente vorzuführen. Auf den Umschlagsbildern der Erstausgabe zeigt sich diese zusätzliche Fähigkeit vor allem an der Titelfigur. Deren Attribute und deren ornamentale Einrahmung stellen einen Kommentar dar, der die immanente Poetik Hoffmanns besonders spektakulär aufzeigt.

Im Text, und zwar in der Vorstellungsszene, bezeichnet sich Meister Floh gegenüber Tyß auch als

> Mann von der umfangreichsten Erudition, von der tiefsten Erfahrung in allen Zweigen des Wissens [...] Doch! – nicht messen könnt Ihr den Grad meiner Wissenschaft nach Euerm Maßstabe, da Euch die wunderbare Welt unbekannt ist in der ich mit meinem Volke lebe. In welches Erstaunen würdet ihr geraten, wenn Euer Sinn erschlossen werden sollte für diese Welt, die Euch das seltsamste unbegreiflichste Zauberreich dünken würde. Eben daher möget Ihr es auch gar nicht befremdlich finden, wenn alles, was aus jener Welt herstammt, Euch vorkommen wird, wie ein verwirrtes Märchen, das ein müßiges Gehirn ausgebrütet (S. 719).

Hier weist sich der Meister Floh gleichfalls als Gelehrter aus, als Gelehrter freilich, der in einer sonderbaren Wissenschaft brilliert, die menschlichen Gemütern kaum anders denn als «verwirrtes Märchen» vorkommen müsse. Hoffmans Roman, der ja ausdrücklich als wunderliches Märchen gekennzeichnet ist (S. 753), ließe sich darum auch als ein Buch verstehen, das einen Floh nicht nur als Helden, sondern auch als Verfasser hat. Jedenfalls liegt der Gedanke nahe, dass der Roman *Meister Floh* auch ein Lehrbuch einer sonderbaren Wissenschaft darstellt.

Schon die Platzierung Meister Flohs auf den beiden Bildern in einem senkrecht stehenden, von Arabesken umgebenen Rhombus deutet nicht auf ein gewöhnliches Lehrbuch hin. Ein solches könnte vielleicht auch ein wenig – nicht zu sehr! – mit Ornamenten verziert sein. Hier aber gerät alles durcheinander. Man sieht in der rautenförmigen Reserve eine Kreatur, die flohähnliche *und* menschenähnliche Züge trägt, und zwar, wie erwähnt, in unterschiedlicher Gewichtung auf dem vorderen und auf dem hinteren Buchdeckel. Die aus vier Dreiecken bestehenden Einfassungen sind reich mit Rauten- und Akanthusschmuck versehen, zeigen aber zusätzlich in den rechtwinkligen Ecken Gebilde, die man nicht ohne weiteres identifizieren kann. Spielen sie auf die Konstellationen und Bahnen der Gestirne in ihren «wunderbaren Schwingungen» aus dem Schlusstableau des Romans an

(S. 809)?[98] Sind es stilisierte, karikierte Menschenköpfe, die aus einer Halskrause herausschauen, oder Blumen, die aus Kelchblättern hervorwachsen? Die spitzen Ohren dieser Mischwesen erinnern – wie die des Ungeheuers auf Blakes Gemälde () – an die Ohren eines Esels oder eines Satyrs, könnten also auf satirische Tendenzen des Buchs hinweisen. Die Unterschiede zwischen Menschen, Tieren und Pflanzen verflüchtigen sich vollends bei den beiden unteren Köpfen, die jeweils auf dem *Kopf* stehen. Allein schon diese wenigen Verweise auf die Beschaffenheit der beiden Bilder zeigen, wie diese das lustvolle Spiel mit problematischen Identitätszuweisungen in der Erzählung vorwegnehmen und zugleich aufgreifen. Die durchgängige Betonung *und* Leugnung von Gegensätzen wie die von Wirklichkeit und Illusion, Mensch und Tier, Mensch und Pflanze, Kind und Erwachsener, aber auch von Gegenwart und märchenhafter Vergangenheit sind, frühromantischer Poetik zufolge, Kennzeichen der Arabeske. Die «künstlich geordnete Verwirrung, diese reizende Symmetrie von Widersprüchen, dieser wunderbare ewige Wechsel von Enthusiasmus und Ironie» erschien Friedrich Schlegel als «die älteste und ursprüngliche Form der menschlichen Fantasie» (1800, S. 102). Der vielseitig begabte Hoffmann war zwar kein Philosoph, und es soll auch nicht untersucht werden, ob er sich mit der *Rede über die Mythologie* von 1800 auseinandergesetzt hat. Sein Märchen aber huldigt dieser «Form der menschlichen Fantasie»: Der Text wie die beiden Bilder präsentieren sich so, als seien sie nach Maßgabe von Schlegels Schrift gefertigt worden. Mindestens ebenso wahrscheinlich aber ist es, dass Hoffmann sich durch Phantasmagorien hat anregen lassen und deren Effekte bei seiner Erzählung wie auch beim Buchumschlag vor Augen hatte.

Seit Hooke und Happel war es möglich und auch üblich, ein winziges Tier wie den Floh bildlich detailliert darzustellen (). Hoffmann und sein Helfer Thiele vergrößerten den Floh und stellten ihn zugleich als ein Zwitterwesen zwischen einem Menschen und einem Tier dar. Auch dort, wo der Floh nackt auftritt wie auf dem vorderen Umschlag und kein von einem Schneider hergestelltes Kleidungsstück trägt (S. 699),[99] bleibt er ein Mischwesen. Die schweren Reiterstiefel (S. 717) sind ungeeignet, um ganz schnell zu verschwinden, also eine speziell dem Floh zugeschriebene Fertigkeit auszuüben (S. 722). Man würde sie wohl eher einem Menschen zuordnen. Andererseits ist der geschwollene, schuppige Leib («wie ein Armadillo», S. 716) markant ausgeprägt und unterstreicht die Zugehörigkeit zur Familie der Flöhe. Auf der Rückseite ist der gürteltierartige Leib ganz verhüllt durch einen weiten faltenreichen Umhang, der einen raschen Sprung und auch eine rasche Flucht nach Flohart nicht mehr erlaubt. Das Tier benützt sein oberstes Beinpaar als Arme mit Händen, um *wie ein Mensch* eine brennende und rauchende Fackel halten zu können.

Man hat diese Fackel allzu rasch mit der Aufklärung in Verbindung gebracht (Auhuber, S. 384). Es fragt sich nämlich, welche Art von Aufklärung hier betrieben werden soll und kann. Dazu ist es erforderlich, die Besonderheit dieser Lichtquelle zu erfassen. Eine Fackel ist ja nicht einfach da, damit Licht gemacht und Licht gebracht werden kann. Sie beleuchtet, indem sie brennt, und sie verdunkelt und verhindert die Sicht, indem sie rußt. Außerdem ist eine Fackel beweglich. Wird sie von einem agilen Lebewesen herumgetragen, so zaubert sie immer neue Gegenstände hervor, die plötzlich, wie aus dem Nichts, in der Nähe von Licht auftauchen und ebenso plötzlich wieder verschwinden, wenn sie nicht mehr angeleuchtet sind. Diese irrlichternde Beleuchtung verändert fortwährend die Wahrnehmung in einer Weise, die dem abrupten, fortwährenden Blickwechsel des Peregrinus gleicht – je nachdem ob er mit oder ohne das Gedankenglas seine Mitwelt anschaut.

Obendrein ist die Fackel eine künstliche Lichtquelle, die starke Kontraste von Hell und Dunkel erzeugt und Farbe und Form von allem, was sie ins Licht rückt, verändert. In der Bildenden Kunst hat solche künstliche Beleuchtung ein eigenes *Genre* hervorgebracht: das *Nachtstück*. Mit George de La Tours *Femme à la Puce* ist oben ein bedeutendes Exemplar jener Gattung vorgestellt worden (). Johann Georg Sulzer hat in seinem Lexikon *Allgemeine Theorie der Schönen Künste*, dem repräsentativen ästhetischen Nachschlagewerk der vorklassischen Ära in Deutschland, «wenig Gefallen» an den Nachtstücken bekundet. Für ihn war es erwiesen, dass Gegenstände mit brennenden Fackeln nur «unvollkommen erleuchtet» werden, und vor allem, dass sie die ihnen «eigenthümlichen Farben» verlieren (S. 294). Hoffmann hingegen schätzte Nachtstücke ganz außerordentlich; er übernahm den Terminus aus der Malerei und verwendete ihn als Sammeltitel einer Auswahl seiner Erzählungen. In seinem *Meister Floh* ereignen sich alle wichtigen Ereignisse bei Nacht. Der Tag erzeugt falsche Sicherheiten. Die von der Sonne beleuchteten Objekte erwecken den Anschein, man könne sie in der ihnen «eigenthümlichen» Farbe und Gestalt erkennen. Werden die Gegenstände jedoch nur vom Licht einer Fackel erhellt, dann verändern sie ihre Farbe; sie bekommen für einen Augenblick eine überscharfe Physiognomie und versinken schon kurze Zeit später in gestaltloser Dunkelheit. Im Fall des Tageslichts wird die Leistung der Wahrnehmung bestätigt; im Fall des Nachtlichts hingegen wird sie *problematisiert.* Die beiden Mikroskopisten Leuwenhoek und Swammerdam sind Dogmatiker; sie glauben, in den Besitz der Wahrheit kommen zu können, ja diese schon zu besitzen. Tyß hingegen und die mit ihm sympathisierenden Leser und Leserinnen werden offenkundig vorsätzlich dem Zweifel und der systematischen Verwirrung ausgesetzt. Die brennende Fackel spielte schon in den Phantasmagorien Robertsons eine wichtige Rolle (); hier, auf dem Umschlag, hat ihr der Autor des *Meister Floh* eine zusätzliche programmatische Bedeutung verliehen. Diese lässt sich noch genauer bestimmen. Das Licht der Fackel brennt unruhig, und diese Unruhe wirkt sich auch aus auf das, *was* sie erleuchtet. Grimms *Wörterbuch* hebt in den einschlägigen Artikeln über ‹Fackeln› und ‹Flackern› besonders den volatilen Charakter des Fackellichts hervor. Es verrate eine «unstäte bewegung, wie sie von der flamme ausgeht» (3. Bd., Sp. 1227 f. und 1706). Wenn jemand ‹nicht lange *fackelt*›, dann geht er ohne Umschweife ans Werk und auf sein Ziel los. Ein außerordentlich sprungfähiges und sprungbereites Tier wie der Floh dagegen fackelt fortwährend. Wenn er obendrein noch eine brennende Fackel hält, kann er ein geradezu exponentiell gesteigertes ‹Flackern› bewirken. Alles wird situativ, d. h. von augenblicklich geltenden Faktoren bestimmt, die sich rasch wieder ändern oder sogar gänzlich unerheblich werden können. Insofern lehrt die brennende Fackel die Relativität jeder Wahrnehmung und erzeugt den wahrhaft humanen Wissenschaftler, der im Unterschied zu verbohrten Dogmatikern wie Leuwenhoek und Swammerdam immer wieder erneut zur Revision von Erkenntnissen bereit ist. Hoffmann unterstreicht die etymologische Verwandtschaft von ‹Fackeln› und ‹Flackern›, indem er beide Wörter benützt und mit dem Meister Floh in Zusammenhang bringt: «Ein heller *flackernder* Schein fuhr bei Peregrinus' Augen vorüber» – hervorgerufen durch eine «hochauflodernde Fackel» in den Vorderpfötchen des Flohs (S. 809; vgl. auch S. 715).

Fackel und Floh gehen bei Hoffmann eine Einheit ein, die sich auch ansonsten im Märchen findet. Es gibt eine Pflanze, die Fackellilie, die auf vielfältige Weise mit den Protagonisten Peregrinus und Meister Floh verbunden ist.[100] Flöhe sind, so sagt ihr Meister, fähig und geneigt, «sich jeder soliden Gestaltung zu entziehen durch fortwährendes Hüpfen» (S. 718). Damit kennzeichnet er vor allem sich selber und darüber hinaus den «Herausgeber» des Märchens. Dessen Besonderheit besteht darin, dass es immer neue Gegenstände, Pflanzen, Tiere und Menschen aufbietet, die plötzlich und unvermutet eine Identität mit schon Vertrautem zeigen. Das fortwährende Hüpfen im Verbund mit dem Flackern und Fackeln bezeichnet metaphorisch die Schreibart Hoffmanns. Insofern ist der Meister Floh nicht nur die Galionsfigur des nach ihm benannten Märchens, sondern sogar so etwas wie das Wappentier des Autors. Die Vorderseite und die Rückseite von Hoffmanns Kunstmärchen bestätigen gerade in ihrer Verschiedenheit das Trügerische und Gefährliche jeder «soliden Gestaltung». Erst beide Bilder zusammen können veranschaulichen, was eine einzelne Abbildung nicht zu leisten vermag.[101]

27 Das Floh-Lied in ‹Auerbachs Keller› (Goethe)[102]

ALTMAYER
Gebt uns ein Lied!
MEPHISTOPHELES
Wenn ihr begehrt, die Menge.
SIEBEL
Nur auch ein nagelneues Stück!
MEPHISTOPHELES
Wir kommen erst aus Spanien zurück,
Dem schönen Land des Weins und der Gesänge.
Singt
Es war einmal ein König,
Der hatt' einen großen Floh –
FROSCH
Horcht! Einen Floh! Habt ihr das wohl gefaßt?
Ein Floh ist mir ein saub'rer Gast.
MEPHISTOPHELES *singt*
Es war einmal ein König,
Der hatt' einen großen Floh,
Den liebt' er gar nicht wenig,
Als wie seinen eignen Sohn.
Da rief er seinen Schneider,
Der Schneider kam heran:

Da, miß dem Junker Kleider,
Und miß ihm Hosen an!
BRANDER
Vergeßt nur nicht dem Schneider einzuschärfen,
Daß er mir auf's genauste mißt,
Und daß, so lieb sein Kopf ihm ist,
Die Hosen keine Falten werfen!
MEPHISTOPHELES
In Sammet und in Seide
War er nun angetan,
Hatte Bänder auf dem Kleide,
Hatt' auch ein Kreuz daran,
Und war sogleich Minister,
Und hatt' einen großen Stern.
Da wurden seine Geschwister
Bei Hof' auch große Herrn.

Und Herrn und Frau'n am Hofe,
Die waren sehr geplagt,
Die Königin und die Zofe
Gestochen und genagt,
Und durften sie nicht knicken,
Und weg sie jucken nicht.
Wir knicken und ersticken
Doch gleich wenn einer sticht.

CHORUS *jauchzend*
Wir knicken und ersticken
Doch gleich wenn einer sticht.
FROSCH
Bravo! Bravo! Das war schön!
SIEBEL
So soll es jedem Floh ergehn!
BRANDER
Spitzt die Finger und packt sie fein!
ALTMAYER
Es lebe die Freiheit! Es lebe der Wein!
[…]
(Goethe/Schöne, S. 94 f.)

Der Autor des *Faust* hat mindestens einmal in seinem Leben nachweislich eine recht verdrießliche Begegnung mit Flöhen gehabt, und zwar auf der schon erwähnten Schweizer Reise im Jahre 1779 (). Neben dieser für einen Menschen des 18. Jahrhunderts keineswegs ungewöhnlichen Erfahrung hatte er aber auch eine Beziehung zu literarischen Flöhen; d. h., er war offensichtlich auch mit der einschlägigen Literatur seiner Zeit und der vorausgegangenen Jahrzehnte vertraut. Das zeigt sich an dem Vokabular des Mephisto-Liedes, vor allem aber am Umgang mit dem Verhältnis von Größe und Kleinheit des Flohs, das seit Basile unablässig in Szene gesetzt worden ist. Die Anspielung auf Floh-Texte vorausgegangener Zeiten hat manche Goethe-Verehrer irritiert, und sie tut es zuweilen noch heute.

Das Lied, das sich schon in den beiden früheren Fassungen *Urfaust* und *Faust. Ein Fragment* befand, wurde meist als Satire auf die Günstlingswirtschaft in den deutschen Duodezstaaten gedeutet. Auch darum musste es viele Leser des Gelehrten-, Gretchen- und erst recht des Menschheitsdramas *Faust* befremden. Zudem konnte es Bewunderer Goethes verärgern, denn es schien sich gegen den Autor selber zu richten, der ja sehr rasch am Weimarer Hof politische Karriere gemacht hatte. Während es in älteren Kommentaren noch euphorisch als Spottgedicht «der freien Bürger gegen die Abhängigkeit des Adels am Hofe» gepriesen wurde (Artemis, 5. Bd., S. 762), betonen neuere Kommentatoren den ironischen Bezug zu Goethes Biographie. Bekanntlich stand der reichsstädtisch gesinnte Vater einer Hofkarriere seines Sohns skeptisch gegenüber. In *Dichtung und Wahrheit* wird über die Vor- und Nachteile des Aufenthalts am Hofe gestritten und der Vater mit einem Spruch zitiert, der an das Floh-Lied erinnert: «Willst du die Not des Hofes schauen: Da wo dich's juckt, darfst du nicht krauen» (Artemis. 10. Bd., S. 705). Mit Hofkritik war Goethe also schon früh vertraut; er kannte auch – Paul Hoffmann (S. 160) und Helgard Reich (S. 98 f.) zufolge – Christian Friedrich Daniel Schubarts antihöfisches Gedicht *Der Hahn und der Adler* von 1774. In dieser «Fabel ohne Moral» (so der Untertitel) gibt es einen schmucken Gockel, der am Hofe aufsteigt, obwohl er nur flattern kann. Ein Adler liest dem aufgeblasenen, unfähigen «Schwätzer» gehörig die Leviten:

Ein Fürst war einem Hahnen hold –
«Warum nicht gar! Was? Einem Hahnen?»
Ja, ja er liebt ihn mehr, als seine Unterthanen.

Sein Kamm war Purpur, seine Federn Gold.
Dumm war er zwar; jedoch sein Kikriki
Galt an dem Hofe für Genie.
Kein Höfling durfte sich erdreisten,
Dem Hahnen was zu thun. Ihn speisten
Prinzessinen mit eigner Hand,
Und schmückten seinen Hals mit einem goldnen Band.
Der Hofmann ehrte ihn, der oft vor Neid erstickte,
Wenn sich die Dame niederbückte
Und dann der Hahn den Marmorarm bepickte.

An einem Morgen flog der Hahn
Hinab zum Garten, schlug die Flügel
Und krähete von einem Rasenhügel
Den goldnen Morgen an.

Ein Adler flog vorbei. Der stolze Haushahn schrie
In seiner schmetternden Trompetenmelodie:
Wohin, Herr Bruder! schon so früh?

Quälst du dich noch mit Sonnenflug?
Zu deinem Glück ist's schon genug
An einem Hahnenflügelschlage.
Komm und genieße goldne Tage!
Die Könige bewundern dich,
Dich speisen Fürstinnen mit hoher Hand, wie mich,
Was willst du dich mit Donnerkeilen plagen?
Kann Zeus sie denn nicht selber tragen?

Schweig, sprach mit einem ernsten Blicke
Der Sonnenflieger zu dem Hahn,
Ich fliege zu der Wolkenbahn;
Du aber bleibst im Staub zurücke.
Ein Schwätzer, leer, wie du, ist's werth,
Daß ihn der goldne Höfling ehrt.
Ihr Beifall und ein Band ziemt deinem Hahnenwitze;

Ich aber fliege zu dem Sitze
Des Donnerers, und trage Blitze,
Und der Olympos sieht mich lächelnd an;
Selbst Vater Zeus der donnern kann,

Giebt mir zum Lohne väterliche Blicke
Dann eil' ich stolz zum Felsennest zurücke,
Und Teuts erhabner Bardenchor
Singt aus dem Eichenhain zu meinem Fels empor.

Vor trunkner Wollust schlummr' ich hin,
Und fühl's, daß ich ein Adler bin.
[…].
(S. 197 f.)

Ob der flugunfähige Hahn Schubarts den flugunfähigen Floh Goethes hervorgebracht hat, ist freilich zweifelhaft. Die Texte sind, obwohl sie sich beide mit Missständen des Hoflebens befassen, gar zu verschieden. Das Floh-Lied im *Faust* ist keine Fabel, nicht einmal ein für sich allein bestehendes Gedicht, sondern Bestandteil der Szene ‹Auerbachs Keller in Leipzig›. Mephisto, der es singt, wird schon nach zwei Zeilen unterbrochen, und am Ende löst es sich ohnehin in einem Refrain auf, der von einem «CHORUS» gesungen wird.

Goethe war mit der Fabelliteratur eines Gellert, Lessing und Lichtwer vertraut; darüber hinaus hatte er sich, wie er in *Dichtung und Wahrheit* (2. Teil, 7. Buch) durchblicken lässt, schon früh mit den Fabeln Äsops auseinandergesetzt. Insofern wusste er, wie sehr jene antike Fabelsammlung über Jahrhunderte Furore gemacht hatte. Ganz wie Äsop hielt sich etwa der berühmte La Fontaine an die Maxime, dass ein Winzling wie der Floh keine Lehre übermitteln könne (). Wenn in einer Fabel ein allgemeiner Sachverhalt veranschaulicht oder erläutert werden sollte, dann griffen diese beide Fabel-Experten mit Vorliebe auf ‹große›, großartige Tiere – den Löwen etwa oder den Adler – zurück. Der Floh und andere kleine Tiere wurden selten oder gar nicht als Fabelwesen beansprucht. Das Gedicht *Der Hahn und der Adler* enthielt zwar eine scharfe Kritik an skandalösen Herrschaftspraktiken, sein Verfasser aber blieb mit der Verdammung des unwürdigen Hahns und mit dem Lobpreis des heraldischen Wappentiers noch ganz einer konventionellen, vordemokratischen Metaphorik verpflichtet.[103] Ähnliches galt für die meisten Fabeldichter. Sie mieden ein Tier wie den Floh, weil der in ihren Augen kein Bedeutungsträger sein und erst recht keine Lehre übermitteln dürfe. Anders Goethe – er machte gerade die Größe des winzigen Insekts in seinem Floh-Lied zu einem zentralen Thema und rückte sie, wie man sehen wird, in ein schillerndes Licht.

Und auch noch in anderer Hinsicht hebt sich das Floh-Lied im *Faust* von der Tradition ab, ja es erweist sich tatsächlich als ein «nagelneues Stück». Das kann und will ich hier nicht anhand zusätzlicher antihöfischer Texte darlegen,[104] wohl aber möchte ich zeigen, dass das Lied aus ‹Auerbachs Keller› sehr eigenwillig auf die Tradition der Floh-Literatur Bezug nimmt. Es setzt sich jedenfalls deutlich ab von der «Legion» an Floh-Anthologien, die seit Fischart in deutscher Sprache erschienen sind (Reich, S. 99). Und es unterscheidet sich von den so genannten «galanten» Gedichten wie auch von den anonymen und pseudonymen Prosaschriften des 18. Jahrhunderts, bei denen Zweifel angebracht sind, ob sie mutige Plädoyers für ein missliebiges Insekt sein sollen oder aber ob sie von Flöhen nur reden, um Nuditäten schildern zu dürfen und dadurch sexuell stimulierend vor allem auf männliche Leser wirken zu können. Wer so über Sexualität spricht, vermisst sie, möchte man frei nach Novalis sagen.[105] Goethe jedenfalls zeichnet ein hellsichtiges Bild über den Zusammenhang von verhindertem Begehren und Gewalt. Sexuelle Lust und Tötungslust rücken dabei eng zusammen. Wie bei dem winzigen Tier Mundtaster und Geschlechtsglied häufig nicht voneinander unterschieden wurden, so zeigt sich auch bei den Hörern und Mitsängern des Floh-Lieds immer wieder auf irritierende Weise, wie nah sich Verschiedenheiten und selbst Gegensätze kommen können. Die vier Spießgesellen bewundern den «großen Floh» und seine Geschwister, würden gerne gleichfalls so privilegiert sein wie diese. Dann wollen sie gleichwohl alle Flöhe «knicken und ersticken», die ihnen in die Quere kommen. D. h., sie wüten «jauchzend» gegen die, die sie sein wollten. In ihrem Wüten verwischen sich Flohbiss, Geschlechtsakt und lustvolle Tötung. Was verschieden, ja gegensätzlich ist, kann die Form eines unmerklichen Übergangs annehmen – so, wenn es vom Stechen der Flöhe (*genitivus subjectivus*) zum Knicken der Flöhe (*genitivus objectivus*) kommt. Dem Sänger entgleitet die Herrschaft über sein Lied; es wird von den Zechbrüdern aufgegriffen, fortgeführt und in eine andere Richtung gelenkt. Antreiber und Getriebene lassen sich nicht mehr kategorial voneinander unterscheiden. Mephisto bringt zwar das Floh-Lied in die Trinkgesellschaft ein; es ist *sein* Lied, ob es aber bis zum Schluss der Szene seines *bleibt*, kann bezweifelt werden.

Sehen wir genauer hin: Der Szene ‹Auerbachs Keller in Leipzig› ist die im ‹Studierzimmer› mit der Wette und dem Abschied Fausts von seinem Gelehrten-Dasein vorausgegangen. Mephisto hat dem Doktor eine «leichte

Lebensart» (V. 2056) und einen «neuen Lebenslauf» (V. 2072) in Aussicht gestellt und möchte ihn nun mit dem «Volke» (V. 2161) bekannt machen. Doch können Frosch, Brander, Altmayer und Siebel für ebendieses «Volk» einstehen? Man ist nur allzu geneigt, diese Frage negativ zu beantworten; auch ich war anfangs der Meinung, dass die vier Spießgesellen kaum repräsentativ für eine ganze Bevölkerung, wie etwa die deutsche, sein können. Sie scheinen Studenten zu sein, noch dazu missratene. Tatsächlich aber werden sie nie ausdrücklich als solche bezeichnet. Sie ahmen lediglich akademisches (Fehl-)Verhalten nach. Für sie gilt vor allem, dass sie keinerlei politische Hoffnungen (mehr) haben und obendrein unter unglücklichen Liebesbeziehungen leiden. Es sind politisch Enttäuschte und sexuell Frustrierte. Einem Verhalten wie dem ihrigen, in dem sich Dumpfheit und Aggressivität mischen, hat Klaus Heinrich eigens eine kleine Studie gewidmet. *Gemütlichkeit*, so der Titel seines Aufsatzes, habe «in der jüngeren deutschen Geschichte ein *ungemütliches Revers* bekommen, nämlich *Brutalität*», und mit dieser ihrer Kehrseite ausgestattet sei sie sogar «zum Charakteristikum einer spezifisch nationalen Mentalität geworden» (S. 64). Auch wenn bezweifelt werden kann, ob diese ungemütliche Gemütlichkeit ausschließlich deutsche Verhältnisse kennzeichnet, so sind doch Heinrichs Anmerkungen zu einem «deutschen Stichwort» in der Lage, mit der Illusion aufzuräumen, dass Frosch, Brander, Altmayer und Siebel nur ein schmales Segment einer Bevölkerung repräsentierten. Die Viererbande – so hätte sie wohl Heinrich genannt – liefert nicht nur hinlänglich Indizien für ihre Triebhaftigkeit und ihre Frustriertheit, sondern auch für ihre Bereitschaft zu Aggression und Selbstzerstörung. Der späte Sigmund Freud hat sich unter dem Eindruck seiner Erfahrungen als Überlebender des Ersten Weltkriegs intensiv mit solchen Fällen beschäftigt. Er sprach von Aggressionen, die in der Außenwelt keine Befriedigung finden, weil sie auf reale Hindernisse stoßen. Sie seien wichtig und stellten eine «schwere Schädigung» dar; es sehe

> wirklich so aus, als müßten wir anderes und andere zerstören, um uns nicht selbst zu zerstören, um uns vor der Tendenz zur Selbstdestruktion zu bewahren. Gewiß eine traurige Eröffnung für den Ethiker! (S. 112).

Mephisto ist kein Ethiker. Er reagiert auf die «Gemütlichkeit» der Bande, indem er diese buchstäblich an der Nase herumführt. Zunächst behauptet er,

Faust und er seien eben «erst aus Spanien zurück [gekommen], dem schönen Land des Weins und der Gesänge». Er lässt dabei unerwähnt, dass dieses Land gerade zu Goethes Lebzeiten eher für seine besonders rigide absolutistische Herrschaftspraxis, genauer: für Folter und Inquisition, berüchtigt war. Ein Hinweis auf *diese* spanische Eigentümlichkeit hätte gut zu den antihöfischen Tendenzen gepasst, die den eingangs angestellten Vergleich des Floh-Lieds mit Schubarts Fabel nahegelegt hatten. Möglicherweise verschweigt Mephisto den Hinweis, weil er den Widerwillen der Zechbrüder gegen ein politisches Lied kennt («Pfui! Ein politisch Lied! / Ein garstig Lied!», V. 2092 f.). Mephistos Behauptung ist aber vor allem aus einem anderen Grund auffällig. Sie muss die Zuschauer und Leserinnen überraschen, denn von einem Spanien-Aufenthalt der beiden war bisher im Drama nie die Rede.[106] Der Verweis auf das «Land des Weins und der Gesänge» bezieht sich darum eher auf *kommende* als auf vergangene Ereignisse. Und in der Tat, das Lied Mephistos endet mit Wein und Gesängen, geht dann allerdings in einem allgemeinen Gejohle und einem Besäufnis unter.

In dem Lied ist von einem Tabubruch die Rede. Ein König liebt einen Floh. Schon im *Pentamerone* des Basile gab es eine ähnliche Geschichte (), freilich galt die Liebe des Königs dort einem «Floh*weibchen*» (S. 56). Bei Goethe ist das Skandalöse noch gesteigert, ja verdoppelt, denn der königliche Geliebte ist allem Anschein nach ein männlicher Floh. Prompt wird der singende Mephisto bereits nach zwei Versen von Frosch unterbrochen: «Horcht! Einen Floh! Habt ihr das wohl gefaßt? / Ein Floh ist mir ein saub'rer Gast.» Soll das ironisch gemeint sein? Ist der Floh ein schmutziger, ein trüber Gast oder einer, der Bewunderung verdient? Was auch immer Frosch zum Ausdruck bringen will, ob er es ernst, ironisch oder euphemistisch meint – sein Zwischenruf bleibt unklar. Ein leiser Unterton von ungläubiger Verwunderung über den Liedanfang ist kaum zu überhören. Mephisto beginnt noch einmal von vorne und erzählt von einem «großen Floh», den ein König «wie seinen eignen Sohn» liebe. Anders als Basiles (und auch Brentanos) Märchenkönig, der seine Liebe verschweigt – sonst könnte er nicht nach dem Tode des Flohs jenen idiotischen Wettbewerb ausschreiben! () –, denkt der König bei Goethe in keiner Weise daran, sein Verhältnis zu seinem ungewöhnlichen Partner zu verheimlichen. Der Vergleich verdeckt bis zu einem gewissen Grad die gleichgeschlechtliche Liebe zwischen dem König und dem Floh, indem er sie in die Nähe einer dynastischen, familiären Beziehung rückt.[107] Zugleich lenkt er ab vom Skandalon einer Beziehung zwischen einem Menschen und einem Tier.

Das Adjektiv «groß» spielt dabei eine ganz entscheidende Rolle. Es kann im eigentlichen, aber auch im übertragenen Sinne verstanden werden. In jedem Fall zielt es auf einen Sachverhalt, der in meinem Buch von zentraler Bedeutung ist: Ein Floh mit seinem winzigen Körper kann durchaus eine riesige Bedeutung erhalten. Hier liegt es nahe, «groß» zunächst im übertragenen Sinne zu verstehen und als Synonym von ‹wichtig›, ‹bedeutend› zu lesen, denn in der zweiten Strophe erfährt man, dass die Verwandten des Flohs «bei Hof' *auch groß*e Herrn» geworden seien. Dass sie nicht Brüder, sondern «Geschwister» genannt werden,[108] mag ebenso befremden wie die Charakterisierung der Liebe des Königs.

Schon im Verlauf der ersten Strophe wird jedoch Größe anders interpretiert. Der geliebte Floh nämlich scheint auch eine beträchtliche körperliche Statur zu besitzen. Wenn der König befiehlt, seinem Liebling Kleider und Hosen anzufertigen, dann wünscht er, dass sie am Leib des Flohs «gemessen» werden sollen. Ob er sich dabei einen erigierten oder einen nicht-erigierten Zustand vorstellt, bleibt ungesagt. *Angemessen sein* aber werden die Kleider und Hosen auf keinen Fall, und zwar nicht so sehr wegen der geringen Körpergröße des Insekts, sondern weil diese Kleidungsstücke spezifisch menschliche Utensilien sind und einem Floh ganz und gar *unangemessen* wären. Die Bezeichnung als «Junker» deutet gleichfalls auf einen problematischen Versuch der Vermenschlichung des Tiers hin. Junker sind gewöhnlich junge Angehörige aus adeligem Haus. Als Jugendliche sind sie möglicherweise noch im Wachsen begriffen; als Adelige haben sie vielleicht schon gesellschaftliche Reputation erworben. Ob Größe also hier wortwörtlich oder im übertragenen Sinne zu verstehen ist, lässt sich nicht zweifelsfrei entscheiden.

Obendrein hat sich Mephisto selber in der Szene ‹Studierzimmer› als «Junker» (V. 1535) vorgestellt, so dass der Liebling des Königs auch ein wenig diabolische Züge erhält. Umgekehrt freilich rückt auch Mephisto in die Nähe der Flöhe und der vier Spießgesellen. Er ist «Herr der Ratten und der Mäuse, / Der Fliegen, Frösche, Wanzen, Läuse» (V. 1516 f.), und damit auch Herr jener vier. Die wissen es freilich nicht, geben sich aber fortwährend als Knechte Mephistos zu erkennen, indem sie sich mit solchem Getier vergleichen. Es ist darum auch kaum verwunderlich, dass sich die «Viererbande» vom Inhalt des Liedes in besonderer Weise angesprochen fühlt.

Der gesellschaftliche Aufstieg des königlichen Lieblings am Hofe müsste den vieren freilich als unerreichbares Sehnsuchtsziel erscheinen. Ihm haftet zudem etwas ähnlich Doppeldeutiges an wie den Hinweisen auf die Größe des Insekts. Die enorme Sprungkraft eines veritablen Flohs ist offenkundig verantwortlich dafür, dass der Floh des Liedes «sogleich Minister» werden kann. Sein Hüpfen ist nichtsdestoweniger kein Fliegen; es entspricht in Schubarts Fabel dem Flattern des Hahns, der mit den Flugkünsten des Adlers gleichziehen wollte. In beiden Texten bestand die Möglichkeit einer politischen Auslegung (Stichwort: Günstlingswirtschaft), doch bei Goethe wird diese Möglichkeit sogleich abgewehrt durch die Rezeption der Zuhörer. Brander, der Wortführer der Gesellen, der zuvor schon seinen Widerwillen gegen «ein politisch Lied» zum Ausdruck gebracht hatte, versteht das Lied Mephistos *nicht* politisch und seine Kumpane folgen ihm darin. Schon nach acht Versen nützen sie das Ende der ersten Strophe und die damit verbundene Pause, um ihr Verständnis durchzusetzen, indem sie sich selber in die Geschichte einbringen. Und ausgerechnet der politikverdrossene Brander tut sich dabei besonders hervor:

> Vergeßt nur nicht dem Schneider einzuschärfen,
> Daß er mir auf's genauste mißt,
> Und daß, so lieb sein Kopf ihm ist,
> Die Hosen keine Falten werfen!

Brander ist nicht an einer Kritik am Karrierismus interessiert; was ihn vielmehr fesselt, ist der sexuelle Subtext der Geschichte vom königlichen Lieblingsfloh und dessen «Geschwistern» am Hofe. Wenn er droht, den Schneider zu töten, falls dieser die Hosen nicht «auf's genauste mißt», dann spielt er auf die sexuelle Potenz des Flohs an und lenkt die Aufmerksamkeit auf ein konkretes Detail, das einer politischen Fabel eine andere Ausrichtung verleihen würde. Mit der vorgeblichen Sorge um eine angemessene Flohbekleidung (die, wie erwähnt, immer etwas Unangemessenes darstellt) wird nämlich auch eine Einkleidung als Fabel sabotiert. Die Kleider des Flohs sind dem König wichtig, weil sie den Rang des Günstlings nach außen hin sichtbar machen sollen. Der ganze Hof nämlich soll wissen: Dieser Floh ist groß im übertragenen Sinne; er, der Liebling des Landesherrn, *bekleidet* jetzt eine Ministerstelle. Für Brander aber sind die Kleider wichtig, weil sie etwas nahezu Unsichtbares *gänzlich* sichtbar machen könnten. Die Forderung nach genauestens vermessenen Hosen ist hochgradig aggressiv vorgetragen, verbindet sie Brander doch mit Todesdrohungen. Wie groß im wortwörtlichen Sinne nämlich der beförderte Floh des Königs auch sein mag, eines wird dem Schneider nicht gelingen, selbst wenn er ein Virtuose seines Fachs sein sollte: Er wird die Kleidung nicht so zuschneiden können, dass die darunter befindlichen Gliedmaßen, die Beine, der Genitalapparat und der Stech- und Saugrüssel, von außen unterschieden werden könnten. Die Unmöglichkeit, an der Kleidung etwas Bestimmtes abzulesen, erzeugt eine Dunkelzone, die Brander bedenkenlos nutzt, um sich und seine sexuellen Gelüste zu artikulieren. Mephisto leistet ihm dabei Sukkurs, indem er in der dritten Strophe den königlichen Floh und dessen «Geschwister» als promiskuitive Triebwesen präsentiert. Ihr Plagen, Stechen und Benagen ist Nahrungsaufnahme und sexuelle Triebabfuhr zugleich. Es malträtiert alles, was sich bewegt, «sehr», und zwar unabhängig vom Geschlecht – also «Herrn und Frau'n am Hofe» – und unabhängig vom sozialen Stand – also die «Königin *und* die Zofe» () –, und die Flöhe praktizieren es obendrein, ohne dabei um ihr Leben fürchten zu müssen. Solch sanktionsfrei bleibendes Verhalten fasziniert Brander und seine Gesellen. Sie wären wohl gerne so privilegiert wie der Minister und seine «Geschwister». Auf jeden Fall bemerken sie nicht, dass der Sänger mit dem sechsten Vers der letzten Strophe vom Bericht über die Hofgesellschaft auf die Situation seiner Zuhörer eingeschwenkt ist. In den beiden verbleibenden Versen wechselt das Pronomen von der dritten Person («sie») zur ersten («Wir»). Statt weiter von den Flöhen und ihren zur Duldung gezwungenen Opfern zu sprechen, macht sich Mephisto nun gemein mit denen, die sich «ganz kannibalisch wohl» fühlen wollen «[a]ls wie fünfhundert Säuen» (V. 2293 f.). Sie, die keiner höfischen Etikette unterstehen, dürfen zwar nicht stechen wie der königliche Floh und seine «Geschwister», aber sie dürfen diese, ohne Sanktionen fürchten zu müssen, «knicken und ersticken». Aus ihrer Lust, den Flöhen nachzueifern, ist unversehens eine Lust geworden, die Flöhe zu töten. In beiden Aktivitäten schwingt noch ein sexueller Unterton mit, der den Gegensatz von Nachahmungsbedürfnis und aggressivem Beseitigungswunsch unterläuft. Die vier Gesellen wiederholen im Chor «jauchzend» die letzten beiden Verse Mephistos und kommentieren das Lied insgesamt mit einem «Bravo! Bravo! Das war schön! / So soll es jedem Floh ergehn!» (V. 2241 f.). Damit rückt das Lied, das Mephisto singt, ganz in die

Nachbarschaft von Branders Lied am Anfang der Szene in ‹Auerbachs Keller›. Beide Sänger thematisieren die Nähe von sexueller Begierde und Mordlust, also den Umschlag von Genuss in Gewalt. Die mit «Fett und Butter» gemästete Ratte wird von der Köchin vergiftet. Ihr Todeskampf wird mit Geburtswehen assoziiert: Sie pfeift «aus dem letzten Loch, / Als hätte sie Lieb' im Leibe» (V. 1147 f.).

Mephistos Lied franst gegen Ende aus und schlägt Töne an, in denen sich vermehrt die Sehnsüchte und Begierden der Zechgesellen Gehör verschaffen. Ob dies so von seinem Sänger intendiert war, bleibt offen. Manches spricht dafür, dass auch der Fortgang und das Ende der Szene von Mephisto geplant sind – so etwa, wenn er den Gesang, oder besser: die Bekundung von «Gemütlichkeit» der Zecher («Uns ist ganz kannibalisch wohl, / Als wie fünfhundert Säuen!»), kommentiert gegenüber Faust mit der Bemerkung: «Gib nur erst Acht, die Bestialität / Wird sich gar herrlich offenbaren» (V. 2297 f.). Entscheidend ist aber, dass sich die Frage, wem das Lied zugesprochen werden kann oder muss, erübrigt, sobald Mephistos Absichten und die unausgeglichenen, widersprüchlichen Interessen der vier Gesellen zusammentreffen. Die anfängliche Eindimensionalität der Szenenanweisung «MEPHISTOPHELES *singt*» wird abgelöst und aufgefächert durch die Kommentare «CHORUS *jauchzend*» (V. 2239) und «ALLE *singen*» (V. 2293). Was die gröhlenden Zecher dann von sich geben, ist alles andere als ein einstimmiger Gesang. Dessen «Bestialität», die sich so «herrlich» offenbaren soll, schreit nach Genuss *und* Gewalt sowohl gegenüber anderen als auch gegenüber den Sängern selber. Sie möchten trinken, verschlingen, kopulieren, stechen und töten, sich behaupten und sich aufgeben – und zwar alles möglichst auf einmal.

Das Floh-Lied wurde von Schubarts Fabel *Der Hahn und der Adler* vor allem deshalb abgesetzt, weil es keine eindeutige Lehre vermittelt. Der alte Goethe hat sich in anderen Zusammenhängen, nämlich für seinen Bericht über den französischen Akademiestreit von 1830, einen Satz aus Montaignes *Essais* zu eigen gemacht: «Ich lehre nicht, ich erzähle» (Artemis, 17. Bd., S. 390). Dieser Satz gilt auch für die Szene ‹Auerbachs Keller in Leipzig›. Sie lehrt nichts, und auch der Sänger des Floh-Lieds lehrt nicht; er erzählt – allerdings so, dass er selber ebenfalls zum Gegenstand seiner Erzählung wird. Es gibt viel Dunkelheit in ‹Auerbachs Keller›, und manches in dem Lied entzieht sich einer eindeutigen Festlegung. So bleibt offen, ob die Liebe des Königs homoerotisch ist, ob die Flöhe wortwörtlich oder im übertragenen Sinne groß sind, ob ihre Kleidung verhüllt oder enthüllt und ob sie an der Hofgesellschaft ihren Hunger oder ihre sexuelle Begierde stillen wollen.

Während der Sinn für ungeklärte Situationen den Sänger, die vier Saufkumpane (und wohl auch uns Leser) zusammenbindet, scheint ein Einziger davon unberührt: Faust. Der war zunächst vor allem an Erkenntnis interessiert und erweist sich jetzt mehr als ein Mann der Tat und weniger als Freund der bloßen Anschauung. Von Bildern und Schauspielen, zumal wenn sie ambivalent sind, will er nichts wissen.[109] Die derbe Sinnlichkeit des Liedes stößt ihn ab, und das Renommiergehabe wie auch die sexuellen Frustrationen der vier Saufkumpane öden ihn an. Auf dem Höhepunkt der Show, bei der Mephisto alle Register zieht – er betätigt sich als Sänger ebendes Floh-Lieds und als Zauberkünstler –, drängt Faust auf Abbruch und Abreise (V. 2296).

Von den Flöhen ist da schon lange nicht mehr die Rede. Sie, die Meister des Verschwindens, sind Unruhestifter gewesen. Durch ihr Privileg, ungestraft ihre Begierden ausleben zu dürfen, wurden sie zum Vorbild *und zugleich* zum Ärgernis für die Viererbande; sie trugen mit dazu bei, dass sich bei dieser das *ungemütliche Revers* der Gemütlichkeit zeigte, nämlich die *Brutalität* gegen andere und gegen sich selber. Die als «saubre Gäste» Begrüßten sollten «wohl gefaßt» werden. Ob Frosch damit gemeint hatte, man müsse die Flöhe gut (er-)greifen und knicken, oder aber man müsse sie begreifen? Das bleibt offen, und offen bleibt auch, ob Frosch weiß, was er sagt. Wohl aber können wir Lesende es erahnen. Am Ende der Szene im Zauberkunststück Mephistos wird ein Hinweis gegeben, wie das Verhältnis von wortwörtlicher und übertragener Bedeutung bei einem Floh einzuschätzen ist. Die sexuell Geschädigten und Alkoholabhängigen halten sich, ohne auch nur einen Moment zu zögern, an die wortwörtliche Bedeutung. Sie fühlen sich in Weinberge versetzt und glauben, Trauben pflücken zu können. Die Flöhe haben sie vergessen, und ihre unglückliche Gier nach anderen Lustobjekten schlägt in eine selbstdestruktive Geste um: Sie *fassen* sich und ziehen sich wechselseitig an der Nase.

28 Flöhe als Schwellenkundige (Kafka)

Franz Kafka hat sich in einem Brief an Milena Pollak vom 16. November 1920 als «der westjüdischeste» unter allen Westjuden bezeichnet. Das hat ihn nicht daran gehindert, in einer bestimmten Phase seines Lebens den Anschluss an das Ostjudentum (oder das, was er dafür hielt) zu suchen. Vom Herbst des Jahres 1911 an besuchte er häufig die Vorstellungen des jiddischen Theaters einer Lemberger Wanderbühnentruppe und befreundete sich mit dem Leiter Jizchak Löwy, den er «im Staub» bewunderte (*T*, S. 81) – zum Verdruss seines Vaters, der mit der Religion und der Kultur des Ostjudentums nichts zu schaffen haben wollte. Viele Westjuden, aber auch viele Nichtjuden verbanden mit dem Ostjudentum unreflektiert die Vorstellung außerordentlicher Frömmigkeit, großer Armut, mangelnder Hygiene und fortwährender, erzwungener Wanderschaft, d. h. ein Dasein ohne Heimat und ohne Vaterland (s. Roth 1956, S. 632, 637 u. ö.). Hermann Kafka machte darin keine Ausnahme. Den Umgang von Franz mit den Schauspielern und Schauspielerinnen aus Lemberg quittierte der Vater, wie der Sohn in einer Tagebuchaufzeichnung vom 3. November 1911 festhielt, mit der unflätigen Bemerkung: «Wer sich mit Hunden zu Bett legt [,] steht mit Wanzen auf». Franz Kafka war dermaßen verletzt, dass er noch acht Jahre später in seinem *Brief an den Vater* diesem vorhielt, den Schauspieler Löwy, ohne ihn überhaupt zu kennen, mit «Ungeziefer» verglichen und «automatisch das Sprichwort von den Hunden und Flöhen bei der Hand» gehabt zu haben (*NII*, S. 154).

Das menschenverachtende Urteil des Vaters musste den Sohn besonders empfindlich getroffen haben. Spuren trotziger Verteidigung des als schmutzig geltenden Ungeziefers lassen sich jedenfalls auch in der poetischen Prosa Kafkas nachweisen. Im *Bericht für eine Akademie* erwähnt der Erzähler, ein «gewesener Affe» (*DzL*, S. 300), sein «schmerzhaftes Flöhesuchen» im Käfig auf dem Zwischendeck des Hagenbeck'schen Dampfers und erinnert sich an die Gemeinschaft mit den Schiffsleuten, die darüber geklagt hätten, «daß meine Flöhe auf sie überspringen; aber doch waren sie mir deshalb niemals ernstlich böse; sie wußten eben, daß in meinem Fell Flöhe gedeihen und Flöhe Springer sind; damit fanden sie sich ab» (*DzL*, S. 306). Wie im Fell des Affen Rotpeter «Flöhe gedeihen», so sind auch in Kafkas Erzählwerk Tiere, und zwar zumeist *kleine* Tiere, anzutreffen. Den Insekten, die beim Vater

Kafka Ekel auslösten, wollte der Sohn *auch* Sympathie entgegenbringen. Die gewaltige Sprungkraft, die Fähigkeit der Flöhe, unversehens und ohne Rücksicht auf bestehende soziale und biologische Unterschiede auf andere Wirte «überzuspringen», faszinierten ihn. Einer seiner berühmtesten Texte, die Erzählung *Vor dem Gesetz* aus dem Jahre 1914,[110] räumt den Flöhen sogar eine wichtige Funktion ein, die freilich leicht übersehen wird.

Kafka hat *Vor dem Gesetz* eine «Legende» genannt (*T*, S. 707). Eine solche ist die Erzählung aber nicht in einem christlichen Sinne. Sie ist jedenfalls keine Geschichte von einem Heiligen. Eher verweist sie auf eine Vorstellung im Judentum, wonach ein Jude durch die Erfüllung der Gesetze (*Mitzwot*) sein Leben heiligen könne. Der «Mann vom Lande» legt großen Wert darauf, im Einklang mit, also *im* Gesetz zu leben. Insofern scheint er ein Jude, vielleicht sogar – gemäß dem erwähnten Klischee – ein besonders frommer Ostjude zu sein. Er kann aber sein Leben nicht in Übereinstimmung mit dem Gesetz bringen, bleibt also *vor* dem Gesetz. Möglicherweise besteht in seiner Nähe zum Ostjudentum eine Gemeinsamkeit mit dem Türhüter, der immerhin einen «tatarischen Bart» hat und demnach Verbindungen zum Osten aufweist und gleichfalls «vor dem Gesetz» steht. Solche Zusammenhänge werden im Text nicht namentlich ausgeführt, sie müssen aber darum nicht ausgeschlossen werden. Generell hat es Kafka ja in seiner poetischen Prosa vermieden, direkt und ausdrücklich vom Jüdischen zu sprechen, nichtsdestoweniger hat er immer wieder Anspielungen auf eine innerjüdische Thematik gemacht. Es könnte also gut sein, dass die beiden Protagonisten etwas gemein haben, auch wenn sie hier in *Vor dem Gesetz* zunächst als Antagonisten auftreten. Was sie miteinander verbindet, wird im Laufe der Geschichte noch deutlicher hervortreten. Dafür ist es aber erforderlich, den von Kafka vorgeschlagenen Begriff der Legende ernst zu nehmen und die Erzählung – in Übereinstimmung mit dem lateinischen Ursprung des Worts – als Text zu fassen, den man lesen *muss*, und zwar mehrfach und genau.

Die Erzählung begünstigt zunächst eine Lesart, die räumliche Verhältnisse zwischen Gegenständen und Personen nahelegt. Ein Mann steht vor einem Bauwerk, das außen mindestens einen bewachten Eingang, im Innern aber Säle mit gleichfalls bewachten Türen haben soll. Es wird als «Gesetz» bezeichnet, ohne dass dieses in irgendeiner Form inhaltlich bestimmt würde. Unklar ist, ob das Gesetz und der Bau identisch sind, ob dieser das Gesetz bedeutet oder ob es in ihm aufbewahrt wird. Und unklar bleibt auch, was der

«Mann vom Lande» meint, wenn er den «Eintritt in das Gesetz» vergeblich erbittet. Das Begehrte hat demnach eine merkwürdig zwittrige Existenzform. Man weiß nicht, ob es in Stein gehauen oder immateriell ist. Schon mit dem ersten Wort der Erzählung, ja schon mit dem Titel wird dieser zwittrige Zustand unterstrichen. «Vor» ist eine Präposition, die Assoziationen an Räume hervorruft. Hieße es: ‹*Vor* dem Gerichtsgebäude steht ein Mann›, so gäbe es keinen Zweifel an der materiellen Beschaffenheit der Lokalität. Ein Gesetz aber ist kein gegenständliches Objekt, das man anfassen, vor das man sich stellen oder in das man gar hineingehen könnte. Genau das aber begehrt und versucht der «Mann vom Lande». Insofern wäre sein Wunsch von vorneherein und grundsätzlich zum Scheitern verurteilt.

Nun aber ist die Präposition ‹vor› keineswegs nur räumlich zu verstehen. Sie kann ein zeitliches Verhältnis festlegen (z. B.: ‹Die Frau ist *vor* dem vereinbarten Termin erschienen›) oder aber auch ursächliche sowie allgemeinere Modalverhältnisse signalisieren (‹Der Mann starb beinahe *vor* Angst›). Diese funktionale Offenheit wie auch der Umstand, dass auch Präpositionen metaphorisch gemeint sein können, bringen es mit sich, dass wir zunächst weder Anstoß nehmen noch Verständnisschwierigkeiten bekunden, wenn wir den Satz hören: ‹Alle Menschen sind *vor* dem Gesetz gleich›. Auch die beiden Protagonisten in Kafkas Text scheinen diesen Satz zu kennen und keinen Anstoß an ihm zu nehmen. Der «Türhüter» sagt, dass er dem Manne «*jetzt* den Eintritt nicht gewähren könne», und präzisiert dann seine Meinung mit «Es ist möglich [...], jetzt aber nicht». Der Mann vom Lande aber ist noch viel entschiedener dieser Auffassung, denn er «denkt», dass «das Gesetz [...] doch jedem und immer zugänglich sein» soll. Freilich, so muss man an seinem Verhalten registrieren, fasst er diese Maxime eben nicht metaphorisch, sondern wortwörtlich auf. Die Erzählinstanz hingegen legt sich nicht auf eine Lesart fest, wenn sie einen Satz beginnt mit der Bemerkung: «Da das Tor zum Gesetz offensteht *wie immer* ...». Im Fortgang und insbesondere am Ende der Geschichte aber wird die räumliche Auslegung der Präposition ‹vor› in Verbindung mit der allseitigen und jederzeitigen Zugänglichkeit des Gesetzes als Fehllektüre des Mannes vom Lande kenntlich.

Den Lesern und Leserinnen hätte ein ausschließlich räumliches Verständnis der Präposition schon von Anfang an problematisch erscheinen können, denn wer im ersten Satz der Erzählung als *vor* dem Gesetz stehend ausgewiesen wird, ist nicht der Mann vom Lande, sondern der Türhüter.

Dieser verbietet zwar den Zutritt, aber er argumentiert dabei gegenüber dem Einlass begehrenden Mann ziemlich ungeschickt. Er verrät, dass sein eigener Aufenthaltsort sich keineswegs im Innern des Gesetzes befindet, denn er schlägt ihm vor zu versuchen, «hineinzugehen». (Wäre er selber ganz im Gebäude, dann müsste er ihm empfehlen *hereinzukommen!*):

> Wenn es dich so lockt, versuche es doch, trotz meines Verbotes hineinzugehen. Merke aber: Ich bin mächtig. Und ich bin nur der unterste Türhüter. Von Saal zu Saal stehn aber Türhüter, einer mächtiger als der andere. Schon den Anblick des dritten kann nicht einmal ich mehr ertragen.

Mit seinem zuletzt geäußerten Bekenntnis macht der Türhüter klar, dass auch er mit der Sichtbarkeit Probleme hat. Ohne sich dessen offenbar bewusst zu sein, hebt er den Gegensatz von Außen und Innen auf und ersetzt die starre Architektonik durch eine abgestufte Übergänglichkeit. Wie der Mann vom Lande sich zu ihm, so verhält er sich zu den mächtigeren Türhütern. Damit ist aber die eigentümliche Wechselbestimmung der beiden Protagonisten noch nicht genügend erfasst.

Auch der Mann vom Lande trägt dazu bei, dass sich die harte Antithetik von Einlass Begehrendem und Einlass Verwehrendem aufzulösen beginnt. Solange er sich «rücksichtslos und laut» um einen Zugang bemüht, stößt er auf einen intransigenten Türhüter. Mit den Jahren aber wird er rein physisch immer kleiner und schwächer, während der Türhüter zugänglicher wird. Schon bald bekommt der Mann einen «Schemel» und darf sich seitwärts vor der Türe niedersetzen. In dem Maße jedoch, wie sich der «Größenunterschied» zwischen den beiden Protagonisten «zu ungunsten des Mannes» verschiebt, verändern sich die Machtverhältnisse. Musste sich anfangs der Mann vom Lande bücken, so muss sich nun der Türhüter «hinunterneigen». Die körperliche Schwächung des Mannes geht also nicht einher mit einer geistigen oder psychischen Stärkung des Türhüters. Das Verhältnis zwischen den beiden modifiziert sich noch einmal, und zwar spielen jetzt die Flöhe eine entscheidende Rolle.

Sie sitzen nicht direkt auf der Haut des Türhüters, sondern auf dessen Kleidung, genauer: auf dem «Pelzmantel»; noch genauer: auf dem «Pelzkragen» dieses Mantels. Obwohl Kafkas Text, wie schon ersichtlich geworden ist, nicht realistisch in dem Sinne ist, dass er eine empirische Wirklichkeit rein abbilden würde, verlangt dieser Hinweis einige kulturwissenschaftliche und biologische Erläuterungen. Flöhe verlassen, wie ich immer wieder betont habe, ihren Wirt, sobald dieser tot ist, d. h., sobald sein Körper erkaltet. Dieser Umstand, der Flöhe zu einem der gefährlichsten Tiere der Menschheit gemacht hat, weil er dazu führte, dass sie von verseuchten, toten Ratten auf Menschen übersprangen und so die großen Pestepidemien auslösten, war Kafka bekannt. Der Autor hatte die Aufsätze des Biologen Jakob Johann von Uexküll in seiner Lieblingszeitschrift, der *Neuen Rundschau*, gelesen und war vertraut mit der Tatsache, dass Flöhe ein so genanntes ‹rezeptorisches Organ› besitzen, mit dem sie Wärme wahrnehmen können. Dass sie sich besonders gerne in einem Pelzkragen ansammeln, war bereits lange vor Uexküll entdeckt worden und hatte dazu geführt, dass um den Hals oder Leib getragene (also besonders warme) Flohpelze als Fallen benützt wurden, mit denen man die ungebetenen Gäste anlocken und fangen könne ( ). Es ist also nicht verwunderlich, dass der Mann vom Lande die Flöhe gerade im Pelzkragen entdeckt. Verwunderlich hingegen ist, dass er seine Fähigkeit zu mikroskopischer Wahrnehmung zu einer geradezu vermessenen Geste nützt: Er bittet «die Flöhe, ihm zu helfen und den Türhüter umzustimmen». Offensichtlich erwartet der Bittende, dass die Tiere in der Lage sind, den Türhüter zu beeinflussen, ihn abzulenken oder milde zu stimmen. Diese überspannt anmutende Erwartung verführt die Interpreten allzu leicht zu einem Fehlschluss: Sie werden denken, dass der Mann vom Lande in hohem Maße verzweifelt gewesen sein muss, wenn er eine Bitte an derart geringfügige Tierchen heranträgt. Eine solche Schlussfolgerung zu ziehen hieße freilich, sich einem Vorurteil anzuschließen, wonach ein sehr Kleines nichts weiter sein könne als ein sehr Kleines ( ). Die Flöhe *sind* zwar sehr klein, aber ihre Winzigkeit im Verbund mit ihrer einzigartigen Sprungkraft prädestiniert sie doch auch zu Zwischenträgern in einem produktiven Sinne; d. h., sie, die nahezu unsichtbar sind, können sich mühelos zwischen dem Sichtbaren und dem Unsichtbaren bewegen und auf die Geschehnisse *vor* dem Gesetz wie auch auf die *im* Gesetz Einfluss nehmen. Darum sind sie Instanzen, die sich *wie der Türhüter* kurzfristig im Grenzgebiet aufhalten, in dem sich die Dichotomien von Materiellem und Nicht-Materiellen, von Draußen und Drinnen wie auch von Objekt und Subjekt aufzulösen beginnen. Der Mann vom Lande mag tatsächlich an «seinem Ende» angekommen sein und «nicht mehr lange» leben. Aber in seiner Bitte an die Flöhe bekundet sich *mehr* als nur ein Eingeständnis der eigenen Niederlage. Am Anfang der Geschichte, im zweiten Satz der Erzählung, hieß es, dass der Mann vom Lande den Türhüter um Eintritt in das Gesetz «bittet». Jetzt wiederholt sich dieser Vorgang, wenn auch leicht modifiziert: Statt des Türhüters werden nun die Flöhe bemüht. Die Wiederholung der Bitte verweist darauf, dass der Türhüter und die Flöhe etwas gemeinsam haben: Beide sind Bittenempfänger! Auch der Umstand, dass jener einen «tatarischen Bart» trägt, verbindet sie. Gemeinsam ist ihnen, dass sie beide schwellenkundige Instanzen sind, ja die Flöhe scheinen sogar vertrauter mit Schwellen zu sein als der Türhüter. Sie haben, wie vielfach behauptet worden ist, keine feste Bleibe, keine Heimat, und sind immer in Bewegung (). Der Türhüter hingegen scheint zu einem bestimmten Ort zu gehören. Er sei – so sagt er von sich – «nur der unterste» aller Tierhüter und beruft sich dabei in seiner Selbsteinschätzung auf seinen «Anblick», d. h. auf sein optisches Wahrnehmungsvermögen. Wenn der Mann vom Lande nun nicht mehr dien Türhüter, sondern die Flöhe «bittet», dann signalisiert dieser Austausch des Ansprechpartners noch einen anderen Vorgang, den man als Verlagerung sichtbarer Verhältnisse auf unsichtbare beschreiben kann. In dem Bittsteller nämlich dämmert die Einsicht, dass die verhindernde Instanz nicht etwas ihm gänzlich Fremdes ist, sondern *auch in ihm selber* gefunden werden kann.

Die Erzählung *Vor dem Gesetz* nimmt damit einen neuen, einen letzten Anlauf. Stand ihr erster Teil im Zeichen der Vorherrschaft des Sichtbaren, so wird diese am Ende abgeschwächt zugunsten des Unsichtbaren. Zu Beginn bückte sich der Mann, wie erinnerlich, «um durch das Tor in das Innere zu sehn». Ob er dort irgendetwas tatsächlich *gesehen* hat, erfährt man nicht. Es wird lediglich mitgeteilt, dass das Tor offenstand «wie immer» und dass der Mann ein wenig am Türhüter vorbeischauen konnte. Sein Wunsch hineinzusehen löst aber eine verschärfte Machtdemonstration des Türhüters aus. Gegen Ende der Erzählung wiederholt sich ein letztes Mal der so oft angestrengte Blick, aber in *abgewandelter* Form. Der Mann vom Lande

> weiß nicht, ob es um ihn wirklich dunkler wird, oder ob ihn nur seine Augen täuschen. Wohl aber erkennt er jetzt im Dunkel einen Glanz, der unverlöschlich aus der Türe des Gesetzes bricht.

Es hätte gar nicht des Hinweises auf das immer schwächer werdende Augenlicht des Sterbenden bedurft, um deutlich zu machen, dass hier kein empirischer Sehvorgang mehr vorliegt. Etwas «Unverlöschliches» kann man nicht mit dem bloßen Auge erfassen. Dazu bedarf es mehr als nur eines optischen Vermögens. Statt von ‹sehen› ist im Text darum von «erkennen» die Rede. Damit wird ein Doppeltes unterstrichen: Die Wahrnehmung ist eine innere, und der Wahrnehmungsvorgang ist *erfolgreich* verlaufen. Kafka hat einmal, in seinem Aphorismen-Zettelkonvolut, das «sich unendlich klein machen» als «Vollendung» bezeichnet (*NII*, S. 133). Entsprechend ließe sich behaupten, dass der Mann vom Lande hier auch zu seiner Vollendung gelangt sei. Allerdings – so muss sogleich eingeschränkt werden – ist diese Vollendung auch identisch mit seinem physischen Ende! Die Erfüllung des Lebenswunsches vollzieht sich demnach für den Mann vom Lande auf geradezu sarkastische Weise; jedenfalls klingt der letzte Kommentar des Türhüters eher höhnisch, ja zynisch, wenn dieser den Sterbenden anbrüllt: «Hier konnte niemand sonst Einlaß erhalten, denn dieser Eingang war nur für dich bestimmt. Ich gehe jetzt und schließe ihn». Viele Leser und Hörer (nicht zuletzt auch Josef K. im *Prozess*-Roman!) haben an diesem Schluss der Erzählung besonders Anstoß genommen. Der Kommentar stehe – so wurde kritisiert – in offenem Widerspruch zur Behauptung der allseitigen und jederzeitigen Zugänglichkeit des Gesetzes. Solche Kritik verkennt freilich das volatile Spiel, das in dieser Geschichte mit der Präposition ‹vor› getrieben wird. Der Eingang ins Gesetz steht offen – und zwar «wie immer» und für alle gleichermaßen, aber diese Offenheit existiert nur, wenn jeder Einzelne die *ihm allein gemäße* Einstellung als Voraussetzung an den Tag legt. Der Mann vom Lande sieht sich nur ausgeschlossen, solange er etwas ihm Eigenes als fremd einschätzt und außerhalb von sich wähnt. In dem Maße, wie seine physischen, psychischen und intellektuellen Fähigkeiten schwinden, verringert sich auch die Relevanz des äußerlich Sichtbaren und damit auch des Materiellen und Räumlichen. Die Chancen des Mannes, Sein und Sollen bei sich in Übereinstimmung zu bringen, steigen. Aber gleichzeitig sinken sie auch, denn sein Tod verhindert seine buchstäblich allerletzte Chance. Im Gegensatz zu ihm hat sich der Türhüter äußerlich nicht verändert. Er scheint alterslos zu sein, was ja schon darauf hindeutet, dass man ihn weniger als einen lebendigen Menschen betrachten sollte; er ist eher ein inneres – im Mann vom Lande gleichfalls waltendes – Prinzip. Jetzt jedenfalls ist dieser

Türhüter funktionslos geworden. Mit dem Tod *seines* Mannes hat er seine Schuldigkeit getan, er kann und muss gehen. Und die Flöhe? Sie sind mit ihm verschwunden. Sie wollen ja warmes Blut, der Mann vom Lande aber ist tot. Sein immer kleiner gewordener Körper kann «weggeschafft» werden wie die Überreste, das «Zeug», des toten Gregor Samsa am Ende der Erzählung *Die Verwandlung* (*DzL*, S. 198). Anders als dieser ist der Mann vom Lande zwar kein Insekt geworden, wohl aber dürfte er bei seinem Sterben noch seine Flohähnlichkeit entdeckt haben.

29 Fast-Nichts, geringfügig, ein bisschen: Flöhe zwischen Präsenz und Absenz (Hebel und Tucholsky)

Der 1760 als Sohn Bediensteter von Basler Stadtbürgern geborene und im Badischen tätige Theologe und Volksaufklärer Johann Peter Hebel hat in seinen Kalender *Der rheinländische Hausfreund auf das Jahr 1815* auch eine Geschichte über Flöhe aufgenommen. Sie verhandelt dieses Thema gleich auf dreifache Weise. Zum einen spielen Flöhe in dem geschilderten Betrugsmanöver eine zentrale Rolle; zum anderen ähnelt der Betrüger in vielerlei Hinsicht einem Floh, und zum Dritten weist die Geschichte selber, nicht zuletzt durch ihre scheinbar schlichte, aber anspielungsreiche Kürze, eine Nähe zu einem Floh auf. Sie erweckt jedenfalls den Eindruck, als wolle sie auch in ihrer Eigenschaft als Erzählung den Nachweis erbringen, dass etwas sehr Geringes sehr bedeutungsvoll sein kann. Damit untermauert sie eine zentrale These im vorliegenden Buch und verdient darum hier mit Recht eine eingehende Würdigung.

Es sei noch einmal erinnert an Robert Hooke, der immer wieder aufs Neue Flöhe mit Lupen und Linsen untersucht hatte, um ihre «strength and beauty» aufzeigen zu können (). Angeregt durch die Vorgehensweise dieses ‹Curator of Experiments› der *Royal Society* sollen auch hier immer wieder andere Perspektiven und mikroskopische Blicke zum Zuge kommen, um die außergewöhnliche Qualität, die «Stärke und Schönheit» der Erzählung aufzudecken. Das hat dieses kleine «Geschöpflein» Hebels nötig, denn als späte Kalendergeschichte stand und steht sie noch immer im Schatten der vorausgegangenen insgesamt 128 Kalenderbeiträge aus den Jahren 1803 bis

1811 (Hebel 1981, S. 293 f.). Auch ihr Titel *Ein Hausmittel* verleitet dazu, dass man sie zunächst unterschätzt. Hier ist sie:

Ein Hausmittel.

> Ein fremder Mann in einem Wirthhause bemerkte lange bei seinem Schöpplein wie die Frau Vogtin (der Vogt führt die Wirthschaft) unaufhörlich am Stricken gehindert wurde durch etwas anderes. Endlich sagte er: «Es scheint ihr wollt ander Wetter prophezeien Frau Vogtin. Euere braunen Thierlein machen euch viel Zeitvertreib.» Die Wirthin ward dessen fast verschämt und sagte: «Ihr habt mir nicht sollen zusehen.» Darauf erwiederte der Fremde: «Ein Floh ist doch auch ein Geschöpflein, und ich weiß nicht warum man nicht davon reden soll. Wenn sie euch aber zur Plage sind, und es kommt euch auf einen Vierundzwanziger nicht an, ich wollte euch wohl sagen, was ihr thun müßtet, damit ihr nie in euerm Leben einen Floh bekämet.» Die Wirthin sagte: «Einen Vierundzwanziger wär es wohl noch werth,» und als er sich denselben voraus hatte bezahlen lassen, sagte er mit schelmischem Lächeln: «Nemlich wenn euch ein Floh am rechten Arm beißt, müßt ihr ihn am linken suchen. Beißt er euch aber am linken, so sucht ihr ihn am rechten. Alsdann bekommt ihr gewiß keinen. Ich habs von der Polizei in Brassenheim gelernt,» sagte er. Es war der Zirkelschmied (S. 354 f.).

Ein «Hausmittel» in Anspruch zu nehmen – das ist meist ohne großen Aufwand möglich. Man muss nicht erst in eine Apotheke rennen; man hat ein solches Mittel schon parat, wenn man es braucht; man ist sich dessen freilich mitunter nicht bewusst. In dieser Geschichte wird es *ins* Haus gebracht, in ein Gasthaus, also an einen Ort, an dem man ansonsten Speisen und Getränke bekommen kann,[111] und dort wird es angewendet. Woraus es eigentlich besteht, muss erst noch genau bestimmt werden. Nur so viel sei schon verraten: Für die Frau, der es empfohlen wird, erweist es sich als völlig nutzlos; es richtet sogar Schaden an, wenn die Geschädigte auch dabei nicht ihr Leben einbüßt. Nützen tut es allein dem Mann, der es empfiehlt, wenn dieser auch nur kurzfristig davon profitiert. Und was die Existenz der Flöhe mit dem Mittel zu tun hat – das wird man erst noch sehen. Der Titel wird sich jedenfalls trotz, ja wegen seiner demonstrativen Beiläufigkeit als sehr präziser Kommentar zu der Erzählung erweisen.

Die Geschichte setzt verhalten ein; der Autor (mit hoher Wahrscheinlichkeit war Hebel mehr als nur Herausgeber!) zögert sichtlich, sie seinen Lesern bekannt zu machen: «Ein fremder Mann in einem Wirthshause bemerkte …». Wer dieser Fremde ist, erfährt man buchstäblich erst ganz zum Schluss der Kalendergeschichte. Was er «bemerkt», d. h., was er registriert, bleibt gleichfalls vage. Er beobachtet, wie «die Frau Vögtin» strickt und dabei unaufhörlich «durch etwas anderes» gestört wird. Was sie irritiert, kennen wir: Sie kämpft gegen Flöhe, und sie bemerkt, dass sie dabei beobachtet wird. Die sich flöhende Frau und der sie betrachtende Mann[112] – das ist eine in Werken vor allem der Bildenden Kunst häufig genug dargestellte Szene, die hier jedoch leicht abgewandelt ist. Die Frau nämlich wehrt sich, wenn auch erst nach einer Weile: «Ihr habt mir nicht sollen zusehen.» Ihre Gegenwehr allerdings fruchtet nicht viel; der Mann wird seine Beobachtungen ausnutzen.

Die Kennzeichnung der Frau als «Vogtin» oder «Vögtin» wird durch die scheinbar lieblos eingeschobene Ergänzung nur wenig geklärt: «(der Vogt führt die Wirthschaft)». Wenn die berühmte Charakteristik Thomas Manns am Anfang des *Zauberberg*-Romans zutrifft, wonach man im Erzähler «den raunenden Beschwörer des Imperfekts» sehen könne, dann fällt die Klammerbemerkung im Präsens aus der Erzählung heraus, und wir wissen nicht, weshalb. Das Präsens wird ansonsten in dem Prosatext – außer in den Partien mit wörtlicher Rede – nie verwendet. Ist jene Klammerbemerkung nebensächlich oder gar überflüssig? Erst einmal überwiegt der Eindruck, dass hier Details ein wenig lustlos nachgereicht und aufgezählt werden, die für die eigentliche Geschichte mehr oder weniger wichtig werden sollen. Die Erzählung verharrt jedoch noch eine ganze Weile im Ungefähren. Der Fremde sitzt «bei seinem Schöpplein», d. h., er trinkt ein einziges Glas Wein so bedächtig, als wolle er damit ein Tempo für die ganze Erzählung vorgeben. Vorsichtig tastet er sich zu einem Gespräch mit der Wirtin vor: «Es scheint [,] ihr wollt ander Wetter prophezeien Frau Vögtin. Euere braunen Thierlein machen euch viel Zeitvertreib.» Dass er mit den «braunen Thierlein» auf die Flöhe anspielt, denen die Wirtin nachjagt, ist offensichtlich und dürfte auch der Frau sogleich klar gewesen sein. Was aber das Flöhen mit dem «Wetter prophezeien» zu tun hat, muss heutigen Lesern und Leserinnen ziemlich rätselhaft erscheinen.

Das *Handwörterbuch des deutschen Aberglaubens* kann dazu zunächst einmal einen ersten Hinweis liefern. In dem Artikel über den Floh hat Richard Riegler einen ganzen Abschnitt unter dem Stichwort «Vorzeichen» eingerückt. Und unter diesen «Vorzeichen» rangiert an vorderster Stelle die

Rolle des Insekts als eines Wetterpropheten. Riegler verrät nicht, wie die Flöhe es zustande bringen, das Wetter vorauszusagen. Er teilt nur eine ganze Reihe von Floh-Geschichten mit, in denen die Tiere eine prognostische Gabe an den Tag gelegt hätten. Gleich eingangs legt er aber nahe, dass eine Dominanz der Flöhe schlechtes Wetter zur Folge habe, und zwar zu allen Zeiten und in allen geographischen Regionen (Sp. 1634).

Eindeutiger als im *Handwörterbuch* fällt das Urteil über die weissagende Kraft der Flöhe in der physikotheologischen Schrift *Mikroskopische Gemüths= und Augen=Ergötzung* aus (). Ihr uns schon bekannter Autor Martin Frobenius Ledermüller erzählt die Geschichte von einer Freundin, die ihre Flöhe als «Wetterpropheten» gebraucht haben soll:

> Denn wenn sie wissen will, ob es des andern Tages schönes Wetter werden wird? so geht sie nur mit ihrem Jagdgarn auf die Flöhhatz; und wann sie ein paar Schmaalthierchens in dem Pelzchen[113] gefangen hat, tritt sie Hofnungsvoll vors brennende Licht, legt einen nach dem andern an die Flamme und hört sodann aufmerksamer als in der Kirche zu. Knackt nun der Floh bey dem Zerplazen, so überzieht die Freude ihr ganzes Gesichte. Sie rufft flugs ihrer Magd und spricht zu ihr: Cathrinchen! Morgen wird schön Wetter (1763, S. 42).

Für Ledermüller ist diese Geschichte ein «Mährlein der Rockenphilosophie», also eine Geschichte aus dem Bereich des Aberglaubens, aber auch hier gilt, wie so oft in diesem Buche, nicht, ob sie wahr ist, sondern ob sie für wahr gehalten wird. Offenkundig war der Glaube weit verbreitet, dass gefangene und getötete Flöhe schönes Wetter ankündigen, während entwischte Flöhe schlechtes Wetter verheißen.

Was ein solcher Glaube oder Aberglaube allerdings im Hinblick auf Hebels Kalendergeschichte bedeutet, ist damit noch nicht restlos geklärt, denn der Fremde unterstellt der Wirtin ja nur, sie wolle ein «*ander* Wetter»: Ob dieses schön oder schlecht werde, lässt er offen. Offen lässt er damit auch, ob die Frau bei ihrer Flohjagd erfolgreich oder erfolglos gewesen ist. Jedenfalls gibt der Fremde vor, es nicht zu wissen, während die Frau, die den glücklichen oder – was wahrscheinlicher ist – den unglücklichen Ausgang ihrer Anstrengungen kennen *muss*, in Erklärungsnot gerät. Ihre Verlegenheit macht sich der Fremde zunutze, um ihr ein Rezept gegen die «braunen Thierlein» vorzuschlagen. Gegen oder für ein Glas Wein vom «Vierundzwanziger» (das ist ein teurer, besonders geschätzter, zwei Jahre im Holzfass gereifter Wein) will er ihr ein Geheimnis verraten, «damit ihr nie in eurem Leben einen Floh bekämet». Seine Gaunerei verbirgt sich hinter dem Wort ‹bekommen›, das einerseits ‹fangen›, andererseits ‹befallen werden› heißen kann. Mit dieser Doppeldeutigkeit des Verbums einhergehend verschiebt sich auch die Bedeutung des Wortes ‹Floh›, die sich der Fremde zunutze macht. ‹Flöhe bekommen› liest sich wie ‹Masern bekommen›. Damit wird die Aufmerksamkeit auf das gelenkt, was die Flöhe anrichten; zugleich aber sind sie selber gemeint, als Verursacher der Stiche. Um beides zu verhindern, empfiehlt der Fremde:

> Nemlich [,] wenn euch ein Floh am rechten Arm beißt, müßt ihr am linken suchen. Beißt er auch aber am linken, so sucht ihr ihn am rechten. Alsdann bekommt ihr gewiß keinen (S. 354 f.).

Fast ist man geneigt, dem Mann sein Verlangen nach einem zweiten Glas mit besserem Wein zu gönnen. Die List, mit der er es sich erschwindelt hat, zeugt von Intelligenz und von einem wachen Sinn für Mehrdeutigkeiten in der Sprache. Sie dürfte dennoch dem von Hebel so oft beschworenen «geneigten Leser» kein reines Vergnügen bereitet haben, denn der Fremde hat die Notlage der Frau ausgenutzt – offenkundig nur, um zusätzlich einen besonders guten Schoppen zu ergattern. Die zeitgenössischen Leser und wohl auch die heutigen Leserinnen sympathisierten ohnehin von Anfang an eher mit der Wirtin, die freundlich-beherzt den Gaffer zurechtgewiesen hatte. Der triumphierende, ja zynische Gestus, mit dem der Mann sein gelungenes Betrugsspielchen bilanziert, dürfte dann die Sympathie für die Frau in offene Parteinahme verwandelt haben. «‹Ich habs von der Polizei in Brassenheim gelernt,› sagte er. Es war der Zirkelschmied.»

Diese beiden letzten Sätze der Erzählung knüpfen an Sachverhalte an, die dem Publikum, das Hebels jährlich erscheinenden Kalender las oder vorgelesen bekam, vertraut gewesen sein dürften. Der Ort ‹Brassenheim› existiert nicht wirklich; er ist von Hebel erfunden und wäre im heutigen Dreiländereck etwa zwischen dem badischen Müllheim, dem elsässischen Bartenheim und dem Schweizer Arlesheim zu lokalisieren.[114] Auch der Zirkelschmied war dem Publikum Hebels bekannt. Wie der Zundel-Frieder, der Zundel-Heiner und der Rothe Dieter gehört er zu den randständigen Figuren in Hebels Erzählwelt, die zwar manchmal gegen geltende Gesetze verstoßen, aber zumeist auffallend nachsichtig dargestellt sind. Unter ihnen freilich nimmt er eine Sonderstellung ein. Das hat schon Peter von Matt bemerkt, der eine «Ehrenrettung» dieses «Hungerleiders» vorgenommen und dazu alle Stellen in Hebels Erzählungen herangezogen hat, in denen diese Person vorkommt. Hier sollen von Matts Bemerkungen noch durch zusätzliche Hinweise ergänzt werden.

‹Zirkelschmied› bezeichnet – anders als die Namen der erwähnten kleinen Gauner – einen Beruf, und zwar überraschenderweise einen, der lange Zeit hoch geachtet wurde. Die Tätigkeit des Zirkelschmieds umfasste alle Arbeiten an und mit Metall, bei denen es auf Geschicklichkeit und Genauigkeit ankam. Sie gehörte zu den «vornehmsten» Handwerken. Das ist uns durch Christoph Weigels *Ständebuch* von 1698 überliefert (S. 358 f.). Sie war begehrt bei Gelehrten, Geographen, Astronomen und auch bei anderen Handwerkern. Die Zirkelschmied-Gesellen mussten viel herumreisen, um den Bedürfnissen allerorten nachzukommen. Sie hatten darum ein Anrecht auf ein Gastgeschenk; d. h., sie bezogen eine festgesetzte Gabe in Form von Wein, der ihnen (aus-)geschenkt wurde. Noch die späteren Auflagen von Johann Christoph Adelungs nachgelassenem *Wörterbuch der Hochdeutschen Mundart* erwähnen dieses Privileg; die Arbeit des Zirkelschmieds sei ein «geschenktes Handwerk», heißt es dort. Für sie gelte, dass «die Gesellen auf ihrer Wanderschaft ein Geschenk erhalten» (Bd. II, Sp. 960). Adelung und seine späteren Mitarbeiter erwähnen allerdings nicht, dass dieses Handwerk über die Jahre sein hohes Ansehen eingebüßt hatte – wohl nicht zuletzt deshalb, weil es dem Gewerbe des so genannten ‹fahrenden Volks› ähnlich sah.

In Hebels Erzählung macht sich beides, das hohe anfängliche Renommee wie auch der allmähliche Verlust der guten Reputation, bemerkbar: Vermutlich war das Schöpplein, an dem der Fremde so «lange» herumtrank, unentgeltlich kredenzt worden. Der Betreiber oder die Betreiberin der Wirtschaft, in die er eingekehrt war, sind demnach rein formal noch der erwähnten Pflicht nachgekommen; sie haben sich aber die Verpflichtung nicht mehr viel kosten lassen. Kein Wunder ist es darum, dass *dieser* Zirkelschmied auf die Idee gekommen ist, einen besseren Wein für sich zu ergattern, und zwar gleichfalls «ohne Geld» (Weigel, S. 359). Statt mit Metall geht er nun ebenso geschickt mit Worten um.

Das Gaunerstückchen ist also möglicherweise auch eine Reaktion auf den geringschätzigen Empfang, der dem Zirkelschmied zuteilwurde. Damit rücken die Verhältnisse in der «Wirthschaft» ins Licht, und die seltsam spröde Klammerbemerkung über den Vogt zu Beginn der Erzählung gewinnt an Gewicht. Schien sie anfangs etwas unbeholfen eingerückt, vielleicht sogar überflüssig zu sein (denn vom Vogt und Ehemann der Wirtin war und ist in der Folge kein einziges Mal mehr die Rede), so ändert sich nun rückwirkend ihre Bedeutung.

In der Erzählung wird nur ganz unspezifisch von dem «Vogt» gesprochen, obwohl es noch zu Hebels Lebenszeit Vögte mit unterschiedlichen Namen und Kompetenzen gab. Von der Funktion, den Landesherrn zu vertreten, war nach dem Ende des alten deutschen Reiches 1806 nicht mehr viel übriggeblieben. Der Schutz- und Schirmgedanke blieb jedoch selbst dort, wo Jurisdiktionsrechte nie mit dem Amt des Vogtes verbunden waren oder aber nicht mehr bestanden, noch eine Weile zentral.[115] Dieser *historische* Sachverhalt ist nun auch *literarisch* bedeutsam, d. h., er muss beim Verhalten der «Frau Vogtin» mitbedacht werden, obwohl, ja gerade weil ihr Mann als Erzählfigur abwesend ist. Der in der vorliegenden Kalendergeschichte nur in Klammern einmal kurz erwähnte Vogt hätte also die ihm unterstellte Frau zu Lebzeiten Hebels noch schützen müssen. Wenn die «Frau Vogtin» den Zirkelschmied herablassend behandelt haben sollte und später auf dessen Betrugsmanöver hereinfällt, dann sind diese beiden Vorfälle auch Folgen des Umstands, dass der Vogt *gerade nicht* die Wirtschaft «führt», wie dies die Klammerbemerkung im Präsens festhält.

Der Zirkelschmied erwähnt aber keine kränkende Behandlung durch die Wirtin, sondern beruft sich bei seinem Gaunerstückchen auf die «Polizei in Brassenheim». Auch hierzu ist ein kurzer sozialgeschichtlicher Kommentar erforderlich.

‹Polizei› ist ein Begriff, der auf die antike *politeia* zurückgeht. Im Laufe des 18. und erst recht im 19. Jahrhundert hat sich jedoch sein Bedeutungsinhalt eingeengt. Das *Preußische Allgemeine Landrecht* sprach in Anlehnung an die Lehre des Göttinger Staats- und Verwaltungsrechtlers Johann Stephan Pütter (1715–1807) der Polizei nicht mehr die Verantwortung zu, *für das öffentlichen Wohl schlechthin* besorgt zu sein. Es bestimmte ihre Aufgabe nur noch im Vollzug, d. h. in der Abwehr von Gefahren für die öffentliche Sicherheit und Ordnung. Mit diesem neuen Polizeibegriff, der bis in unsere Gegenwart zukunftsweisend wurde (Gmür/Roth, S. 136), verlor auch das Vogteiwesen seine Bedeutung.

Hebel hatte zu seinen Lebzeiten mit beiden Institutionen zu tun: Die ältere (das Vogteiwesen) verschwand nicht einfach in dem Augenblick, in dem die jüngere (die «Polizei» im engeren Sinne) wichtig wurde. In *Ein Hausmittel* wird nicht das unterschiedliche Alter der beiden Instanzen betont, sondern ihr Verhältnis zueinander, genauer: das, was sie in aller Gegensätzlichkeit miteinander verbindet. Beide regieren oder *ragen* in die Kalendergeschichte *hinein*; auf beide wird nur kurz je ein einziges Mal ausdrücklich verwiesen. Aber immerhin: Der betrügende Mann und die betrogene Frau sind ihnen zunächst einmal erkennbar zugeordnet. Als den beiden Institutionen unterstellte Erzählfiguren verhalten sie sich antagonistisch zueinander. Die Frau wie der Mann verharren jedoch nicht in diesen starren Positionen. Die Wirtin willigt in ein Tauschgeschäft ein, das wohl kaum im Sinne ihres Ehemanns ist: Gegen eine Dienstleistung (die Mitteilung eines Rezepts zur Flohbekämpfung) bietet sie unautorisiert eine Ware (den «Vierundzwanziger»). Der Zirkelschmied ist erst recht nicht einfach nur ein Vertreter der «Polizei». Sein Rezept verdankt er nach eigenem Bekunden zwar der Brassenheimer Behörde, aber er verwendet es im Wirtshaus des Vogts. Er ist nirgends richtig zu Hause – weder in der Wirtschaft noch in Brassenheim. Zwischen beiden Orten bewegt er sich. Er gehört, wie es bei Adelung heißt, zu den «*wandernden* Gesellen» (S. 606). Schon darin gleicht er den Flöhen.

Wahrhaft verblüffend ist seine Begründung des Gaunerstückchens: «Ich habs von der Polizei in Brassenheim gelernt». Das hätte er – so ist man vorschnell geneigt einzuwenden – auf gar keinen Fall dort lernen dürfen! Diese Polizei hätte, sofern man sie sich überhaupt als eine unterrichtende Institution vorstellen darf, viel eher lehren müssen, wie man Gaunereien dieser Art *unterbindet*.

Halten wir aber zunächst fest: Der Zirkelschmied beruft sich mit seiner List auf die Brassenheimer Polizei. Ob er aber genau *diese* List dort «gelernt» hat, ist nicht sicher. Er sagt: «Ich habs» – was das abgekürzte ‹s› bedeutet, bleibt offen. Hätte der Zirkelschmied wirklich sein Wortspiel bei dieser Behörde gelernt, dann wäre es kein «Hausmittel», sondern eine von ihr erlassene Vorschrift. Und zu bedenken ist auch: Dieser Zirkelschmied ist kein platter Lügner und erst recht keiner, der sich an Vorschriften der Obrigkeit hält und sie sklavisch befolgt. Er ist vielmehr ein präziser, mit Zweideutigkeiten jonglierender Sprachkünstler. Er muss also etwas anderes in Brassenheim gelernt haben.

Es gibt Verhaltensformen, die moralisch fragwürdig sein mögen, aber strafrechtlich nicht relevant sind. Als Aktionen sind sie zu geringfügig, um den Tatbestand einer strafbaren Handlung zu erfüllen; sie fallen durch die Maschen der Gesetze. Die «Polizei in Brassenheim» weiß das und geht erst gar nicht gegen ihre Urheber vor. Der Zirkelschmied hat offenkundig beobachtet, dass diese kleinkriminellen, niederschwelligen Taten sanktionsfrei bleiben. Das ist es, was er in Brassenheim «gelernt» und sich zu eigen gemacht hat. Es dient ihm als Richtschnur für seine eigenen Gaunereien. Gegen sie ist kein Kraut gewachsen; alle rechtlichen Mittel, sowohl die von Vögten als auch die von der Brassenheimer Polizei, greifen hier nicht. Der Zirkelschmied arbeitet mit ihnen noch im kleinen, intimen Rahmen einer ‹Ökonomie des ganzen Hauses› (Otto Brunner). Seine Gaunereien versteht er als *Haus*mittel, die sich allein für ihn bewähren müssen. Das hier eingesetzte erfüllt diese Bedingung: Es verschafft ihm ohne Geld und ohne Strafe ein Schöpplein vom «Vierundzwanziger».

Das Rezept, den Floh jeweils an dem Ort zu suchen, wo er sich garantiert nicht befindet, erweist sich dabei als ein *ganz besonderes* Hausmittel! – denn beim Floh, diesem ‹Fast-Nichts› (), macht es kaum einen Unterschied, ob er anwesend oder abwesend ist und ob er links oder rechts gesucht wird. Flöhe bewegen sich auf einem schmalen Grat zwischen Existenz und Nicht-Existenz.

Anwesenheit und Abwesenheit, vorhanden sein oder nicht vorhanden sein – das ist ein Unterschied ums Ganze, und gerade *der* wird in der Gaunerei des Zirkelschmieds kaschiert und unterlaufen. Flöhe fügen sich ideal in das Konzept niederschwelliger krimineller Aktionen des Zirkelschmieds. Für die Wirtin erweist sich die vorgeschlagene Methode des Flohfangs hingegen als ein völlig untaugliches Hausmittel; ja als ein Betrugsmanöver, auf das sie ärgerlicherweise hereingefallen ist. Sie ist ihre Flöhe nicht los, muss besonders teuren Wein spendieren und kann ihren Ratgeber für sein Vorgehen nicht einmal juristisch belangen. Die übergeordneten Instanzen sind abwesend oder ohnmächtig. Sie kommen jedenfalls solchen kleinen Strolchen nicht bei. Die Flöhe wie auch der Zirkelschmied aber stimmen darin überein, dass sie sich gerade durch ihre Geringfügigkeit behaupten.

In der Kalendergeschichte Hebels gibt es einen Satz, den ich bisher außer Acht ließ, weil er mir *zu* geringfügig erschien: «Ein Floh ist doch auch ein Geschöpflein, und ich weiß nicht, warum man nicht davon reden soll.» Ich verstand die Aussage als Anbiederung des Zirkelschmieds, mit der dieser die Wirtin gegen ihren Willen zu einem Gespräch über Flöhe bewegen möchte – also als Einleitung des Betrugsmanövers. Diese Funktion kommt dem Satz im Nachhinein auch tatsächlich zu. Zugleich aber erinnert der Ausspruch an physikotheologische Ansichten, die hier wie ein später, schwacher Nachhall anklingen. Ein schlichter protestantischer Theologe oder Pfarrer hätte wohl so zu Beginn des 19. Jahrhunderts argumentiert – also jemand, dessen Ausbildung und berufliche Tätigkeit der Hebel'schen entsprochen hat. Statt den Floh als ein Geschöpf Gottes zu würdigen, wird er hier allerdings im Diminutiv als «Geschöpflein» bezeichnet, ohne dass noch ein göttlicher Schöpfer genannt würde. Der zweite Teil des Satzes liefert so etwas wie eine Rechtfertigung: Der sich hier selber erlaubt, über den Floh zu reden, ist nicht irgendeine Autorität und auch kein «man», sondern der Zirkelschmied, ein notorischer Wortspieler und Gauner! Seine Rede hier ist also nur von vorgeblicher Schlichtheit und Biederkeit. Eine ganz andere Rede, eine, die referiert, wie der Floh wirklich ist, gibt es jedoch in der Erzählung nicht. Deren Verfasser Hebel war nicht nur ein Theologe, sondern auch ein großer Autor. Er belässt es bei dieser Charakteristik der Flöhe, auch wenn einiges dafür spricht, dass mit ihr ein zwielichtiger Bursche sein krummes Geschäft in Gang bringen möchte. Damit geht der Autor über die beiden rechtsverwaltenden Institutionen hinaus: Er toleriert nicht nur das krumme Geschäft des Zirkelschmieds, er würdigt es auch, indem er seine Erzählung und mit ihr die Flöhe zu seinen Geschöpflein macht.

Es gibt eine Erzählung, die mit der Hebel'schen verwandt, ja ihr ebenbürtig ist. Sie ist noch kürzer und entstand mehr als 100 Jahre später. Ihr Autor Kurt Tucholsky hat sie in seinem Hausblatt, der *Weltbühne*, am 5. Januar 1932 unter dem Pseudonym *Peter Panter* veröffentlicht. Es war vermutlich seine letzte Publikation überhaupt, gewiss aber die letzte in dieser Zeitschrift, die sich, seitdem sie nicht mehr *Die Schaubühne* hieß, dem Kampf gegen Nationalismus, Militarismus und Antisemitismus verschrieben hatte. Mit der Machtübernahme der Nationalsozialisten verlor der deutsche Jude oder jüdische Deutsche alles, was ihn am Leben gehalten hatte. Im März 1933 nannte er sich in einem Brief «aufgehörter Dichter» – eine Formulierung, die gerade durch ihre syntaktische Gewaltsamkeit den Zwang, mit der lebenslangen Tätigkeit aufzuhören, unübertrefflich in Sprache fasst. Am 10. Mai wurden Tucholskys Bücher in Berlin verbrannt und seine Tantiemen beschlagnahmt, er selbst wurde von den eigenen Landsleuten verfolgt und ins Exil getrieben.

Von solchen Bedrohungen ist in dem Text *Der Floh* nicht die Rede. Hinter dem leichten, unterhaltsamen Plauderton verbirgt sich aber so etwas wie Schwermut. Der Erzähler erscheint als Causeur, der eine Geschichte zum Besten gibt, die in ihrer Geringfügigkeit kaum zu unterbieten ist. Gewiss, es handelt sich um einen Fall von Amtspflichtverletzung, um eine «böse Angewohnheit», aber der ist mit Klugheit und einem Gerichtsvollzieher beizukommen. Gewiss, die Postbeamtin ist indiskret; sie «machte ein bißchen die Briefe auf und las sie». Ämter waren eben «ein bißchen» unordentlich, aber solche Unordentlichkeit ließ sich beheben – freilich nicht überall, z. B. nicht gerade in Deutschland, aber dort, wo es noch – selten genug – kluge Grafen gibt.

Das Hausmittel, das Abhilfe schaffen kann, erinnert an Hebels Kalendergeschichte. Auch hier entfaltet sich die Erzählung aus dem Spannungsverhältnis von Präsenz und Absenz. Vorhanden sein oder nicht vorhanden sein – dieser Unterschied ums Ganze wird auch hier eingeebnet, indem er sich auf ein Fast-Nichts wie den Floh bezieht. Denn: Ist etwas vorhanden, wenn ein Nichts da ist? Und ist etwas verschwunden, wenn ein Nichts verschwindet? Gerade der scheinbar beiläufige Plauderton verweist präzise auf die schwindende Kraft der Negation, wenn es um Nichtiges geht:

> Aber wie das so in Frankreich geht: Concierge, Telephon und Post, das sind geheiligte Institutionen, und daran kann man schon rühren, aber daran darf man nicht rühren, und so tut es denn auch keiner.

Anrühren oder nicht anrühren, «man» oder «keiner» – Tucholsky gelingt hier etwas scheinbar Unmögliches. Seine traurig-glückliche Geschichte rührt, und sie baut darauf, dass man daran rühren kann, auch wenn man nicht daran rühren darf. Traurig ist sie, weil sie sich nur noch zu anderen Zeiten und nur noch in einem anderen Land abspielen könnte, und glücklich endet sie, weil sie noch einmal, vielleicht ein letztes Mal, den Spielraum von Literatur ausschöpft:

Der Floh

Im Departement du Gard – ganz richtig, da, wo Nimes liegt und der Pont du Gard: im südlichen Frankreich – da saß in einem Postbureau ein älteres Fräulein als Beamtin, die hatte eine böse Angewohnheit: sie machte ein bißchen die Briefe auf und las sie. Das wußte alle Welt. Aber wie das so in Frankreich geht: Concierge, Telephon und Post, das sind geheiligte Institutionen, und daran kann man schon rühren, aber daran darf man nicht rühren, und so tut es denn auch keiner.

Das Fräulein also las die Briefe und bereitete mit ihren Indiskretionen den Leuten manchen Kummer.

Im Departement wohnte auf einem schönen Schlosse ein kluger Graf. Grafen sind manchmal klug, in Frankreich. Und dieser Graf tat eines Tages folgendes:

Er bestellte sich einen Gerichtsvollzieher auf das Schloß und schrieb in seiner Gegenwart an einen Freund:

Lieber Freund!
Da ich weiß, daß das Postfräulein Emilie Dupont dauernd unsre Briefe öffnet und sie liest, weil sie vor lauter Neugier platzt, so sende ich Dir anliegend, um ihr einmal das Handwerk zu legen, einen lebendigen Floh.
Mit vielen schönen Grüßen

Graf Koks

Und diesen Brief verschloß er in Gegenwart des Gerichtsvollziehers. Er legte aber keinen Floh hinein.
Als der Brief ankam, war einer drin
(Tucholsky, S. 11).

Schluss

30 Die drei Leitsätze des Buchs und der schöne Bernsteinfloh

Zu Tucholskys kurzer Geschichte gibt es einen handschriftlichen Kommentar des Autors in französischer Sprache. Er ist noch kürzer und besteht nur aus zwei Wörtern, einem Gedankenstrich und einem Fragezeichen: «Et apres –?» (Tucholsky, S. 711 und 995). Tucholsky hat diese Frage wohl an sich selber gerichtet, und seine Antwort war negativ, d. h., für ihn ging es nicht weiter. Der finanziell und gesundheitlich Ruinierte nahm sich, verbittert über die Erfolge der Nationalsozialisten und die Uneinigkeit und Kurzsichtigkeit der Hitler-Gegner, am 21. Dezember 1935 in Schweden das Leben.

Ob es für die Flöhe weitergeht, ob sie in Zukunft die Menschen noch stechen werden und sich vor der Verfolgung durch Flucht entziehen können, ist ungewiss. Eine Bestandsaufnahme im Jahre 2020 kam zu dem Ergebnis, dass gegenwärtig pro Jahr knapp ein Prozent aller Insektenarten auf der Erde verschwindet. Kaum anzunehmen ist es, dass die Flöhe von diesem massiven Insektenschwund verschont bleiben. Und dennoch ist zu vermuten, dass sie fortleben werden, wenn auch nur im kulturellen Gedächtnis der Menschen. Und obwohl sie blutsaugende Parasiten sind, obwohl sie gefährliche Krankheiten übertragen können, haben sie nach wie vor keinen schlechten Ruf. Wenn vom ‹Flohwalzer› oder von einem kindlichen Flohspiel gesprochen wird, bei dem Chips geknipst und zum Springen gebracht werden, dann verbindet sich mit solchen Bemerkungen jedenfalls kaum etwas Abfälliges. Ja, zuweilen geht eine abwertende Qualifizierung sogar ganz verloren, wie ein Beispiel aus jüngster Zeit zeigt. Der achtfache Weltfußballer des Jahres Lionel Messi, ein kleiner, quirliger, kaum zu bremsender Dribbelkünstler und Torjäger, der lange für den FC Barcelona spielte und 2022 mit Argentinien Weltmeister geworden ist, wurde und wird von seinen Mitspielern und seinen

Anhängern liebevoll «La Puglia» genannt. So ist anzunehmen, dass der Floh selbst dann noch präsent sein wird, wenn die Menschen dieses Insekt ausgerottet haben werden. Wie gezeigt wurde, war er ja schon immer auch zur Übernahme metaphorischer Dienste fähig. Nun könnte er sich nur noch im übertragenen Sinne zu Wort melden, aber immerhin: Er würde nach wie vor Unruhe verbreiten, indem er sich in unseren Ohren festsetzte; wir würden ihn möglicherweise husten hören, und wir hätten Mühe, einen Sack seiner Artgenossen zu hüten.

Menschen und Flöhe sind ungleiche Brüder. Kein anderes Tier ist uns so nahe gerückt, und trotz dieser Intimität blieben sie uns fremd. Wir versuchten sie zu fassen und zu erfassen. Fast alle Kapitel und auch die drei Leitsätze bestätigen unsere Mühen. An physischer Größe sind wir den Flöhen überlegen, aber das hilft uns wenig bis gar nichts. Ihre Überlegenheit basiert auf ihrer meisterlichen Fähigkeit, verschwinden zu können. Niemand hat diesen Zusammenhang von Fluchtverhalten und Bestandssicherung radikaler erfasst als Georg Christoph Lichtenberg. Der dritte Leitsatz meines Buchs erwähnt zwar nicht ausdrücklich die Flöhe, aber er kann und soll sich auf sie beziehen. Fliehende, also herkömmlich als Verlierer geltende Lebewesen, können über ihre Verfolger triumphieren. Im Kampf würden sie zu eigentlichen Siegern – «wie Cervantes», was wohl heißen mag: wie dessen berühmter Romanheld. Dem doch so offensichtlich durch übermäßige Ritterroman-Lektüre beeinträchtigten Don Quichotte hat seine Behinderung zur Unsterblichkeit verholfen! Es scheint, als wäre Lichtenberg selber über seine eigene Kühnheit erschrocken. Er hat jedenfalls seinen Aphorismus über einen Nachteil, der zum Vorzug wurde, nicht nur mit dem Ausdruck der Entrüstung verfasst, sondern ihn nachträglich sogar durchgestrichen!

Alle drei Leitsätze bestätigen die Schwierigkeit, den Floh zu (er-)fassen; alle drei legen nahe, dass dieser eine stupende Fertigkeit besitzt, zu entweichen und sich dadurch selbst zu erhalten. Lichtenberg zufolge könnte er sogar zum Sieger im Kampf mit seinen scheinbar so überlegenen Kontrahenten werden.

Einige Texte in meinem Buch, wie die von Catherine Des Roches und John Donne, verraten eine gewisse Nähe zu Lichtenbergs Geistesblitz. Anderen, wie den Mikroskopisten in der Nachfolge Hookes, lag eine solche Einsicht fern. Das wird vor allem deutlich, wenn man ihre Tätigkeit am zweiten Leitsatz misst, den ich meinem Buch vorangestellt habe. Jean Paul bestreitet darin die Existenz von Vergrößerungen überhaupt. Auf der Erde gebe es nur Verkleinerungen. Der «winzige Floh» und die «riesenhafte Sternenwelt» hätten gemeinsam, dass sie durch optische Gläser nur verkleinert, nicht aber vergrößert würden. Diese zunächst befremdliche These lässt sich durchaus vertreten. Der «kleine Riese» – so nennt Jean Paul an gleicher Stelle den Floh – wird auf doppelte Weise durch den Menschen beeinträchtigt. Er wird durch die – in jedem Fall begrenzte – optische Qualität der Gläser wie auch durch die physische und psychische Konstitution des Betrachters eingeschränkt. Diese mehrfache Modifikation hat zur Folge, dass der unbeobachtete Floh immer umfassender, komplexer und ‹größer› bleibt als der beobachtete und erst recht als der durch ein Mikroskop betrachtete Floh. Die von Jean Paul konstatierte «Verkleinerung» erscheint bei Siegfried Kracauer als Verfehlung: Das ganz Nahe «entweicht» wie das ganz Ferne, d. h., es entzieht sich unserer Wahrnehmung. Lange vor Kracauers Behauptung hat der Zeichner und Illustrator Johann Peter Lyser hierfür ein treffendes Bild gefunden, das ich als Frontispiz für dieses Buch gewählt habe. Bürgerliche Gelehrte versuchen einen über Stadtmauern hüpfenden Floh mit Fernrohren zu erfassen. Sie scheitern bei ihrem Vorhaben auf groteske Weise. Damit ergeht es ihnen kein bisschen besser als der Viererbande in ‹Auerbachs Keller›: Der Floh ist und bleibt für sie alles andere als «wohl gefasst» (), denn der ist, wie gesagt, ein «Fast-Nichts» () und kann jeden Moment nach der einen Richtung – ins Nichts – oder nach der anderen – ins Etwas – springen. Die Menschen haben sich an seiner Kleinheit gerieben, während er sie gestochen und gebissen hat, und als sie ihn fangen wollten, war er weg – geflüchtet oder gestorben. Ich habe mich ihm zu nähern versucht, was in mancherlei Hinsicht lustvoll, ersprießlich oder nützlich gewesen sein mag, aber am nächsten bin ich ihm gekommen, als ich in ihm den «ewigen Verschwinder» sah. Robert Hooke war dabei für mich zumindest ein Wegbereiter. Er wollte der Schönheit des Flohs auf die Spur kommen und hat sie am Ende dort vermutet, wo sich dieser kurz vor seinem Tode befand ().

Dieser Augenblick ist ein einziges Mal zur Dauer geworden. Es war der Moment, da ein Floh vor mehr als 300 Millionen Jahren am Harz fossiler Nadelbäume festklebte und vergeblich freizukommen versuchte. Das geschah, lange bevor sich die Menschen auf der Erde breitmachten. Der Eingeschlossene konnte nicht mehr stechen und nicht mehr flüchten; er wurde in seinem Todeskampf festgebannt (Abb. 32). Er konnte und musste nicht immer wieder fliehen, um immer wieder erscheinen zu können.

Was Faust im ersten Teil der Tragödie zum Gegenstand seiner Wette mit Mephisto machte und zeitlebens vergeblich für sich einzulösen versuchte – hier war es ohne menschliche Einwirkung und Mitwirkung real geworden. Es hatte keines Erlebnisses, keines «Verweile doch! Du bist so schön!» (V. 1700) bedurft; es war lediglich ein Ereignis gewesen, das sich als dauerhaft erweisen sollte. Der Bernsteinfloh konnte zum Inbegriff der Kunst eines Baudelaire und anderer Autoren und Autorinnen der Moderne werden (). Mandelstam hatte das Bild einer im Harz festgehaltenen Fliege gebraucht, die auch noch in der Versteinerung nicht aufhöre zu summen (). Ganz Ähnliches gilt auch für den in Bernstein eingeschlossenen Floh: Auch er starb wie Mandelstams Fliege. Er summt zwar nicht wie diese, aber sein Todeskampf ist nach wie vor virulent. Im Unterschied zu den von Hooke und seinen Nachfolgern malträtierten Flöhen hat sich seine Schönheit über seinen Tod hinweg erhalten, ja sie konnte sich sogar erst jetzt für uns Menschen entfalten. Auch dieser «ewige Verschwinder» wird im kulturellen Gedächtnis der Menschen lebendig bleiben.

Abb. 32: Aus Carsten Gröhn: *Einschlüsse im baltischen Bernstein.*

Anmerkungen

1 Der Ausdruck, der eigentlich auf Leibniz, und zwar auf dessen *Theodicee* (Bd. I, S. 237 ff.), zurückgeht, ist erst kürzlich von Philippe Jaccottet im Hinblick auf das Werk von Peter Handke verwendet worden: «Das Wenige, das Fast-Nichts, das Unbedeutende – [ist] in den seltenen Augenblicken des Vertrauens als das Bedeutungsvollste erschienen» (Jaccottet, S. 131).

2 Stadler 2003 und Stadler/Wieland 2014.

3 Ich danke hier besonders Michael Barczay, der für mich eigens die entsprechenden Sonderzeichen angefertigt hat!

4 Unter Berufung und mit vager Anspielung auf die Philosophie von Leibniz notiert sich Hebbel im Herbst 1847: «Es ist ohne Zweifel richtig, daß Nichts ist, was nicht vernünftig wäre, und daß selbst Wanzen und Flöhe nicht seyn würden, wenn sie nicht seyn müßten. Daraus folgt aber nur, daß man mit der Natur wegen der Existenz dieser Mißgeschöpfe nicht hadern, keineswegs jedoch, daß man sie selbst in ihrer Existenz ungestört belassen soll. Man thut genug, wenn man sich mit dem Vorhandenseyn der Gattung im Allgemeinen aussöhnt, indeß man sie im Einzelnen bekämpft und so viel [als] möglich auszurotten sucht» (S. 276, Nr. 4298). Es bleibt das Geheimnis Hebbels, wie man sich mit einer Gattung aussöhnen kann und gleichzeitig sie auszurotten sucht. Das Verbum ‹ausrotten› bezieht sich nämlich in aller Regel nicht auf ein einzelnes Exemplar.

5 «Floh / kommt her von Flüchtigkeit weil er gleichsam fliegt» (S. 19). Im dritten Teil seiner Schrift, in der Vorbehalte und Kritikpunkte gegen das Insekt zusammengetragen sind, versucht der Autor das Tier noch zusätzlich zu schmälern, weil das Wort im Deutschen einsilbig sei. «Wir» – und damit meint er sich und die «Teutschen» –, «als wären wir Mißgebuhrten der Natur / müssen uns von dem einsilbichten Teutschen Wort Floh (welches seiner Nichtigkeit halber kaum würdig ist auszusprechen) allen andern Nationen zu Spott und Schande / *Flolander* nennen lassen» (S. 123).

6 Eine Ausnahme bildet lediglich das *Allgemeine deutsche Glossarium* des Johann Jakob Spreng (1699–1768). Dort steht unter dem Lemma ‹Floh›: «Brocke, Bruchstück, Fragmen[t]» sowie ein Verweis auf das in Oxford erschienene *Angelsächsische Wörterbuch* von William Somner (1598–1669). Dieser hatte sich offensichtlich von der aristotelischen Theorie einer Spontanentstehung aus der Fäulnis von Staub und Kot leiten lassen. Sie war von den Wortforschern auch für das lateinische Wort ‹pulex› in Anspruch ge-

nommen worden, das auf ‹pulvis›, den Staub, zurückgeführt wurde. Für Aristoteles war der Floh das «Bruchstück» einer größeren Masse von Dreck (S. 506). Seine Theorie ist erst im 17. Jahrhundert von Athanasius Kircher und Antoni van Leeuwenhoek widerlegt worden. Beide haben nachgewiesen, dass sich auch Flöhe geschlechtlich vermehren und aus einem befruchteten Ei entwickeln. Sprengs Eintrag beruht demnach auf einer älteren Theorie über die Entstehung des Flohs, während in nahezu allen sonstigen etymologischen Abhandlungen das Wort ‹Floh› vom effizienten Fluchtverhalten des Insekts abgeleitet wurde. S. Zaunschliffer, S. 164 f. Der Ausnahmecharakter von Sprengs Glossarium geht schon aus der Tatsache hervor, dass das Werk im 18. Jahrhundert nie gedruckt wurde und jahrhundertelang als Manuskript in der Universitätsbibliothek Basel schlummerte, bis es von Heinrich Löffler 2021 in sieben Bänden erstmals publiziert wurde. – Zedlers *Grosses vollständiges Universal Lexicon* bringt unter dem Lemma ‹Floh› zunächst die zitierte Ableitung. Der Artikelschreiber ergänzt sie noch mit einer ziemlich phantastisch anmutenden Erklärung des lateinischen Worts für Floh: «Wegen seines süssen Fleisches soll er seinen Nahmen *Pulex* von *Puella* und *Lex* her haben, weil doch allemahl die Mägden, wenn sie einen haschen / die Finger darnach lecken (Bd. IX, Sp. 1265). Im Wissen, dass er sich dabei sehr weit auf die misogynen Äste hinausgewagt hat, beschließt der anonyme Verfasser seine wortgeschichtliche Spekulation mit den Worten: «Jedoch man überlässet die *Etymologias* gantz gerne denen *Criticis*» (ebd.).

7 «Das Wort hängt zusammen mit ‹fliehen›, bedeutet demnach der ‹Flüchtige›» (Sp. 1631).

8 Lyser, der eigentlich Ludewig Peter August Burmeister hieß, wurde schon als Jugendlicher taub und musste seine Berufspläne als Schauspieler und Musiker aufgeben. Seine graphischen Arbeiten sind verstreut in unzähligen Büchern und Zeitschriften. Walter Benjamin war ein leidenschaftlicher Sammler der Werke dieses «großen deutschen Illustrators»; s. seine Rede *Ich packe meine Bibliothek aus*, Benjamin, Bd. IV.1, S. 392.

9 Eine Anspielung auf die Ungezieferplage, die Gott über das Land des Pharaos verhängt haben soll; s. 2. Mose 8, V. 16–27.

10 Eine solche abgestufte Geringschätzung beider Parasiten findet sich auch bei anderen Autoren, etwa bei Lauremberg, S. 399, und Willkomm, S. 279.

11 Um nicht missverstanden zu werden, sei hier angemerkt, dass etwas Winziges nicht automatisch schon die Gewähr bietet, irgendwann einmal groß zu werden. Es sei nur an den Film von Werner Herzog aus dem Jahre 1970 erinnert, der den wunderbaren Titel trägt: *Auch Zwerge haben klein angefangen.*

12 Heinrich von Kleist hat in seinem berühmten Aufsatz *Über die allmähliche Verfertigung der Gedanken beim Reden* die Bedeutung von Kleinigkeiten an einem Gesetz der Elektrizität erläutert. Er kommt dabei zu der kühnen Schlussfolgerung, wonach sich die Französische Revolution möglicherweise einer bisher nicht bedachten Ursache verdanke: «Vielleicht, daß es auf diese Art zuletzt das Zucken einer Oberlippe war, oder ein zweideutiges Spiel an der Manschette, was in Frankreich den Umsturz der Ordnung der Dinge

bewirkte» (S. 77). – Auch Johann Peter Hebel hat die außerordentlichen Wirkungsmöglichkeiten des sehr Kleinen eindrücklich beschrieben. In seinen *Erzählungen des Rheinländischen Hausfreundes*, und zwar in dem Kurzprosastück *Dankbarkeit* von 1814, berichtet er von einem Matrosen, der mitten in der Schlacht von Trafalgar ein «armes Thierlein» (vermutlich eine Laus oder einen Floh) auf seinem Kopf gefangen, es aber fallen gelassen habe. «Aber indem er sich niederbückte, um ihm den Garaus zu machen, flog eine feindliche Kanonenkugel ihm über den Rücken weg, paff, in das benachbarte Schiff. Da ergriff den Matrosen ein dankbares Gefühl, und überzeugt, daß er von dieser Kugel wäre zerschmettert worden, wenn er sich nicht nach dem Thierlein gebücket hätte, hob er es schonend von dem Boden auf, und setzt es wieder auf den Kopf. ‹Weil du mir das Leben gerettet hast,› – sagte er, – ‹aber laß dich nicht zum zweitenmal attrapiren, denn ich kenne dich nimmer› (S. 296).

13 Die Verschreibung ist wohl kaum ein Zufall. Sie persifliert den berühmten – ohnehin schon bildungskritischen – Monolog aus Goethes *Faust* in der Szene ‹Nacht› aus dem ersten Teil der Tragödie. Mit Ausnahme der letzten Strophe wiederholt sie sich immer wieder und denunziert die akademische Disziplin als Institution zur Förderung läppischer Bildungshuberei. Vor allem aber weist sie darauf hin, dass solche Menschenkunde den Deutschen unfähig mache, Unterdrückungen, denen dieser ausgesetzt ist, überhaupt als solche wahrzunehmen.

14 Die These ist allerdings gerade in jüngster Zeit angezweifelt worden. Untersuchungen am Erbgut von Verstorbenen, die an Pestpandemien starben, hätten ergeben, dass auch andere Zwischenwirte wie etwa die Kleider- und Kopflaus als Überträger infrage gekommen sein müssten; s. den Artikel in der *Neuen Zürcher Zeitung* von Hermann Feldmeier am 28. März 2023.

15 Am ehesten noch hat Johann Jacob Ebert in seiner 1784 zum ersten Mal erschienenen *Biographie eines deutschen Flohes* eine Ansteckung als Übertragung einer Krankheit in endemischem Ausmaß geschildert.

16 Es ist darum sehr gut möglich, dass sich auf La Tours Porträt *Femme à la Puce* ein solcher Flohflecken unter der linken Hand der abgebildeten Frau verbirgt.

17 Mein besonderer Dank gilt hier Ursula Seeber (Wien) und Anton Waldt (Berlin). Das Porträt der Mutter Anguissolas und ein Ausschnitt mit dem Flohpelz sind im Internet abrufbar s. Abb. 3 und Abb. 4.

18 Zaunschliffer behauptet 1691 von seiner Flohfalle, dass diese «nutzbahre *Machine* vor wenigen Jahren erfunden und dem *Publico* zum besten communicirt worden» sei. Lange bevor sie ein Autor beschrieben habe, sei sie «überall bekandt» gewesen und gekauft und benützt worden (S. 166 f.). – Valentini nennt die Flohfalle den «Floh=Fang»; s. 3. Teil, 1714, 22. Kapitel, S. 76.

19 Zum Beispiel erwähnt und zitiert Brückmann mehrfach einen Autor namens Philander. Das war jedoch das Pseudonym von Johann Michael Moscherosch (1691–1669), den er bestimmt *nicht* gemeint hat. Er bezieht sich vielmehr auf Psylander, den Verfasser

der vermutlich 1720 erschienenen Schrift *Der belobte Floh, Als rechtmässiger König aller Thiere nach seinen rühmlichen Qualitäten betrachtet.*

20 Philopsyllus, ein guter Kenner der Floh-Literatur, zitiert Verse, die er angeblich bei Jacob Cats gefunden haben will, der sich aber wohl bei John Donne bedient hatte. Dessen hoher mystischer Ton ist bei dem Floh-Liebhaber freilich ins Betuliche abgeschwächt: «Klein Flöhlein, voller Gier, was hast du da begonnen? / Schau, zweier Lebenssaft hast Du Dir keck gewonnen! / Mein Herzblut saugtest Du und das vom Liebchen fein, / Du schlürftest mit dem Blut' auch uns're Seelen ein. / In Dir sind wir vermischt und inniglich verbunden, / Wir haben uns zur Eh' in Dir vereint gefunden, / Ja Beider Blut pulsirt in Dir jetzt, ihr's und mein's, / Wir sind nicht länger zwei, von heut' ab sind wir Eins!» (S. 31 f.).

21 Die *Flöh Haz* wurde 1577 in zweiter Auflage publiziert. Ihr liegt eine ältere Flohklage von Mathias Holzwart zugrunde, die Fischart übernommen, bearbeitet und unter Zuhilfenahme lateinischer, französischer und frühneuhochdeutscher Texte bedeutend erweitert hatte (s. Hauffen, S. XI–XVI).

22 Blümlein, S. 18, hat noch zusätzliche entdeckt, ohne sie allerdings nachzuweisen: «Blutzapfer, Bettstrampler, Meidleinzwinger, Blutmelker».

23 Er erwähnt ausdrücklich Äsop (V. 2635); obendrein zitiert er dessen Fabel: *Der Floh und der Athlet* (Äsop, Nr. 231, S. 218 f., und Fischart, V. 2133–2447). Wie Äsop lässt Fischart redende Tiere auftreten, die in Dialogen ihre Erlebnisse, Erfahrungen, Argumente und Gedanken austauschen. Dabei wählt er allerdings mit dem Floh und der «Muck» zwei Tiere, die selten in Fabeln vorkommen.

24 Im Trailer zu Thomas Koerfers Film *Der Tod des Flohzirkusdirektors* von 1972/73 werden Flöhe als einzig gerechte Geschöpfe auf der Welt gepriesen, weil sie Frauen und Männer, Junge und Alte gleichermaßen anfallen. – Demgegenüber behaupten Mumcuoglu/Rufli noch in ihrem 1982 erschienenen dermatologischen Fachbuch: «Frauen werden weit häufiger von Flöhen befallen als Männer» (S. 17).

25 Nach Hauffen heißt das so viel wie: die Reichen, die ihren eigenen Urin so hoch schätzen und eintaxieren, als habe er einen allgemein anerkannten Wert.

26 Zugleich bestätigt er, wenn auch wohl unbeabsichtigt, wie hartnäckig sich sexistisches Denken und sexistische Sprache vom 16. bis ans Ende des 19. Jahrhunderts (ja wir können und müssen ergänzen: bis in unsere Gegenwart) gehalten haben. Fischarts Ausdrucksweise lässt sich immerhin zugutehalten, dass der Autor mit ihr einen Bereich erschließt, der ihm ansonsten wohl sprachlich nicht zugänglich gewesen wäre.

27 Auch Blumauer und E. T. A. Hoffmann benützen diesen Ausdruck für den Floh.

28 Nicht zufällig richtet sich der besondere Ingrimm dieses Jupiters gegen Verleumder, also gegen alle, die durch ihr Verhalten den Werte-Himmel zerstört haben! – Es hat sich eine Welt sinnferner Immanenz herausgebildet, in der die Hölle zu einem diesseitigen Ort geworden ist (Stadler 1973).

29 Der Vergleich macht es wahrscheinlich, dass der Verfasser wissenschaftshistorische Kenntnisse besessen hat. Sowohl die *Royal Society* in London mit Robert Hooke wie die *Accademia dei Lincei* in Rom beriefen sich programmatisch auf die Scharfsichtigkeit der Luchse; s. Böhme, S. 370.

30 Zu ihnen gehört die Fabel Nr. 150: *Der Löwe und die Maus, die eine Wohltat erwidert.* Sie kann zeigen, «dass durch die Wechselfälle des Schicksals auch die Übermächtigen der Schwächeren bedürfen» (Aesop, S. 147). – Burkard Waldis hat in seiner stark erweiterten Ausgabe des Esopus von 1548 so gut wie kein Thema ausgelassen. Auch den Floh würdigt er, allerdings nur in einer einzigen unter den 400 Fabeln (III/82, S. 303). Sein Floh-Gedicht diente offenkundig Boursault und Pfeffel als Vorlage für ihre Floh-Fabeln.

31 S. auch die Paraphrasierung der Fabel von Äsop-Waldis (III/82, S. 303 f.) in Fischarts *Flöh Haz* (S. 78, V. 2630–2692).

32 Madeleine und Catherine Des Roches starben Ende November 1587, angeblich am gleichen Tag, und bei beiden soll die Todesursache die gleiche gewesen sein: die Pest in Poitiers (s. Larsen, S. 21).

33 «At a time when few intellectual women had their writings printed, they took pride in counting themselves among the few: ‹whereas there are plenty of men who write,› asserts Catherine in her dedicatory letter to her mother, ‹there are few women who get involved in such an exercise, and I've always desired to be counted among the few›» (zit. nach Larsen, S. 1).

34 Der Originaltext ist nachzulesen bei Larsen, S. 172.

35 Daraus ergab sich für mich ein Problem bei der Übersetzung. ‹Flohweibchen› ist grammatisch ein Neutrum und hätte sprachlich gerade verdeckt, was semantisch wichtig ist. ‹Flöhin› wäre angemessen, aber dieses Wort klingt reichlich preziös. Darum vor allem habe ich das französische Original ‹la puce› beibehalten. Meine Entscheidung stellt freilich einen Kompromiss dar, denn das französische Wort steht nun als Solitär mitten unter deutschsprachigen Sätzen. Dieser Nachteil (wenn er denn einer sein sollte!) wird mehr als kompensiert durch einen Vorzug. ‹La puce› weist merklicher als die deutschsprachigen Bezeichnungen auf die für das Gedicht zentrale Verwandtschaft mit ‹la pucelle› voraus.

36 Die so genannte Effloreszenzenlehre hat den Prädilektionsstellen auf der Haut wie auch der Anordnung der Einstiche einen diagnostischen Wert zuerkannt; s. Mumcuoglu/Rufli, S. 17.

37 Die Erwähnung der Jungfräulichkeit ist als ein Indiz gewertet worden, dass Donne das Gedicht der Catherine Des Roches gekannt hat. Dieses nämlich stellt die Beziehung zwischen «la pucelle» (der Jungfrau) und «la puce» (dem Insekt) ins Zentrum.

38 Die Vorstellung, dass es bei zwei Liebenden durch den Biss oder Stich ein und desselben Insekts zu einer Blutvermischung komme, die einer sexuellen Vereinigung entspreche, war wohl kaum eine Erfindung Donnes. Sie findet sich jedenfalls zur gleichen Zeit

auch in einem Gedicht des Holländers Jacob Cats (1577–1660); s. hierzu auch Philopsyllus, S. 30–33.

39 Noch 1762 hält der anonyme Verfasser eines beliebten Zauberspiel-Buchs (also keines auf Wissenschaftlichkeit zielenden Nachschlagewerks) an der Aristoteles zugeschriebenen These fest, wenn er unter der Rubrik ‹Flöhe zu machen› behauptet: «Nehmet von dem Staub so auf denen Balken, Bildern oder Küsten [!] lieget, thut ihn auf ein Bretlein in den heissen Sommertagen, bespritzet denselbigen zuweilen mit Urin, so wird [...] eine unzehlbare Menge Flöhe daraus entstehen» (Nr. 70, S. 41).

40 Die Verwandlungen in den beiden Gedichten sind gänzlich anderer Natur als die von den Naturforschern in der zweiten Hälfte des 18. Jahrhunderts beschriebenen. Sie bilden keine Stadien innerhalb eines teleologisch ausgerichteten biologischen Entwicklungsgangs, wie ihn der Floh in der Abfolge vom Ei über die Larve und die in einem Kokon verborgene Puppe bis zum ausgewachsenen Tier durchläuft und wie ihn dann Leeuwenhoek, Scheuchzer, Rösel und Ledermüller darstellen. – Christiaan Hart Nibbrig hat der Verwandlung in Donnes zweiter Strophe eine entschieden autopoetologische Dimension zuerkannt (S. 192–197). Der zum Liebestempel des Paars gewordene Floh «verkörpert und verkörperlicht» das Kunstwerk, in dem er vorkomme.

41 Die mir bekannten Übertragungen dieses Verses legen mit der Betonung des Konventionsbruchs eine durchaus zutreffende Deutung vor. Werner Koppenfels überträgt sehr frei: «Und uns wär dies mißgönnt aus Schicklichkeit?» (zit. nach Schmitz, S. 84), während Annemarie Schimmel schreibt: «Und so viel, ach, kann uns vergönnt nicht sein!» (zit. nach Hart Nibbrig, S. 204). Beide Übersetzungen machen aber den Bruch der Erwartungshaltung bei den Lesern unsichtbar; sie beseitigen das Moment kalkulierter Unbestimmtheit, das erst in der zweiten Strophe durch zusätzliche Erläuterungen verschwindet.

42 Auch die Leser, die mit dem «Du» ja gleichfalls angesprochen sind, müssen sich brüskiert fühlen. Sie könnten vielleicht sogar annehmen, dass hier ein Druckfehler vorliege: Nicht «more», sondern ‹less› müsse es eigentlich heißen!

43 In der schon mehrfach erwähnten *Flöh=Jagt* wird das weit verbreitete Vorurteil erwähnt, wonach die Flöhe «keine bleibende / Städte noch beständige Wohnung» hätten; vielmehr zögen «sie Horden=weise wie die streiffende Tattern [d. h. die Tataren] und alle Land durchstreichende Zigeuner / und lassen sich auf ein Zeitlang nieder [...] wo es ihnen am bequemesten scheint / neue Beute zu machen / und ihr Lebens-Unterhalt zu finden» (S. 99).

44 So unsicher wie die Entstehungszeit des Gedichts ist auch das Datum der Konversion John Donnes; s. Colclough, S. 537.

45 Hunt (S. 126) charakterisiert die Liebeskonzeption Donnes als doppeltes Mysterium: Liebe beginne mit körperlichem Begehren und schließe die physische Vereinigung ein. Durch sie erst werde die mystische Seelenvereinigung wie auch die Verwandlung von Sexualität in Geistigkeit möglich.

46 Die Kühnheit von Hookes Beschäftigung mit dem Floh verdankt sich ganz wesentlich der ungewöhnlichen Vergrößerung des winzigen Insekts. Diese sollte im vorliegenden Buch eigentlich nicht durch eine neuerliche Verkleinerung verdeckt werden, denn die Quantität ist bei Hooke zu einer Qualität geworden! Um einen einigermaßen adäquaten Eindruck des Riesenflohs zu vermitteln, wird dieser hier auf einer Doppelseite, zusammen mit einem Zentimeter-Maßstab, reproduziert (Abb. 7).

47 Power nahm in sein Werk *Experimental Philosophy* von 1664 ein eigenes Gedicht auf, das in 86 Versen die Vorzüge des Mikroskops pries (s. Stadler 2003, S. 63 f.).

48 Hooke konnte noch nicht wissen, dass sich die außerordentliche Sprungkraft nicht nur den Muskeln und Gelenken des Flohs verdankt, sondern auch einem langkettigen Eiweißmolekül namens Resilin, das Energie speichern und sie «auf einen Schlag» freisetzen kann; s. Neukirch/Ruisinger, S. 10.

49 Für Psylander etwa ist das Stachelschwein sogar «recht abscheulich und greulich». Er verweist auf es, um die Laus zu kennzeichnen, die er dem «lieblich glänzende[n]» Floh gegenüberstellt (S. 4). – Es ist möglich, dass Hooke überhaupt nicht das Stachelschwein, sondern das ein Jahrhundert zuvor erst bekannt gewordene Gürteltier, den Armadillo, gemeint hat. Dessen Aussehen erinnert an eine aus beweglichen Teilen zusammengesetzte Ritterrüstung, die in der Tat der chitinisierten Panzerung eines Flohs gleicht. 21 Jahre nach Hooke hat Francisco Redi dann in seinem Insektenbuch die Ähnlichkeit des Flohs mit einem Gürteltier unterstrichen (S. 76). Auf ihn oder aber wohl eher auf Ledermüller hat sich dann E. T. A. Hoffmann bezogen, als er die Titelfigur seines *Meister-Floh*-Romans mit einem Armadillo verglich (S. 716).

50 Hooke wäre in diesem Fall ein Vorläufer Goethes, der in seiner mit Schiller gemeinsam konzipierten Schrift *Der Sammler und die Seinigen* von 1799 der Bitte bzw. Frage eines Fremden: «Können Sie mir sagen, was Schönheit sey», den Bescheid des Sammlers entgegenhält: «Vielleicht nicht! ... aber ich kann es Ihnen zeigen» (S. 59).

51 S. hierzu meinen Aufsatz über die Virtuosen im England des 17. und 18. Jahrhunderts, Stadler 2006b, S. 28 f.

52 Weigl, S. 123–132, Stadler 2003, S. 633, und Michel, S. 50–54.

53 Die *Neue Zürcher Bibel* von 1984 übersetzt Davids Rede an Saul folgendermaßen: «Hinter wem jagst du her? Hinter einem toten Hund! Hinter einem einzigen Floh!». Es sei also töricht und vollkommen sinnlos, sowohl einem Hundekadaver als auch einem Floh nachzujagen!

54 Menschen, die Hunde flöhen, bilden ein häufiges Sujet in der Bildenden Kunst; s. den Kupferstich von van Leyden und die Ölgemälde von Terborgh und Spitzweg.

55 Die Ausstellung im *Amsterdamer Rijksmuseum* «Clara the Rhinoceros. An exhibition about an eighteenth-century phenomenon» war vom 30. September 2022 bis zum 15. Januar 2023 zu sehen; s. die Besprechung von Hubert Spiegel in der *Frankfurter Allgemeinen Zeitung* vom 15. Dezember 2022, Nr. 292, S. 11.

56 Robert Birk, Marco Assmann und der Zauberkünstler Kalibo führen Kunststücke vor, die noch immer den von Rösel geschilderten gleichen. Sie zeigen Flöhe, die eine Kutsche ziehen oder Fußball spielen und Tore schießen mit einem kleinen Kügelchen aus Holundermark.

57 Zu Scheuchzers Verwendung des Femininums als grammatisches Geschlecht für den Floh s. die Kapitel 4 und 16.

58 Michael Grüttners *Biographisches Lexikon zur nationalsozialistischen Wissenschaftspolitik* enthält jedenfalls keinen Artikel über Frisch.

59 «Je näher man ein Wort ansieht, desto ferner sieht es zurück» (Kraus, S. 164).

60 Zum Verfasser der *Floja*, einer aus verschiedenen Sprachen gemischten, meist mit lateinischen Flexionsendungen versehenen Dichtung s. Blümlein. Der sechste Teil der *Curieusen Flöh=Jagt* verweist auf dieses makkaronische Werk mit dem gesonderten Titel: *Spring ins Feld Flochia Greiffoldi Knick-Knackii ex Flolandia* (S. 174).

61 Die differenzierte Beantwortung könnte auch für die Beurteilung der flöhenden Frauen in Pfeffels Fabel und auf La Tours Bild relevant sein!

62 Rudolf Wackernagel hat in seinem noch immer lesenswerten Standardwerk die Situation der Juden in einer europäischen Stadt (Basel) exemplarisch und sehr detailliert aufgezeigt. Einerseits waren diese Angehörigen einer Minderheit «willkommen» als Geldverleiher, andererseits war die Freiheit dieses Gewerbes für sie erkauft durch «schwere Leistungen, durch beständige Furcht von Ausplünderung und Vernichtung» (S. 366); s. auch Wackernagels Ausführungen über die Pogrome und die so genannte «Judenschuldentilgung» von 1385 (S. 370).

63 Der Floh-Liebhaber Christoph Gottlieb Richter hat im 18. Jahrhundert diese Gedankenspielerei noch überboten. Er malte sich aus, was ein Elefant leisten könnte, wenn er die Sprungfähigkeit eines Flohs besäße. Er müsste «einen zierlichen Sprung über den Wiener Stephans=Thurn [!] machen» können (S. 29).

64 In Georges de La Tours *Femme à la* puce (Abb. 23 und 24), dem Gemälde einer flöhenden Frau, wird beides gleichzeitig versucht. Der eine Floh zwischen den Händen der Frau ist zumindest erahnbar; der andere unterhalb der Hände ist nur an Ort und Stelle vor dem Original in Nancy erkennbar. Es erstaunt darum nicht, dass dieser zweite Floh von fast allen Interpreten übersehen wird. Eine Ausnahme bildet Thuillier, S. 94.

65 Hier macht sich geltend, was Lessing später in seiner Abhandlung über *Laokoon oder über die Grenzen der Malerei und Poesie* behaupten sollte: Körper im Raum, nicht aber Handlungen in der Zeitfolge, sind die eigentlichen Gegenstände der Bildenden Kunst (Lessing, 5. Bd., S. 115 und 130).

66 Bei der Bildgeschichte *Die Fliege*, einem Holzstich von ca. 1890, erprobt Busch noch ein weiteres, ein drittes Verfahren, um das Problem der Darstellbarkeit in Anbetracht der massiven Größendifferenz zwischen dem Insekt und dem Menschen zu lösen (Bd. 2, S. 62). Der Zeichner wechselt brüsk den Maßstab bei seiner Darstellung. Er scheint plötzlich eine Vorsatzlinse zu benützen und schaltet unvermittelt eine Nahaufnahme ein, so

dass im letzten Bild der Serie bloß noch die Füße des Herrn Inspektors und ein vergrößerter Torso des zertretenen Insekts unter dem rechten Schuh zu sehen sind.

67 Zaunschliffer insistiert darauf, dass man «in Gesellschaften und unter Leuten [...] geduldig aushalten / und nicht kratzen» dürfe, selbst wenn die Flöhe ärger zustechen «als die Scorpionen» (ca. 1691, S. 162). Franz Ernst Brückmann bekräftigt die Forderung und benützt sie, um für seine Flohfalle zu werben: Diese mache es möglich, dass man nicht «roth werden und sich schämen» müsse, wie sonst, wenn man beim Flöhen von «einem fremden Gaste erblicket würde» (S. 62). Und der spätere erste Präsident der Vereinigten Staaten von Amerika George Washington notiert sich als Jugendlicher die Höflichkeitsregel: «Töte kein Ungeziefer, wie Flöhe, Läuse, Zecken und so weiter unter den Augen anderer, siehst du einen Schmutz oder dicken Speichel, dann stelle deinen Fuß geschickt darauf» (zit. nach Zinsser, S. 149; Hervorhebung U. St.).

68 Mein Dank gilt meinem Zürcher Kollegen und Niederlandisten Chris De Wulf, der freundlicherweise für mich in einschlägigen holländischen Wörterbüchern recherchierte. – S. auch Littmann, S. 34.

69 Möglicherweise ist der Hut ein Indiz dafür, dass der Knabe eben von draußen hereingekommen sei und nun seinen gesenkten Kopf und seine Haare schutzlos den Flöhen darbiete. Dann würde er zur Beute derer werden, die er eigentlich erbeuten wollte.

70 Es gebe – so haben Rose-Marie und Rainer Hagen berichtet (S. 149) – «einen kleinen Gelehrtenstreit», der noch zusätzlich angefacht worden sei, weil man eine Vorzeichnung Spitzwegs fand mit der eigenhändigen, nur noch ansatzweise lesbaren Notiz: «Floh weg».

71 Ich danke Frau Sophie Laroche und Herrn Pierre-Hippolyte Penet, den Konservatoren des *Musée des Beaux Arts* und des *Musée Lorrain* in Nancy, für ihr Vertrauen und für ihre Bereitwilligkeit, mit der sie mir eine genaue Untersuchung von La Tours Bild vor Ort ermöglicht haben. Das Gemälde ist seit 1955 im Besitz des *Musée Lorrain*, das jedoch gegenwärtig umgebaut wird. Darum ist La Tours Bild zurzeit im *Musée des Beaux Arts* ausgestellt.

72 Der Materialwert von Gagat, auch Amber oder schwarzer Bernstein genannt, ist gering. Der Stein kommt häufig in der Natur vor; er ist chemisch mit der Braun- und Steinkohle verwandt, lässt sich aber, im Unterschied zu ihnen, gut bearbeiten. Es war kein teurer, wohl aber ein beliebter Schmuckstein vor allem bei nicht vermögenden Personen. Überdies wurden ihm heilende Kräfte zugesprochen; insbesondere wurde ihm nachgesagt, dass er vor Trauer schützen könne. John Donne hat ihm eine zentrale Bedeutung in seinem Gedicht *The Flea* zugesprochen.

73 John Berger hat in diesem Zusammenhang «Akte» von «Nackten» unterschieden. Fast alle Bilder von unbekleideten Frauen in der europäischen Kunstgeschichte seien Aktbilder, bei denen Frauen als Objekte eines männlichen Blicks präsentiert würden. Nur auf ganz wenigen Bildern seien tatsächlich nackte Frauen dargestellt. Berger zufolge wäre die Frau auf dem Bilde La Tours wirklich nackt, obwohl sie eine Jacke trägt. Sie stellt sich

nicht zur Schau – weder einem (hier fehlenden) männlichen Betrachter im Bild noch einem Bildbetrachter (Berger 2018, S. 50–58); s. auch den 1971 erschienenen Aufsatz ‹La Tour und der Humanismus›, in dem Berger *Femme à la Puce* als ein ihm unerklärliches Meisterwerk darstellt, das aus dem Œuvre La Tours herausrage und sich allen Herleitungen aus der Biographie des Künstlers bisher erfolgreich widersetzt habe (Berger 1981, S. 68–73).

74 Penet steht der Hypothese mit Recht skeptisch gegenüber: «La jeune femme attend-elle un enfant? Nous ne le pensons pas car l'on retrouve ce même canon dans d'autres œuvres de l'artiste dans lesquelles cette hypothèse est impossible» (S. 1).

75 La Tour greift mit der Verknüpfung von Flöhen und Beten einen paradox scheinenden Sachverhalt auf, den auch Gottlieb Conrad Pfeffel in seiner Fabel *Der Floh* von 1764 thematisiert; s. auch Köchy, S. 87.

76 Die tschechische Sprache kennt keinen bestimmten oder unbestimmten Artikel vor dem Substantiv. Blecha kann also sowohl der Floh wie ein Floh heißen!

77 So der Titel eines von Hans Robert Jauß herausgegebenen Sammelbands über die Grenzphänomene des Ästhetischen von 1968 in der Reihe ‹Poetik und Hermeneutik›.

78 À une Passante
La rue assourdissante autour de moi hurlait.
Longue, mince, en grand deuil, douleur majestueuse,
Une femme passa, d'une main fastueuse
Soulevant, balançant le feston et l'ourlet;

Agile et noble, avec sa jambe de statue.
Moi, je buvais, crispé comme un extravagant,
Dans son œil, ciel livide où germe l'ouragan,
La douceur qui fascine et le plaisir qui tue.

Un éclair … puis la nuit! – Fugitive beauté
Dont le regard m'a fait soudainement renaître,
Ne te verrai-je plus que dans l'éternité?

Ailleurs, bien loin d'ìci trop tard! *jamais* peut-être!
Car j'ìgnore où tu fuis, tu ne sais où je vais,
Ô toi que j'eusse aimée, ô toi qui le savais!
(Baudelaire, S. 92 f.)

79 Ich kann Werner Hofmann nicht folgen, der empfohlen hatte, man solle die ‹Visionary Heads› im Skizzenbuch Varleys und Blakes Gemälde *The Ghost of a Flea* «im wesentlichen als eine unbeschwerte ‹Spielerei› betrachten» (S. 211).

80 Zu diesem Aspekt s. Jonathan Jones, der Blakes Gemälde als Kritik an der Porträtkunst eines Joshua Reynold (1723–1792) und eines Thomas Gainsborough (1727–1788) begreift.

81 Sternbilder verändern sich zwar gleichfalls, aber so langsam, dass sie immerhin über Jahrhunderte als Orientierungshilfe und Wegmarken bei Ozeanüberquerungen dienen konnten; s. Slawik/Reichert, S. 66.

82 Das Ungeheuer auf Blakes Bild ist nur bedingt mit dem zottigen «Wolkenpelztier» in Ingeborg Bachmanns Gedicht *Anrufung des großen Bären* vergleichbar. Es erscheint auch weniger gutmütig als die australischen Riesenflöhe, von denen in Paul Scheerbarts Roman *Münchhausen und Clarissa* der berüchtigte Baron schwärmt (S. 51–54). Blake weist seinem Ungeheuer einen Platz in der Nachbarschaft von Sternen zu und setzt es zugleich vor den dunklen Nachthimmel, der aber vielleicht nur das Hintergrundbild einer Theaterbühne in Westentaschenformat ist.

83 Was Alan Reiten, der Autor des Artikels, genau unter ‹gotisch› verstand, hat er nicht erläutert – vermutlich hat er Blakes Gemälde in den Kontext der ‹gothic novel› stellen wollen, also in die durch Horace Walpoles *The Castle of Otranto* (1764) ausgelöste Schauerroman-Tradition. Damit wäre er der Tendenz gefolgt, die der großen Ausstellung in der Londoner *Tate Gallery* vom 15. Februar bis zum 1. Mai 2006 zugrunde lag und die er ja mit seinem Artikel rezensieren wollte. S. den von Martin Myrone herausgegebenen Katalog *Gothic Nightmares. Fuseli, Blake and the Romantic Imagination.* Das Gotische, das die Ausstellung ins Zentrum rückte, stimmt weitgehend mit dem Begriff überein, der sich an Mendelssohns Schrift *Über die Empfindungen* orientiert, ohne allerdings dessen abwertende Einschätzung zu übernehmen. Blakes Gemälde wäre tatsächlich ‹gotisch› zu nennen, weil es viele Einzelempfindungen ganz verschiedener Art im Betrachter auslöst, die dieser kaum zufriedenstellend ordnen und deuten kann.

84 Der Übersetzer Werner Barzel übernimmt den Ausdruck «Effluvia» aus dem englischen Original (S. 74). Man könnte ihn mit ‹Ausfluss› oder ‹Ausdünstung› übersetzen. Für eine mit der Corona-Pandemie konfrontierte Generation läge es nahe, von ‹Aerosolen› zu sprechen.

85 «Ich könnte viel Zeit damit verbringen, mich über die Torheit, ja die Boshaftigkeit dieser Dinge in einer Zeit solcher Gefahr und in einer so folgenschweren Angelegenheit wie einer nationalen Epidemie zu ereifern. Aber mein Hervorheben dieser Dinge hat eher den Zweck, einfach mit den Tatsachen bekannt zu machen und festzustellen: so war es» (S. 41).

86 S. Bünzel, S. 107. – Hoffmann schlug Thiele vor, «weil er sich mit mir gut versteht und gewohnt ist nach meinen Zeichnungen zu arbeiten» (zit. nach Ponert, 1. Bd., S. 361). Die Umschlagbilder der Erstausgabe von *Meister Floh* sind nicht in gleicher Weise bekannt wie der Text, weil die Pappbände, besonders im Fall von Bibliotheksausgaben, rasch beschädigt wurden und dann durch neue bilderlose Einbände ersetzt worden sind. Dennoch oder vielmehr gerade darum sollen die beiden Bilder hier einbezogen werden.

87 Mithilfe der Sonnenmikroskope ließ sich das Licht der Sonne über einen Spiegel und zwei Linsensysteme in einen dunklen Raum lenken. Das im Objektiv befestigte Präparat wurde dann je nach Abstand der Projektionsfläche auf diese in beliebiger Größe projiziert, wobei das Präparat auch lebendig sein konnte, was z. B. einem Floh einen schreckenerregenden Anblick verlieh; s. die Darstellung der Projektionen beim Sonnenmikroskop und bei der Laterna magica (Fig. 22–24) in Jean-Antoine Nollets *Leçons de physique experimentale* (Abb. 30).

88 S. Stadler 2006a, S. 152 f.

89 Neumann, S. 106–148, und Stadler 2003, S. 168–181.

90 So insistiert Hoffmann in einem Brief vom 6. November 1821 an seinen Verleger Friedrich Wilmans auf der Verwendung von Namen aktueller Frankfurter Restaurants: «Noch eins – Pag 35 [d. h. in der von Walter Müller-Seidel und Wulf Segebrecht herausgegebenen Ausgabe S. 781] sind Frankfurter Weinhäuser erwähnt, sollten die Namen falsch seyn oder sollte es berühmtere in F. geben [,] so bitte ich die Namen durch andere ersetzen zu lassen.»

91 Swammerdam kommt in der Darstellung Hoffmanns ein wenig besser davon als Leeuwenhoek. Möglicherweise hat die unterschiedliche Bewertung der beiden literarischen Gestalten damit zu tun, dass der historische Swammerdam anders als sein Konkurrent Leeuwenhoek am Ende seines Lebens seine naturwissenschaftliche Tätigkeit unter dem Einfluss der flämischen Mystikerin Antoinette Bourignon (1616–1680) sehr skeptisch einschätzte.

92 Es ist wohl kein Zufall, dass Hoffmann hier die Verhältnisse einfach umkehrt: Der Floh Hookes ist 120-mal größer, während Hoffmanns mysteriöses Augenglas «einhundertzwanzigmal kleiner» ist.

93 Hier wie an anderen Stellen lässt sich Hoffmann vom Medium seiner Autorschaft, von der Sprache, leiten. Er spielt auf Redensarten an, die in der Nachbarschaft des Meister Floh doppeldeutig werden – wie etwa «auf die Sprünge helfen» (S. 777). Oder er wandelt sie geringfügig ab. Die auch ihm vertraute idiomatische Wendung ‹Jemandem einen Floh ins Ohr setzen› (S. 731), die so viel bedeutet wie ‹Jemandem etwas vorschlagen, was diesen erregt und in eine fruchtbare, kreative Spannung versetzt›, verwendet er, indem er sie vom Akustischen ins Optische transponiert. Solche Verfahren, die übrigens von Franz Kafka, einem Bewunderer Hoffmanns, rund 100 Jahre später zu höchster Meisterschaft entwickelt werden sollten, bauen bei Hoffmann auf der Voraussetzung, dass Tier und Mensch, Materielles und Immaterielles nicht so kategorial verschieden sind wie gemeinhin angenommen.

94 S. 715. – Hoffmann lehnt sich hier an die Traumtheorie von Novalis und vor allem von Gotthilf Heinrich Schubert an, wonach im Halbschlaf, insbesondere vor dem Einschlafen, der «versteckte Poet» tätig werde; s. Paulin/Pfotenhauer.

95 Mit Recht hat Bunzel von diesem Wort auf die Abhängigkeit Hoffmanns von Ledermüller geschlossen. In dessen Erläuterungen zur XX. Kupfertafel ist die Rede von dem

«Mund oder Schnabel des Flohes, der dem Schnabel eines Sperlings gleich kommt» (1763, S. 43).

96 Das mit Hornschuppen gepanzerte Gürteltier Armadillo hatte wohl schon Hooke vor sich, als er in seiner *Micrographia* den Floh beschrieb. Er verwies aber tatsächlich auf das Stachelschwein. Die Ähnlichkeit des Armadillo mit einem Floh hat schon Franciscus Redi betont (Teil 2, S. 76). Der Name ‹Armadillo› geht auf das lateinische ‹arma› (die Waffen) zurück.

97 Der letzte Satz nennt den Schluss der Erzählung zwar ein «fröhliches und erwünschtes Ende«, kennzeichnet ihn aber zugleich durch den Hinweis: «Hier brechen plötzlich alle weitere Notizen ab» (S. 814).

98 Hoffmann konnte die seltsame Himmelskonstellation in Blakes *Ghost of a Flea* nicht gekannt haben, aber die Vorliebe für außerordentliche «Verwickeltheiten» verbindet offenkundig die Werke beider Künstler miteinander.

99 Hoffmann kannte selbstverständlich das Floh-Lied aus Goethes *Faust*; s. die Anspielung auf das «Meisterstück des Schneiders», S. 699.

100 Das kann hier nicht detailliert ausgeführt werden. Hingewiesen sei nur auf eine bezeichnende botanische Inkorrektheit. Hoffmann war mit Adalbert von Chamisso befreundet, der zumindest zeitweilig dem literarischen ‹Serapionsbund› angehörte. Chamisso war nicht nur Dichter, sondern auch Botaniker und hatte in Berlin eine leitende Position am Botanischen Garten des Königlichen Herbariums inne. Im Märchen wird George Pepusch (der einige Züge von Hoffmann selber trägt) mit der Distel Zeherit, mit der Fackellilie und mit dem Cactus grandiflorus (S. 740) in eins gesetzt. Letzterer, auch (Seleni-)Cereus genannt, wird wegen seiner Blüte, die sich nur in einer einzigen Nacht öffnet und dann einen starken vanilleartigen Duft verströmt (S. 775), als ‹Königin der Nacht› bezeichnet. Er gehört nicht wie die Fackellilie zu den Asphodelaceae, die nach dem Botaniker Johann Hieronymus Kniphof (1704–1763) den lateinischen Namen Kniphofia führen. Hoffmann war sich wohl bewusst, dass er verschiedene Pflanzen ‹in einen Topf setzte›, aber botanische Korrektheit war ihm hier weniger wichtig als der Wunsch, Unterschiedliches engzuführen. Nächtliches, Stechendes, Flackerndes, wunderbar Blühendes konnte so in einer einzigen Pflanze erscheinen.

101 Das Bild auf der Rückseite der Erstausgabe befremdet allerdings zusätzlich in einem Detail. Da das Licht bei aller Unregelmäßigkeit doch von der brennenden Fackel rechts oben herrührt, müsste der Floh zumindest links unten ganz verschattet sein, und zwar umso mehr, als über seinem Kopf eine dicke dunkle Rauchfahne aufsteigt. Dass der Floh und sein gefalteter Rock hier ganz und gar sichtbar aufscheinen, hilft freilich den Lesern, die das Buch in Händen halten und es lesen werden oder gelesen haben: Sie finden sich leichter zurecht. In der Erzählwelt des Buches aber dominiert die Phantasmagorie, bei der die Lichtträger und die Lichtquellen dem Publikum verborgen bleiben, so dass es den «Künsteleien» (S. 699) des Flohbändigers stärker ausgesetzt ist.

102 Eigentlich müsste dieses Kapitel mit einem vollständigen Abdruck von ‹Auerbachs Keller in Leipzig› aus dem *Faust* beginnen, denn das Floh-Lied lässt sich nicht ohne markante Verständniseinbußen aus der Szene herausbrechen. Die nur teilweise Wiedergabe des Goethe-Textes soll indes von vorneherein klarstellen, dass hier keine Gesamtinterpretation von Goethes Tragödie angestrebt ist. Die *Faust*-Zitate sind sämtlich der Ausgabe von Albrecht Schöne entnommen. Im Übrigen nehme ich an, dass alle, die das vorliegende Buch lesen, auch Zugang zu einer Goethe-Ausgabe haben. Wo ich Stellen heranziehe, die im folgenden Abschnitt fehlen, sind Verweise auf die üblichen Versnummern des *Faust* eingefügt, so dass die Zitate leicht überprüft werden können.

103 E. T. A. Hoffmanns *Meister Floh* ist gewiss keine Fabel. Als Märchen betont es aber die antifeudale Gesinnung der Flöhe und ihres Meisters. Die Titelfigur befindet, dass «der Ausdruck: König nicht recht paßlich» für ihn sei. Obwohl er an der Spitze des Volkes der Flöhe stehe, herrsche doch unter ihnen «eine republikanische Verfassung» (Hoffmann, S. 717 f.).

104 Infrage etwa käme die *Biographie eines deutschen Flohes* von Johann Jacob Ebert. In dessen Prosastück wird der Floh Opfer seiner Ehrsucht. Statt bei einer jungen, gesunden Bäuerin zu bleiben, wagt er sich an einen stickigen Hof und trinkt dort königliches und prinzliches Blut, das ihn vorzeitig altern und sterben lässt.

105 S. das Axiom im sechsten Dialog des Novalis: «wovon man spricht, das hat man nicht» (S. 671).

106 Es gab lediglich in der Szene ‹Studierzimmer› eine Anspielung auf die Foltermethoden der Inquisition. Der als Faust verkleidete Mephisto empfiehlt dem Schüler das Collegium Logicum, das den Geist dressiere und «in Spanische Stiefeln» schnüre (V. 1911–1913).

107 Der König könnte freilich auch einen weiblichen Floh wie seine eigene Tochter lieben! Das Substantiv ‹Floh› wurde im 18. Jahrhundert oft noch als Femininum verwendet. S. den Wortgebrauch bei Scheuchzer sowie den einschlägigen Artikel in Grimms *Deutschem Wörterbuch.*

108 Die Irritation (sofern es denn überhaupt eine ist!) lässt sich einigermaßen auflösen, wenn man berücksichtigt, dass das Wort ‹Geschwister› in der Sprache des 18. Jahrhunderts auch unter «einschluss der brüder [...] als neutrales collectivum» gebraucht werden konnte, wie man im *Deutschen Wörterbuch* der Gebrüder Grimm nachlesen kann.

109 Vgl. Fausts Reaktion auf ein – freilich ganz anderes – Schauspiel in der Szene ‹Nacht›: «Welch Schauspiel! Aber ach! Ein Schauspiel nur! / Wo fass' ich dich, unendliche Natur?» (V. 454 f.).

110 Das Prosastück wird hier nicht in Gänze abgedruckt. Ich zitiere es in Anbetracht seiner Kürze ohne zusätzliche Seitenangaben nach *DzL*, S. 267–269. Alle weiteren Kafka-Texte werden, wenn nichts anderes ausdrücklich vermerkt ist, nach der in der Bibliographie angegebenen Ausgabe abgekürzt nachgewiesen: *Tagebücher* (= *T*). *Nachgelassene Schriften und Fragmente I* und *II* (= *NI* und *NII*).

111 Die «Wirthschaft» ist jedoch nicht nur ein Ort des Konsums, sondern auch einer der – gelingenden und zuweilen misslingenden – Kommunikation, wie sich hier zeigen wird.

112 S. hierzu John Berger, S. 43, der das gesellschaftliche Auftreten der Frau in Europa zwischen 1500 und 1800 durch eine Dominanz des männlichen Blicks charakterisiert. Die Frau sei vor allem beobachtet und geprüft worden von Männern und habe sich deren Blick zu eigen gemacht, indem sie sich selbst beobachtet und geprüft habe.

113 Ledermüller bezieht sich hier auf den Flohpelz, den ich als ein wenig effizientes Mittelchen zur Flohbekämpfung vorgestellt habe.

114 Hebel erwähnt den von ihm erfundenen Namen in den Jahrgängen von 1810 bis 1815 insgesamt 13-mal, und zwar zumeist dann, wenn er «weder Orte noch Menschen in Mißkredit bringen will» – so Bee, S. 88.

115 Die große Stunde des Vogteiwesens war mit dem Ende der so genannten mittelalterlichen Reiseherrschaft verbunden. Die Landesherren hatten anfänglich noch keinen festen Herrschaftssitz; sie reisten fortwährend mit ihrem Hofstaat umher, um jeweils vor Ort ihre Rechte wahrnehmen und durchsetzen zu können. Mit der Festlegung eines bestimmten Wohnsitzes ernannten sie als ihre Stellvertreter Vögte, um ihre Herrschaft auch aus der Distanz ausüben und ihre Autorität überall im Lande wahren zu können. – Thomas Simon hat in seinem Buch über spätmittelalterliche und frühneuzeitliche Herrschaftsformen auch die badischen Vogteien untersucht und die Differenzen zwischen Bezirks-, Orts-, Kast- und Landvögten sowie zwischen Niederen und Obersten Vögten bestimmt. Dabei hat er sich sogar mit den Vogteien in einzelnen badischen Städten (wie Schopfheim) und Dörfern (wie Hausen) befasst, die im Leben Hebels wichtig gewesen sind. Auf die Lebenszeit Hebels geht er jedoch in seiner Arbeit nicht mehr ein. Mit Willoweit (Sp. 932) stimmt Simon freilich insofern überein, als auch er der Meinung ist, dass der Schutz- und Schirmgedanke im Vogteiwesen noch nach 1806 lebendig gewesen sei (S. 29–32).

Anhang

Bibliographie

Aufgeführt sind hier auch Texte, die ich nicht oder nur kurz einbezogen habe. Die Floherwähnungen dort sind jeweils am Ende der bibliographischen Angabe notiert.

Zusätzliche Texte über den Floh finden sich in den Anthologien, Bibliographien und Almanachen von Feucht, Hopkins/Rothschild, Munkepunke, Schmitz und Doby. Sie greifen zum Teil weit über den Bereich der Literatur hinaus und beziehen auch Filme und Werke der Bildenden Kunst, der Musik und der Werbung ein.

Adam, Antoine: *Romanciers du XVIIe siècle. Sorel – Scarron – Furetière – Mme de la Fayette.* Textes présentés et annotés par A. A., Paris: Gallimard 1958.

Aesop: *Fabeln.* Griechisch/Deutsch. Übersetzungen und Anmerkungen von Thomas Voskuhl. Nachwort von Niklas Holzberg, Ditzingen: Philipp Reclam jun. 2018.

Andersen, H[ans]. Chr[istian].: Die Springer. In: *Andersens Märchen.* Aus dem Dänischen von Eva-Maria Blühm, Bd. 2, Frankfurt am Main: Insel Verlag 1975, S. 78–80.

Anonym [= Franz Ernst Brückmann]: *Die Neu=erfundene Curieuse Floh=Falle, zu gänzlicher Ausrottung der Flöhe, wird allen, so mit solchem beissenden Ungeziefer beladen / communiciret von Einem Anonymo.* 4. und vermehrte Aufl., o. O. 1739.

Anonym: *Natürliches Zauber=Buch Oder Neu=eröfneter Spielplatz rarer Künste.* Erster Theil, Neue verbesserte Aufl., Nürnberg: Wolfgang Schwarzkopf 1762.

Apollinaire, Guillaume: La puce. In: *Alcools suivi Le Bestiaire.* Paris: Gallimard 1920 (S. 160).

Arburg, Hans-Georg von: Geisterbeschwörung oder Gedankentheater? Erläuterungen zum Frontispiz «La fantasmagorie du professeur Robertson» 1797. In: *Das Unsichtbare sehen. Bildzauber, optische Medien und Literatur.* Hg. von Sabine Haupt und Ulrich Stadler, Zürich: Edition Voldemeer, und Wien, New York: Springer-Verlag 2006, S. 13–18.

Aristophanes: Die Wolken. In: *Werke.* Übersetzt von Johann Gustav Droysen, Heidelberg: Carl Winters Universitätsbuchhandlung o. J., S. 157–236.

Aristoteles: *Zoologische Schriften.* Bd. 1, *Historia animalium. Buch V.* Übersetzt, eingeleitet und kommentiert von Katharina Epstein, Berlin, Boston: Walter de Gruyter 2019.

Auhuber, Friedhelm: Meister Floh. In: *E. T. A. Hoffmann. Leben – Werk – Wirkung.* Hg. von Detlef Kremer, Berlin, New York: Walter de Gruyter 2009, S. 378–393.

Bachmann, Ingeborg: *Anrufung des großen Bären. Gedichte.* München: R. Piper und Co. Verlag 1956.

Bacon, Francis: *Neues Organon.* Teilband 1 und 2. Lateinisch-Deutsch, hg. von Wolfgang Krohn, Hamburg: Felix Meiner Verlag 2009.

Baker, Henry: *Das zum Gebrauch leicht gemachte Microscopium* […]. Zürich: Heidegger und Compagnie 1753.

Balzac, Honoré de: Les Bons Propos des Religieuses de Poissy. In: *Les cent contes drolatiques* (= *Œuvres Complètes.* Bd. 22). Hg. von Raymond Massant, Paris: Guy le Prat 1961, S. 362–374.

Balzac, Honoré von: Die losen Reden der Nonnen von Poissy. In: *Die tolldreisten Geschichten.* Neu übers. von Wilhelm Cremer, Berlin: Verlag der Schiller-Buchhandlung [1925], S. 131–138.

Basile, Giambattista: Der Floh. In: *Das Märchen der Märchen. Das Pentamerone.* Hg. von Rudolf Schenda, übersetzt aus dem Neapolitanischen und kommentiert von Hanno Helbling u. a., 2. Aufl., München: Verlag C. H. Beck 2015, S. 56–62.

Baudelaire, Charles: À une passante. In: *Œuvres complètes.* Bd. 1, hg. von Claude Pichois, Paris: Gallimard 1975, S. 92 f.

Baudelaire, Charles: *Die Blumen des Bösen / Les Fleurs du Mal.* Vollständige zweisprachige Ausgabe. Deutsch von Friedhelm Kemp, München: Deutscher Taschenbuch Verlag 1986.

Baulch, David: Sublimity. In: *William Blake in Context.* Hg. von Sarah Haggarty, Cambridge: University Press 2019, S. 147–154.

Bee, Guido: *Aufklärung und narrative Form. Studien zu den Kalendergeschichten Johann Peter Hebels.* Münster u. a.: Waxmann 1997.

Benjamin, Walter: *Gesammelte Schriften.* 7 Bde. in 14 Teilen und 3 Ergänzungsbände, hg. von Rolf Tiedemann und Hermann Schweppenhäuser, Frankfurt am Main: Suhrkamp Verlag 1972–1999.

Benn, Gottfried: Arzt, Gesellschaft und menschliches Leben. Zu Maxence van der Meersch, Leib und Seele. In: *Gesammelte Werke in acht Bänden.* Hg. von Dieter Wellershoff, Bd. 7, Wiesbaden: Limes Verlag 1968, S. 1742–1751.

Berchorius, Petrus: De Pulice. In: *Opera Omnia.* Antwerpen: o. V. 1609, Bd. 1, Kap. LXXXIIII (= De naturæ mirabilibus), S. 408a f.

Berger, John: *Sehen. Das Bild der Welt in der Bilderwelt* [1972]. Aus dem Englischen von Axel Schenk, Frankfurt am Main: Fischer Verlag 2018.

Berger, John: La Tour und der Humanismus. In: *Das Leben der Bilder oder die Kunst des Sehens.* Aus dem Englischen von Stephen Tree, Berlin: Klaus Wagenbach 1981, S. 68–73.

Berger, John: Warum sehen wir Tiere an? In: *Das Leben der Bilder oder die Kunst des Sehens.* Aus dem Englischen von Stephen Tree, Berlin: Klaus Wagenbach 1981, S. 7–26.

Berninger, Ernst H.: Die Flöhe husten hören. Flohglas, Flohzirkus und literarische Flöhe. In: *Kultur & Technik* 1 (2000), S. 40–43.

Blümlein, Carl: *Die Floia und andere deutsche maccaronische Gedichte.* Hg. von C. B., Strassburg: J. H. Heitz (Heitz & Mündel) 1900.

Blumauer, Aloys: *Ausgewählte Gedichte.* Hildburghausen und New York: Bibliographisches Institut 1829.

Blumauer, Aloys: *Gesammelte Schriften. Gesammt-Ausgabe. Mit dem Bildnisse des Verfassers und neun humoristischen Illustrationen von Th. Hosemann.* Stuttgart: Rieger'sche Verlagsbuchhandlung 1877.

Blumauer, Aloys: *Lob des Flohs. Ausgewählte Gedichte.* Hg. von Michael Serrer, Düsseldorf: XIM Virgines, Ed. Libri 2001.

Blumenberg, Hans: Das Fernrohr und die Ohnmacht der Wahrheit. In: Galileo Galilei: *Sidereus Nuncius.* [...] Frankfurt am Main: Insel-Verlag 1965, S. 5–73.

Blunt, Anthony: Blake and the Sublime. In: *The Art of William Blake.* New York: Columbia University Press 1959, S. 13–21.

Boehm, Gottfried: Die Hintergründigkeit des Zeigens. Deiktische Wurzeln des Bildes. In: *Deixis. Vom Denken mit dem Zeigefinger.* Hg. von Heike Gfereis und Marcel Lepper, Göttingen: Wallstein Verlag 2007, S. 144–155.

Böhme, Hartmut: Die Metaphysik der Erscheinungen. Teleskop und Mikroskop bei Goethe, Leeuwenhoek und Hooke. In: *Kunstkammer – Laboratorium – Bühne. Schauplätze des Wissens im 17. Jahrhundert.* Hg. von Helmar Schramm u. a., Berlin, New York: Walter de Gruyter 2003, S. 359–396.

Bonannius, Philipp: *Rerum naturalium historia [...] in museo Kircheriano.* Pars prima, Rom: Zempellianus 1773.

Boursault, Edmé: *Esope à la Cour et Esope à la Ville. Deux Comédies* [1701]. 2. Ed., Paris: Geoffroi Lesch 1722.

Boyle, Robert: Of the Usefulness of Natural Philosophy. In: *Works.* Hg. von Thomas Birch, Bd. 2, Hildesheim: Olms Verlag, S. 1–246.

Braun, Heinrich: *Die Romanze vom Floh.* Nach Skizzen von H. B., Stuttgart: Weise ca. 1870.

Brentano, Clemens: Das Märchen von dem Baron von Hüpfenstich. In: *Märchen* [= *Werke.* Bd. 3]. Hg. von Friedhelm Kemp, München: Carl Hanser Verlag 1963, S. 346–368.

Brockes, Barthold Hinrich: *Irdisches Vergnügen in Gott.* 1. bis 9. Teil, Hamburg: [unterschiedliche Verleger] 1721–1748.

Brückmann, Franz Ernst: s. Anonym, 1727.

Brunner, Otto: Das ‹ganze Haus› und die alteuropäische ‹Ökonomik›. In: O. B.: *Neue Wege der Sozialgeschichte. Vorträge und Aufsätze.* Göttingen: Vandenhoeck & Ruprecht 1956, S. 33–61.

Bunzel, Wolfgang: Der mikroskopische Blick. Zu den Umschlagsillustrationen von E. T. A. Hoffmanns ‹Meister Floh›. In: *E. T. A. Hoffmann Jahrbuch* 30 (2022), S. 96–117.

Busch, Wilhelm: Die gestörte Nachtruhe oder der Floh [ca. 1860]. In: *Gesammelte Werke in sechs Bänden.* Bd. 1, Hamburg: Xenos Verlagsgesellschaft 1982, S. 76–84.

Busch, Wilhelm: Pater Filucius. Allegorisches Zeitbild [1872]. In: *Gesammelte Werke in sechs Bänden.* Bd. 3, Hamburg: Xenos Verlagsgesellschaft 1982, S. 183–220.

Busch, Wilhelm: Die Fliege [ca. 1890]. In: *Gesammelte Werke in sechs Bänden.* Bd. 2, Hamburg: Xenos Verlagsgesellschaft 1982, S. 55–62.

Butlin, Martin: *William Blake.* London: The Tate Gallery 1978.

Camus, Albert: *Die Pest.* Aus dem Französischen von Uli Aumüller, 95. Aufl., Reinbek bei Hamburg: Rowohlt Taschenbuch Verlag 2020.

Cassirer, Ernst: *Die Philosophie der Aufklärung.* Tübingen: J. C. B. Mohr 1932.

Celander: *Verliebte= Galante / Sinn= Vermischte und Grab=Gedichte.* Hamburg und Leipzig: Christian Liebezeit 1716.

Cesare, Donatella di: *Souveränes Virus? Die Atemnot des Kapitalismus.* Aus dem Italienischen übersetzt von Daniel Creutz, Konstanz: University Press 2020.

Chaline, Eric: *50 Tiere, die unsere Welt veränderten.* Aus dem Englischen übersetzt von Monika Niehaus und Coralie Wink, Bern: Haupt Verlag 2014.

Choné, Paulette: *Georges de La Tour. Un peintre lorrain au XVIIe siècle.* Tournai: Casterman 1996.

Clauer, Karl: Der Kreuzzug gegen die Franken [1791]. In: *Mainz zwischen Rot und Schwarz. Die Mainzer Revolution 1792–1793 in Schriften, Reden und Briefen.* Hg. von Claus Träger, Berlin: Rütten & Loening 1963, S. 55–70.

Cramer, Carl Gottlob: *Meppen Bocksbarts nächtliches Floherlebnis und Traum.* Leipzig: Meißner & Buch 1920.

Daele, Wolfgang van den: Die soziale Konstruktion der Wissenschaft. In: *Experimentelle Philosophie. Ursprünge autonomer Wissenschaftsentwicklung.* Hg. von Gernot Böhme u. a., Frankfurt am Main: Suhrkamp Verlag 1977, S. 129–182.

Damasio, Antonio: *Im Anfang war das Gefühl. Der biologische Ursprung menschlicher Kultur.* Aus dem Englischen von Sebastian Vogel, München: Siedler Verlag 2017.

Defoe, Daniel: *A Journal of the Plague Year.* Hg. von Louis Landa, London: Oxford University Press 1969.

Defoe [, Daniel]: *Die Pest zu London.* Deutsch von Werner Barzel, Frankfurt am Main und Hamburg: Fischer Bücherei 1961.

Delort, Robert: *Der Elefant, die Biene und der heilige Wolf. Die wahre Geschichte der Tiere.* Aus dem Französischen von Josef Winiger, München: Carl Hanser Verlag 1987.

Derrida, Jacques: *Prejugés. Vor dem Gesetz.* Aus dem Französischen von Detlef Otto und Axel Witte, hg. von Peter Engelmann, 5. Aufl., Wien: Passagen Verlag 2017.

Des Roches: *La Puce de Madame Desroches, qui est un recueil de divers poèmes Grecs, Latins et François, composez par plusieurs doctes personnages aux Grans Jours tenus à Poitiers l'An M.D.LXXIX.* Paris: Abel l'Angelier 1583.

Dewitz, Bodo von; und Nekes, Werner (Hg.): *Ich sehe was, was du nicht siehst. Die Sammlung Werner Nekes.* Göttingen: Steidl Verlag 2002.

Dickinson, Emily: *Gedichte, englisch und deutsch.* Hg., übersetzt und mit einem Nachwort versehen von Gunhild Kübler, München: Carl Hanser 2006.

Doby, J[ean].-M[arie].: *Des Compagnons de toujours* [...]. *La puce.* Bayeux: Imprimerie Bayeusaine 1996.

Doderer, Heimito von: *Die Strudlhofstiege oder Melzer und die Tiefe der Jahre.* München: Biederstein Verlag 1951.

Donne, John: *The Poems.* Hg. von H. J. C. Grierson, London: Oxford University Press 1933.

Dutli, Ralph: *Nichts als Wunder. Essays über Poesie.* Zürich: Ammann Verlag 2007.

Eberle, Josef: Ein Jagdt=Lied zur Waldhorn=Begleitung zu singen. In: *Phillis und Philander. Das ist: Gereymter Venus-Spiegel im baroquischen Geschmakk von einem ohngenannten, aber nicht ohnbekannten Auctore.* Hg. von Peter Squentz, Stuttgart: Deutsche Verlags-Anstalt 1968, S. 73–75.

Ebert, Johann Jacob: Biographie eines deutschen Flohes. In: *Biographien merkwürdiger Geschöpfe aus dem Thierreiche.* Memmingen: Andreas Seyler 1787, S. 80–92.

Fabritius, Heinke; und Hagedorn, Ludger: *Frühling in Prag oder Wege des Kubismus.* Hg. von H. F. und L. H., München: Deutsche Verlags-Anstalt 2005.

Feldhaus, Franz Maria: *Ka=Pi=Fu und andere verschämte Dinge. Ein fröhlich Buch für stille Orte mit Bildern.* Berlin-Friedenau: Privatdruck 1921.

Feldmeier, Hermann: *Der Schwarze Tod in neuem Licht. Nicht Flöhe, sondern Läuse sollen in Europa die Pest verbreitet haben.* In: *Neue Zürcher Zeitung*, 28. März 2023.

Felfe, Robert: *Naturgeschichte als kunstvolle Synthese. Physikotheologie und Bildpraxis bei Johann Jakob Scheuchzer.* Berlin: Akademie Verlag 2003.

Feucht, Rainer G.: *Floh-Literatur.* Allmendingen: BMCF-Antiquariat o. J. [ca. 1990], S. 1–9.

Fischart, Johann: Flöh Haz. In: *Werke. Eine Auswahl.* 1. Theil, hg. von Adolf Hauffen, Stuttgart: Union Deutsche Verlagsanstalt o. J., S. 1–129.

Fischart, Johann: *Die Flohhatz.* Mit 15 kolorierten Illustrationen von Friedrich Wilhelm Kleukens. Darmstadt: Ratio-Presse 1922.

Fischart, Johann: *Flöh Hatz, Weiber Tratz.* Hg. von Alois Haas, Stuttgart: Philipp Reclam jun. 1967.

Forster-Larrinaga, Robert: *Der Floh im Panzerglas. Schicksals=Groteske.* München, Berlin: Georg Müller 1916.

Foucault, Michel: *Der Wille zum Wissen* (= *Sexualität und Wahrheit.* Bd. 1). Übers. von Ulrich Raulff und Walter Seitter, Frankfurt am Main: suhrkamp taschenbuch wissenschaft 1983.

Freud, Sigm[und]: *Neue Folge der Vorlesungen zur Einführung in die Psychoanalyse* (= *Gesammelte Werke.* Bd. 15), hg. von Anna Freud u. a., London: Imago 1940.

Frey, Christiane: The Art of Observing the Small: On the Borders of the subvisibilia (from Hooke to Brockes). In: *Monatshefte* 105 (2013), S. 376–388.

Frisch, Johann Leonhard: *Beschreibung Von allerley Insecten in Teutsch=Land.* 1. Theil, Berlin: Christian Gottlieb Nicolai 1730.

Frisch, Karl von: Der Floh. In: *Zehn kleine Hausgenossen.* München: Ernst Heimeran 1941, S. 42–57.

Fuchs, Eduard: *Illustrierte Sittengeschichte vom Mittelalter bis zur Gegenwart. Die galante Zeit.* München: Albert Langen o. J. [1910].

Fuchs, Eduard: *Die galante Zeit. Ergänzungsband.* München: Albert Langen o. J. [1911].

Gaier, Ulrich: *Johann Wolfgang Goethe. Faust-Dichtungen.* Bd. 2, Kommentar I, Stuttgart: Reclam 1999.

Gamper, Michael: *Masse lesen, Masse schreiben. Eine Diskurs- und Imaginationsgeschichte der Menschenmenge 1765–1930.* München: Wilhelm Fink Verlag 2007.

Glaßbrenner, Adolf: Der brave Unterthan. In: *Gedichte.* Berlin: M. Simion 1851, S. 45–48.

Goethe, Johann Wolfgang: *Sämtliche Werke.* 17 Bde. [Nachdruck der Artemis-Gedenkausgabe. Hg. von Ernst Beutler], Zürich: Ex Libris 1979.

Goethe, Johann Wolfgang: *Faust.* Hg. von Albrecht Schöne [= *Sämtliche Werke. Briefe, Tagebücher und Gespräche.* 1. Abt., Bd. 7/1], Frankfurt am Main: Deutscher Klassiker Verlag 1994.

Goethe, Johann Wolfgang: *Der Sammler und die Seinigen.* Hg. und mit einem Essay versehen von Carrie Asman. Dresden: Verlag der Kunst 1997.

Goethe, Johann Wolfgang von [recte: Köchy, Christian Heinrich Gottlieb]: *Juristische Abhandlung über die Flöhe.* Mit einem Nachwort von Ernst Wolfgang Mick, Dortmund: Harenberg Kommunikation 1980.

Gotthelf, Jeremias: *Wie Anne Bäbi Jowäger haushaltet und wie es ihm mit dem Doktern geht.* Hg. von Alfred Ineichen [= *Sämtliche Werke in 24 Bänden.* Bd. 5], Erlenbach-Zürich: E. Rentsch 1921, S. 304–306.

Gravesande, Willem Jacob: *Physices elementa mathematica, experimentis confirmata. Sive Introductio ad Philosophiam Newtonianam.* [...] Leiden: Johann Arnold Langerrak und Johann und Hermann Verbeek 1742, Bd. 2, S. 878.

Griendel von Ach, Johann Frantz: *Micrographia Nova: Oder Neu=Curieuse Beschreibung Verschiedener kleiner Körper / welche Vermittelst eines absonderlichen von dem Authore neuerfundenen Vergrösser=Glases Verwunderlich groß dargestellet worden / samt Beygefügten deroselben Abbildungen* [...]. Nürnberg: Johann Zieger 1687.

Grimm, Jacob und Wilhelm (Hg.): Läuschen und Flöhchen. In: *Kinder- und Hausmärchen. Gesammelt durch die Brüder Grimm.* Hg. von Paul Ernst, Bd. 1, München und Leipzig: Georg Müller o. J., Nr. 30, S. 156–158.

Grimmelshausen, [Hans Jacob Christoffel]: *Der Abentheurliche Simplicissimus Teutsch und Continuatio des abentheurlichen Simplicissimi.* Hg. von Rolf Tarot, Tübingen: Max Niemeyer Verlag 1967.

Gröhn, Carsten: *Einschlüsse im baltischen Bernstein.* Kiel: Wachholtz 2015.

Grosse, Karl: Ueber Größe und Erhabenheit. In: *Deutsche Monatsschrift* 2 (1790), S. 275–302.

Habicht, Peter: *Basel. Mittendrin am Rande. Eine Stadtgeschichte.* Basel: Christoph Merian Verlag 2008.

Hagen, Rose-Marie und Rainer: Carl Spitzweg: Der arme Poet, 1839. Der Deutschen liebstes deutsches Bild. In: R.-M. H. und R. H.: *Meisterwerke im Detail.* Bd. III, *Spitzweg.* Köln: Taschen Verlag 1997, S. 145–149.

Happel, E[berhard]. G[uerner].: *Gröste Denkwürdigkeiten der Welt Oder so genannte Relationes Curiosæ* [...]. 1. Theil, Hamburg: Thomas von Wiering 1683, S. 73, Nr. 10.

Hart Nibbrig, Christiaan L.: *Die Auferstehung des Körpers im Text.* Frankfurt am Main: Suhrkamp 1985.

Hartmann, Alfred: Memoiren eines reisenden Flohs. In: *Der Morgenstern. Eine Zeitschrift für Litteratur und Kritik* 1 (1836), S. 42–46, 242–246 und 334–339.

Hauffen, Adolf: Einleitung. S. Fischart o. J., S. I–LXXXIII.

Hebbel, Friedrich: *Tagebücher. Historisch-kritische Ausgabe* von R. M. Werner. Bd. 3, *1845–1854.* Berlin-Steglitz: B. Behrs Verlag Friedrich Feddersen o. J.

Hebbel, Friedrich: Das Komma im Frack. In: *Hebbels Werke.* Hg. von Theodor Poppe, 8. Teil, Berlin u. a.: Deutsches Verlagshaus Bong & Co, S. 343–345.

Hebel, Johann Peter: Ein Hausmittel. In: *Sämmtliche Werke.* Bd. 3, Karlsruhe: Chr. Fr. Müller 1832, S. 354 f.

Hebel, Johann Peter: Dankbarkeit. In: *Sämmtliche Werke.* Bd. 3, Karlsruhe: Chr. Fr. Müller 1832, S. 296.

Hebel, Johann Peter: *Schatzkästlein des rheinischen Hausfreundes. Kritische Gesamtausgabe mit den Kalender-Holzschnitten.* Hg. von Winfried Theiss, Stuttgart: Philipp Reclam jun. 1981.

Hefner-Alteneck, Jakob Heinrich von: *Trachten, Kunstwerke und Geräthschaften vom frühen Mittelalter bis Ende des Achtzehnten Jahrhunderts nach gleichzeitigen Originalen.* Bd. 8, 2. vermehrte und verbesserte Aufl., Frankfurt am Main: Heinrich Keller 1887, S. 12, Tafel 532.

Heine, Heinrich: *Sämtliche Werke.* Hg. von Ernst Elster, Bd. 7, Leipzig und Wien: Bibliographisches Institut o. J.

Heinrich, Klaus: Ein deutsches Stichwort: Gemütlichkeit. In: K. H.: *Wie eine Religion der anderen die Wahrheit wegnimmt.* Freiburg, Wien: ça ira Verlag 2020, S. 61–72.

Heinzmann, Johann Georg: Gleichgewicht in der Natur. In: *Die Feyerstunden der Grazien.* 4. Theil, Bern: Hallersche Buchhandlung 1788, S. 69–71.

Hildebrandt, Dieter: *Candide – Apotheose des Menschenmöglichen.* Frankfurt am Main, Berlin: Ullstein 1963.

Hirth, Friedrich: *Johann Peter Lyser. Der Dichter, Maler, Musiker.* München und Leipzig: Georg Müller 1911.

Hoffmann, E[rnst]. T[heodor]. A[madeus].: *Meister Floh. Ein Mährchen in sieben Abentheuern.* Frankfurt am Main: Friedrich Wilmans 1822.

Hoffmann, E. T. A.: Meister Floh. In: *Späte Werke.* Hg. von Walter Müller-Seidel und Wulf Segebrecht, Darmstadt: Wissenschaftliche Buchgesellschaft 1979, S. 675–814.

Hoffmann, Paul: Das Flohlied in Goethes Faust. In: *Vierteljahrschrift für Litteraturgeschichte* 2 (1889), S. 160.

Hofmann, Werner: *William Blake, 1757–1827* [Ausstellungskatalog der Hamburger Kunsthalle, 6. März bis 27. April 1975]. Hg. von W. H., München: Prestel Verlag 1975.

Hofmann-Wellenhof, P[aul]. von: *Alois Blumauer. Literarhistorische Skizze aus dem Zeitalter der Aufklärung.* Wien: Carl Konegen 1885.

Hooke, Robert: *Micrographia: or some Physiological Descriptions of Minute Bodies Made by Magnifying Glasses with Observations and Inquiries thereupon.* London: John Martin and J. Allestry 1665.

Hooke, Robert: *Micrographia.* Faksimile der Ausgabe von 1665, Stuttgart: Edition medicina rara o. J. [ca. 1975].

Hopkins, G. H. E.; und Rothschild, Miriam: *An illustrated cataloque of the Rothschild Collection of Fleas (Siphonaptera) in the British Museum.* London: Trustees of the British Museum 1953–1987.

Hübener, Ernst August: *Die Lehre von der Ansteckung, mit besonderer Berücksichtigung auf die sanitätspolizeiliche Seite derselben.* Leipzig: Brockhaus 1842.

Hunt, Clay: John Donnes ‹The Canonization›. In: *Englische Literatur von Thomas Morus bis Laurence Sterne.* Hg. von Willi Erzgräber, Frankfurt am Main und Hamburg: Fischer Bücherei 1970, S. 112–137.

Jaccottet, Philippe: Handke. In: *Die wenigen Geräusche. Späte Prosa und Gedichte.* Deutsch von Elisabeth Edl und Wolfgang Matz, München: Carl Hanser 2020, S. 131–133.

Jacobowitz, Ellen S.; und Loeb Stepanek, Stephanie: *The prints of Lucas van Leyden & his contemporaries.* Washington: National Gallery of Art 1983.

Jacobus de Voragine: *Die Legenda aurea.* Aus dem Lateinischen von Richard Benz, Heidelberg: Verlag Lambert Schneider 1975.

Jean Paul: s. Richter, Johann Paul Friedrich.

Jones, Jonathan: William Blake's ‹The Ghost of a Flea› (ca. 1819–20). In: *The Guardian,* 19. April 2003.

Jouaust, D[amase]: *La Puce de Mme Desroches.* Publiée par D. J., Paris: D. Jouaust 1868.

Judowitz, Dalia: *Georges de la Tour and the Enigma of the Visible.* New York: Fordham University Press 2018.

Kafka, Franz: *Drucke zu Lebzeiten.* Hg. von Wolf Kittler u. a., Frankfurt am Main: S. Fischer 1994.

Kafka, Franz: *Nachgelassene Schriften und Fragmente II.* Hg. von Jost Schillemeit, Frankfurt am Main: S. Fischer 1992.

Kircher, Athanasius: *Ars magna lucis et umbrae.* Rom: Hermann Scheu 1646.

Klefisch, Walter: *Memoiren eines Menschenflohs.* Hg. von W. K., o. O., o. V. und o. J. [= Köln: Klefisch Verlag 1983.]

Kleist, Heinrich von: Über die allmähliche Verfertigung der Gedanken beim Reden. In: H. v. K.: *Werke.* Hg. von Erich Schmidt, Bd. 4, Leipzig, Wien: Bibliographisches Institut o. J., S. 74–80.

Köchy, Christian Heinrich Gottlieb: *Juristische Abhandlung über die Flöhe von Otto Philipp Zaunschliffer (früher Goethe zugeschrieben).* Neudruck der 3. Aufl. von Altona 1866, Bad Rothenfelde: Holzwarth-Verlag 1923.

Koerfer, Thomas: *Der Tod des Flohzirkusdirektors oder Ottocaro Weiss reformiert seine Firma.* Ein Film von T. K., o. O.: 1973, Thomas Koerfer Edition 1972.

Kracauer, Siegfried: Abschied von der Lindenpassage. In: *Straßen in Berlin und anderswo.* Frankfurt am Main: Suhrkamp Verlag 1964, S. 30–38.

Kraus, Karl: *Pro domo et mundo* (= *Ausgewählte Schriften.* Bd. 4). München: Albert Langen 1912.

Krauß, Detlef: Erfolgsunwert und Handlungsunwert im Unrecht. In: *Wer bekommt Schuld? Wer gibt Schuld? Gesammelte Schriften.* Hg. von Günter Heine, Mark Pieth und Kurt Seelmann, Berlin: Berliner Wissenschafts-Verlag 2011, S. 15–53.

Krolow, Karl: Der Floh. In: *Fünfundzwanzig Gedichte nach Guillaume Apollinaire's ‹Le Bestiare ou Cortège d' Orphée›.* Giessen: Walltor-Verlag 1959, o. S.

Kühlmann, Wilhelm: Johann Fischart. In: *Deutsche Dichter der frühen Neuzeit (1450–1600). Ihr Leben und Werk.* Hg. von Stephan Füssel, Berlin: E. Schmidt Verlag 1993, S. 589–613.

La Fontaine, Jean de: *Fables.* Édition illustrée de 250 Dessins par J.-J. Grandville, Paris: Garnier Frères [1898].

La Fontaine, Jean de: *Fabeln.* Deutsch von Theodor Etzel, Berlin: Propyläen-Verlag 1923.

La Perrière, Guillaume de: *Le Theatre des Bons Engins. 1539.* Hg. von John Horden, Menston, Yorkshire: The Scolar Press 1973.

Larsen, Anne R. (Hg.): *Madeleine and Catherine des Roches. From Mother and Daughter. Poems, Dialogues, and Letters of Les Dames des Roches.* Edited and translated by A. R. L., Chicago and London: The University of Chicago Press 2006.

Lauremberg, Peter: Neuerfundene Brillen – in die Nähe zu sehen. In: *Neue und vermehrte Acerra philologica* [...]. Bd. 3, Nr. 26, Frankfurt am Main und Leipzig: Plenersche Kinder 1717, S. 398 f.

Ledermüller, Martin Frobenius: *Mikroskopische Gemüths= und Augen=Ergötzung: Bestehend in Ein Hundert nach der Natur gezeichneten und mit Farben erleuchteten Kupfertafeln. Samt deren Erklärung.* Nürnberg: Christian de Launoy 1760–1763.

Ledermüller, Martin Frobenius: *Nachlese seiner Mikroskopischen Gemüths= und Augen=Ergötzung* [...]. Nürnberg: Christian de Launoy 1762.

Leeuwenoek, Antonius van: *Arcana naturæ detecta.* Delft: Henricus a Krooneveld 1695.

Lehnert, Gertrud; und Weilandt, Maria: *Materielle Miniaturen. Zur Ästhetik der Verkleinerung.* Hg. von G. L., M. W. und Ursula Textor, Würzburg: Königshausen & Neumann 2020.

Leibniz, Gottfried Wilhelm: *Die Theodizee von der Güte Gottes, der Freiheit des Menschen und dem Ursprung des Übels.* Darmstadt: Wissenschaftliche Buchgesellschaft 1985.

Lesser, Friedrich Christian: *Insecto-Theologia, Oder: Vernunfft= und Schrifftmäßiger Versuch / Wie ein Mensch durch aufmercksame Betrachtung derer sonst wenig geachteten Insecten Zu lebendiger Erkänntniß und Bewunderung der Allmacht; Weißheit, der Güte und Gerechtigkeit des grossen GOttes gelangen könne.* Frankfurt und Leipzig: Michael Blochberger 1738.

Lessing, Gotthold Ephraim: *Gesammelte Werke.* Hg. von Paul Rilla, 10 Bde., Berlin: Aufbau-Verlag 1954–1958.

Levy, Durline Gay: *The Ideas and Careers of Simon-Nicolas-Henri Linguet. A Study in Eighteenth-Century French Politics.* Urbana u. a.: University of Illinois Press 1980.

Lichtenberg, Georg Christoph: *Schriften und Briefe.* 4 Bde. und 2 Kommentarbände, hg. von Wolfgang Promies, München: Verlag Carl Hanser 1967–1992.

Lindener, Michael: Rastbüchlein. Nr. 325. Wie ein Prediger außleget, warzu die leuß vnd flöhe von Gott geschaffen wären. In: *Vierhundert Schwänke des sechzehnten Jahrhunderts.* Hg. von Felix Bobertag, Berlin und Stuttgart: W. Spemann o. J., S. 288 f.

Linguet, Simon Nicolas Henri: *Die Kakomonade. Ein Nachlaß vom Doktor Panglos, als ein Supplement des Kandide* [1767]. Berlin: o. V. 1786.

Littmann, Enno: *Vom morgenländischen Floh. Dichtung und Wahrheit über den Floh bei Hebräern, Syriern, Arabern, Abessiniern und Türken.* Mit Radierungen von Marcus Behmer, Leipzig: Insel Verlag 1925.

Mandelstam, Ossip: Notizen über Poesie. In: *Über den Gesprächspartner. Gesammelte Essays I.* Aus dem Russischen übertragen und hg. von Ralph Dutli, Zürich: Ammann 1991, S. 179–184.

Marlowe, Christopher: *Die tragische Historie vom Doktor Faustus.* Übersetzt und hg. von Adolf Seebaß, Stuttgart: Reclam 2017, 2. Akt, 6. Szene, S. 33.

Marx, Wolfgang: *Ein schwer zu glaubendes Gesicht. Gedichte.* Zürich: KaMeRu Verlag 2022.

Matt, Peter von: Ehrenrettung eines Hungerleiders. Der Zirkelschmied, Hebels letzter Gauner. In: *Öffentliche Verehrung der Luftgeister. Reden zur Literatur.* München: Carl Hanser Verlag 2003, S. 178–186.

Melville, Herman: *Moby Dick.* Introduction by Sherman Paul, London: J. M. Dent & Sons, und New York: E. P. Dutton 1957.

Melville, Herman: *Moby-Dick.* Deutsch von Matthias Jendis, 3. Aufl., München: dtv 2020.

Mendelssohn, Moses: Über die Empfindungen [1755]. In: *Gesammelte Schriften.* Bd. 1, hg. von I. Elbogen u. a., Berlin: Akademie-Verlag 1929, S. 31–123.

Meyer, Klaus: *Geheimnisse des Antoni van Leeuwenhoek. Ein Beitrag zur Frühgeschichte der Mikroskopie.* Lengerich u. a.: Pabst Science Publishers 1998.

Michel, Paul: *Physikotheologie: Ursprünge, Leistung und Niedergang einer Denkform.* Zürich: Buchhandlung Beer 2008.

Münch, Irmgard: *Geheiligte Naturwissenschaft. Die Kupfer-Bibel des Johann Jakob Scheuchzer.* Göttingen: Vandenhoeck & Ruprecht 2000.

Mumcuoglu, Y[ani]; und Rufli, Th[eodor]: *Dermatologische Entomologie. Humanmedizinisch bedeutsame Milben und Insekten in Mitteleuropa.* Erlangen: perimed Fachbuch-Verlagsgesellschaft 1982.

Munkepunke [= Meyer, Alfred Richard]: *Der Flohzirkus.* Berlin-Wilmersdorf: A. R. Meyer Verlag o. J. [1913].

Musil, Robert: Kriegstagebuch eines Flohs. In: *Klagenfurter Ausgabe. Kommentierte digitale Edition sämtlicher Werke, Briefe und nachgelassener Schriften; mit Transkriptionen und Faksimiles aller Handschriften.* Hg. von Walter Fanta, Bd. 15, *Fragmente aus dem Nachlass. Erzählerische Fragmente, Satirisch-utopische Experimentalromane.* Klagenfurt: Robert Musil-Institut der Universität Klagenfurt 2009, o. S.

Mynona [= Friedlaender, Salomo]: Der gut bronzierte Floh [1919]. In: *Rosa die schöne Schutzmannsfrau und andere Grotesken.* Hg. von Ellen Otten, Zürich: Arche Verlag 1989, S. 149–152.

Myrone, Martin: *Gothic Nightmares. Fuseli [= Füssli], Blake and the Romantic Imagination* [Katalog der Ausstellung in der Tate Gallery, London, 15. Februar bis 1. Mai 2006, hg. von M. M.]. London: Tate Publishing 2006.

Myrone, Martin; und Concannon, Amy: *William Blake.* London: Tate Britain 2020.

Nekes, Werner: *Von der Camera Obscura zum Film. Eine Ausstellung zur Vorgeschichte des Films mit Objekten der Sammlung Nekes.* Hg. von der MüGa, Landesgartenschau Mülheim an der Ruhr 1992.

Neukirch, Christian; und Ruisinger, Marion: *Der Floh – Ungeziefer mit erstaunlichen Fähigkeiten.* Bayerischer Rundfunk, Sendung vom 10. Januar 2020, 9.05 Uhr, S. 1–17.

Neumann, Gerhard: Romantische Aufklärung. Zu E. T. A. Hoffmanns Wissenschaftspoetik. In: *Aufklärung als Form. Beiträge zu einem historischen und aktuellen Problem.* Hg. von Helmut Schmiedt und Helmut J. Schneider, Würzburg: Königshausen & Neumann 1997, S. 106–148.

Nollet, Jean-Antoine: *Leçons de Physique experimentale.* Bd. 5, Paris: Durand 1777.

Novalis: *Schriften.* Bd. 2, hg. von Richard Samuel u. a., Stuttgart: W. Kohlhammer 1960.

Oesterle, Günter: *Integration und Konflikt. Die Prosa Heinrich Heines im Kontext oppositioneller Literatur der Restaurationsperiode.* Stuttgart: J. B. Metzlersche Verlagsbuchhandlung 1972.

Ovid, Publius Ovidius Naso: *Metamorphosen.* In deutsche Hexameter übertragen und mit dem Text hg. von Erich Rösch, München: Ernst Heimeran Verlag 1968.

Painlevé, Jean: *Les pieds dans l'eau.* Paris: Jeu de Paume / Lienart Editions 2022.

Paulin, Roger; und Pfotenhauer, Helmut: *Die Halbschlafbilder in der Literatur, den Künsten und den Wissenschaften.* Hg. von R. P. und H. P., Würzburg: Königshausen & Neumann 2011.

Penet, Pierre-Hippolyte: *Georges de La Tour et l'énigme de la Femme à la puce.* [Kommentar zu:] Exposition Musée des Beaux Arts de Nancy, Nancy 2018, 2 SS.

Pfeffel, Gottlieb Conrad: *Poetische Versuche.* 10 Bde., Tübingen: Cotta 1802–1810.

Philopsyllus, W. A. L. [= William Marshall]: *Der Floh, das ist des weiblichen Geschlechtes schwarzer Spiritus familiaris von literarischer und naturwissenschaftlicher Seite beleuchtet.* Weimar: A. Huschke 1880.

Pieth, Mark: *Strafrechtsgeschichte.* 2. Aufl., Basel: Helbing & Lichtenhahn Verlag 2020.

Plautus, [Titus Maccius]: *Curculio. Epidicus. Menaechmi Mercator* [= *Komödien, Lateinisch und deutsch.* Bd. III]. Hg., übersetzt und kommentiert von Peter Rau, Darmstadt: Wissenschaftliche Buchgesellschaft 2008.

Ponert, Dietmar J.: *E. T. A. Hoffmann – Das bildkünstlerische Werk. Ein kritisches Gesamtverzeichnis.* 2 Bde., [Petersberg]: Michael Imhof 2012.

Praz, Mario: *Liebe, Tod und Teufel. Die schwarze Romantik.* Deutsch von Lisa Rüdiger, 2. Aufl., München: Deutscher Taschenbuch Verlag 1960.

Pseudo-Longinos: *Vom Erhabenen. Griechisch und Deutsch.* Hg. von Reinhard Brandt, Darmstadt: Wissenschaftliche Buchgesellschaft 1966.

Psylander: *Der belobte Floh / Als rechtmässiger König aller Thiere nach seinen rühmlichen Qualitäten betrachtet.* o. O. und o. V. 1720 [?]. [Bayerische Staatsbibliothek MDZ: L.eleg.m.596 m#Beibd.2 um:nbn:de:bvb:12-bsb11009695–8. VD9283.18 9046.]

Quignard, Pascal: *Georges de la Tour.* Paris: Flohic Editions 1991.

Rang, Florens Christian: *Historische Psychologie des Karnevals* [1909]. Berlin: Brinkmann & Bose 1983.

Redi, Franciscus: *Opuscvlorvm pars prior, sive experimenta circa generationem insectorum* [= *De insectis*]. Amsterdam: Henricus Wetstenius 1686.

Reich, Helgard: *Die Entstehung der ersten fünf Szenen des Goetheschen ‹Urfaust›.* München: Wilhelm Fink Verlag 1968.

Reinalter, Helmut: *Österreich und die Französische Revolution.* Wien: Österreichischer Bundesverlag 1988.

Reinbaben, George Wilhelm von: Esopus am Hofe. Heroisches Schau=Spiel. In: *Poetische Ubersetzungen und Gedichte.* Weimar: Johann Leonhard Mumbach 1711, S. 119–294.

Richter, Christoph Gottlieb: Sechstes Gespräch zwischen Einem Affen / und Einem Floh. In: *Die redenden Thiere über Menschliche Fehler und Laster Bey Ruhigen Stunden lustig und nützlich zu lesen.* 4. Aufl., Frankfurt und Leipzig: o. V. 1759.

Richter (= Jean Paul): *Flegeljahre.* In: *Sämtliche Werke.* Hg. von Norbert Miller, Bd. 2, Frankfurt am Main: Zweitausendeins 1996, S. 1054.

Richter (= Jean Paul): Selina oder über die Unsterblichkeit der Seele. In: *Sämtliche Werke.* Hg. von Norbert Miller, Abt. 1, Bd. 6, Frankfurt am Main: Zweitausendeins 1996, S. 1105–1236.

Richter (= Jean Paul): *Ideen-Gewimmel. Texte und Aufzeichnungen aus dem unveröffentlichten Nachlaß.* Hg. von Kurt Wölfel und Thomas Wirz, Frankfurt am Main: Eichborn Verlag 1986, S. 180.

Rieder, Johann Jacob: Gottlieb Conrad Pfeffel. Ein biographischer Entwurf. In: Gottlieb Conrad Pfeffel: *Versuche.* Supplementband, Stuttgart und Tübingen: Cotta'sche Buchhandlung 1820.

Robertson, Etienne Gaspard: *Mémoires récréatifs scientifiques et anecdotiques.* Bd. 1, Paris: Librairie de Wurtz 1831.

Rösel [von Rosenhof], August Johann: Die zu der monathlich herauskommenden Insecten=Belustigung gehörige Sammlung derer Mucken und Schnacken hiesigen Landes. In: *Insecten=Belustigung. Zweyter Theil* [...]. Nürnberg: Johann Joseph Fleischmann 1749, S. 9–24.

Roth, Joseph: *Radetzkymarsch. Roman.* Berlin: Gustav Kiepenheuer Verlag 1932, S. 381.

Roth, Joseph: Juden auf Wanderschaft. In: *Werke in drei Bänden.* 3. Bd., Köln, Berlin: Kiepenheuer und Witsch 1956, S. 625–689.

Sasse, Sylvia: *Michail Bachtin zur Einführung.* Hamburg: Junius Verlag 2010.

Scarron, Paul: *Romant Comique:* s. Adam, Antoine.

Scarron, Paul: *Der Komoediantenroman.* Ins Deutsche übertragen von Franz Blei, München und Leipzig: Georg Müller 1908.

Scheerbart, Paul: *Münchhausen und Clarissa. Ein Berliner Roman.* Berlin: Oesterheld und Co. 1906.

Scheuchzer, Johann Jacob: *Kupfer=Bibel In welcher Die Physica sacra, Oder geheiligte Natur=Wissenschafft Derer In Heil. Schrifft vorkommenden Natürlichen Sachen, Deutlich erklärt und bewährt* [wird]. Bd. 3, Augsburg: Johann Andreas Pfeffel 1733.

Schiedlausky, Günther: Wie man Flöhe fängt. Von Flohfallen und Flohpelzen. In: *Kunst und Antiquitäten* 4 (1987), S. 26–38.

Schiller, Friedrich: Über das Erhabene. In: *Sämtliche Werke.* Hg. von Gerhard Fricke und Herbert G. Göpfert, Bd. 5, München: Carl Hanser 1967, S. 792–808.

Schlegel, Friedrich: Fragmente. In: *Athenaeum. Eine Zeitschrift.* Hg. von August Wilhelm Schlegel und F. Sch., Bd. 1 (1798), Faksimile Neudruck, Darmstadt: Wissenschaftliche Buchgesellschaft 1970, S. 179–322.

Schlegel, Friedrich: Gespräch über die Poesie. In: *Athenaeum. Eine Zeitschrift.* Hg. von August Wilhelm Schlegel und Friedrich Schlegel, Bd. 3 (1800), Faksimile Neudruck, Darmstadt: Wissenschaftliche Buchgesellschaft 1970, S. 58–128 und 169–187.

Schmidt, Friedrich: *Text und Interpretation. Zur Deutungsproblematik bei Franz Kafka. Dargestellt in einer kritischen Analyse der Türhüterlegende.* Würzburg: Königshausen & Neumann 2007.

Schmitz, Rainer: *Flohwalzer, Flohfallen und Flöhe im Ohr. Ein Lesebuch.* Hg. von R. Sch., Leipzig: Reclam 1997.

Schnur, Harry C.: *Lateinische Fabeln des Mittelalters. Lateinisch/deutsch.* Hg. von H. C. Sch., München: Heimeran Verlag 1979, S. 32 f. und 288 f.

Schöne, Albrecht: *Johann Wolfgang Goethe. Faust. Kommentare.* Frankfurt am Main: Deutscher Klassiker Verlag 1994.

Schubart, Christian Friedrich Daniel: Der Hahn und der Adler. In: *Gedichte. Historisch-kritische Ausgabe.* Hg. von Gustav Hauff, Leipzig o. J.: Reclam, S. 197 f.

Schumann, Walter: *Edelstein und Schmuckstein.* München u. a.: BLV Verlagsgesellschaft 1976.

Siegrist, Christoph: *Das Lehrgedicht der Aufklärung.* Stuttgart: J. B. Metzlersche Buchhandlung 974.

Simon, Thomas: *Grundherrschaft und Vogtei. Eine Strukturanalyse spätmittelalterlicher und frühneuzeitlicher Herrschaftsbildung.* Frankfurt am Main: Vittorio Klostermann 1995.

Spiegel, Hubert: Das einsamste Tier Europas. Clara und die krabbelnden Kreaturen. Zwei Ausstellungen im Rijksmuseum. In: *Frankfurter Allgemeine Zeitung*, 15. Dezember 2022, Nr. 292, S. 11.

Spring ins Feld, Simplicismus [= Zaunschliffer, Otto Philipp?]: *Des galanten Frauenzimmers Curieuse Flöh=Jagt* [...]. Gedruckt im Schwarzwald: Stephen Rauchbaart o. J. [ca. 1691]. [Exemplar der Bayerischen Staatsbibliothek München: Signatur: L.eleg. m. 364 m.]

Stadler, Ulrich: *Der technisierte Blick. Optische Instrumente und der Status von Literatur. Ein kulturhistorisches Museum.* Würzburg: Königshausen & Neumann 2003.

Stadler, Ulrich: Von Brillen, Lorgnetten, Fernrohren und Kuffischen Sonnenmikroskopen. Zum Gebrauch optischer Instrumente in Hoffmanns Erzählungen. In: *E. T. A.*

Hoffmann. Neue Wege der Forschung. Hg. von Hartmut Steinecke, Darmstadt: Wissenschaftliche Buchgesellschaft 2006a, S. 149–170.

Stadler, Ulrich: Vom Liebhaber der Wissenschaft zum Meister in der Kunst. Über die verworrene Begriffsgeschichte des Virtuosen im England und Deutschland des 17. und 18. Jahrhunderts. In: *Virtuosität. Kult und Krise der Artistik in Literatur und Kunst der Moderne.* Hg. von Hans-Georg von Arburg u. a., Göttingen: Wallstein Verlag 2006b, S. 19–35.

Stadler, Ulrich; und Wieland, Magnus: *Gesammelte Welten. Von Virtuosen und Zettelpoeten.* Würzburg: Königshausen & Neumann 2014.

Stekel, Wilhelm: *Der Fetischismus. Dargestellt für Ärzte und Kriminologen.* Berlin, Wien: Urban & Schwarzenberg 1923.

Swamerdamm, Johann: *Bibel der Natur.* Aus dem Holländischen übers. und hg. von Herman Boerhave, Leipzig: Johann Friedrich Gleditsch 1752.

Thamer, Hans-Ulrich: *Revolution und Reaktion in der französischen Sozialkritik des 18. Jahrhunderts. Linguet, Mably, Babeut* [!]. Frankfurt am Main: Akademische Verlagsgesellschaft 1973.

Thuillier, Jacques: *Das Gesamtwerk des Georges de La Tour.* Freudenstadt, Wien: Kunstkreis Luzern 1973.

Tiedemann, Nicole: *Haar-Kunst. Zur Geschichte und Bedeutung eines menschlichen Schmuckstücks.* Köln u. a.: Böhlau Verlag 2007.

Tucholsky, Kurt: *Gesamtausgabe.* Bd. 15, *Texte 1932/1933.* Hg. von Antje Bonitz, Reinbek: Rowohlt 2011.

Uhsemann, Ernst: *Die Rechtfertigung der Anatomie im 17. Jahrhundert (Unter Berücksichtigung der ‹Praefationes› zeitgenössischer Lehrbücher.* Med. Diss., Kiel 1969.

Unzer, Johann August: Fräulein von Stich wegen der Flöhe. In: *Der Arzt. Eine medizinische Wochenschrift.* Hg. von J. A. U., Hamburg u. a., 6 (1768), S. 239–246.

Valentini, Michael Eberhard Valentini: *Neu=auffgerichtetes Rüst= und Zeughauß Der Natur* […]. [= *Museum museorum*, 3. Teil]. Frankfurt am Main: Johann David Zunner sel. Erben und Johann Adam Jung 1714.

Vargas, Fred: *Pars vite et reviens tard.* Paris: Editions Viviane Hamy 2001.

Vargas, Fred: *Fliehe weit und schnell.* 19. Aufl., Berlin: Aufbau Verlag 2019.

[Varley, John]: *The Blake-Varley Sketchbook of 1819 in the Collection of M. D. E. Clayton-Stamm.* Introduction and Notes by Martin Butlin, London: William Heinemann 1969.

Vogt, Tobias: *Untitled. Zur Karriere unbetitelter Kunst in der jüngsten Moderne.* München: Wilhelm Fink Verlag 2006.

Wackernagel, Rudolf: Die Einwohnerschaft. In: *Geschichte der Stadt Basel.* Bd. 2, Teil 1.8, Basel: Verlag Helbing & Lichtenhahn 1911, S. 351–406.

Waggerl, Karl Heinrich: *Und es begab sich … Inwendige Geschichten um das Kind von Bethlehem.* 4. Aufl., Salzburg: Otto Müller Verlag 1953, S. 13 f.

Wagini, Susanne: *Lucas van Leyden. 1489/94–1533. Meister der Druckgraphik.* München: Deutscher Kunstverlag 2017.

Waldis, Burkhard: *Esopus. 400 Fabeln und Erzählungen nach der Erstausgabe von 1548.* Teil 1, *Text.* Hg. von Ludger Lieb u. a., Berlin: Walter de Gruyter 2011.

Walser, Robert: *Mikrogramme 1925 (II).* Hg. von Fabian Grossenbacher u. a., Basel: Stroemfeld und Schwabe Verlag 2021, S. 220.

Waszink, Jan Hendrik: *Biene und Honig als Symbol des Dichters und der Dichtung in der griechisch-römischen Antike.* Opladen: Westdeutscher Verlag 1 974.

Weder, Christine: *Erschriebene Dinge. Fetisch, Amulett, Talisman um 1800.* Freiburg im Breisgau u. a.: Rombach Verlag 2007.

Weigl, Engelhard: *Instrumente der Neuzeit. Die Entdeckung der modernen Wirklichkeit.* Stuttgart: J. B. Metzlersche Verlagsbuchhandlung 1990.

Weiss, Francis: Der Flohpelz – eine kitzlige Sache. In: *Pelz-International* 4 (1979), S. 178–182.

Wilson, David B.: ‹La Puce de Madame Desroches› and John Donne's ‹The Flea›. In: *Neuphilologische Mitteilungen* 72 (1971), S. 297–301.

Wölcken, Fritz: Nachwort. In: *Defoe: Die Pest zu London. A Journal of the Plague Year.* Frankfurt am Main und Hamburg 1961, S. 171–176.

[Zaunschliffer, Otto Philipp?] [= Simplicismus Spring ins Feld]: *Des galanten Frauenzimmers Curieuse Flöh=Jagt* [...] [s. Köchy].

Zinsser, Hans: *Der Roman des Fleckfiebers. (Ratten, Läuse, Menschen und Weltgeschichte).* Wien: Ring-Verlag 1948.

Nachschlagewerke

Adelung, Johann Christoph: [Artikel] Handwerk. In: *Grammatisch-kritisches Wörterbuch der hochdeutschen Mundart.* 2. vermehrte und verbesserte Ausgabe, 4 Bde., Leipzig: Breitkopf (und Härtel) 1793–1801.

Colclough, David: Donne, John. In: *Oxford Dictionary of National Biography.* Hg. von H. C. G. Matthew und Brian Harrison, Bd. 16, London: Oxford University Press 2004, Sp. 535a–545a.

Der Große Brockhaus. Handbuch des Wissens in zwanzig Bänden. Leipzig: Brockhaus 1928–1935.

Der Kleine Pauly. Lexikon der Antike. 5 Bde., hg. von Konrat Ziegler und Walther Sontheimer, München: Deutscher Taschenbuch Verlag 1979.

Estermann, Alfred: *Die deutschen Literatur-Zeitschriften 1850–1880.* Bd. II, München u. a.: K. G. Saur 1988.

Gmür, Rudolf; und Roth, Andreas: *Grundriss der deutschen Rechtsgeschichte.* 13. überarbeitete Aufl., München: Verlag Franz Vahlen 2011.

Golzio, Karl-Heinz: Tempel I. In: *Theologische Realenzyklopädie.* Hg. von Gerhard Müller, Bd. 33, Berlin, New York: Walter de Gruyter 2002, S. 42–46.

Grimm, Jacob und Wilhelm: *Deutsches Wörterbuch.* 16 Bde., Leipzig: Hirzel 1854 ff.

Grüttner, Michael: *Biographisches Lexikon zur nationalsozialistischen Wissenschaftspolitik.* Heidelberg: Synchron. Wissenschaftsverlag der Autoren 2004.

Hamann, Johann George: *Poetisches Lexicon, oder Nützlicher und brauchbarer Vorrath von allerhand poetischen Redensarten, Beywörtern, Beschreibungen, scharffsinnigen Gedanken und Ausdrücken* [...] *aus den besten und neuesten Deutschen Dichtern zusammen getragen* [...]. Leipzig: Großische Handlung 1751.

Henkel, Arthur; und Schöne, Albrecht: *Emblemata. Handbuch zur Sinnbildkunst des XVI. und XVII. Jahrhunderts.* Stuttgart: J. B. Metzler 1978.

Herrmann, Joachim: *Die Sterne. Ein Führer zur Himmelsbeobachtung in Europa.* Hg. von Gunter Steinbach, München: Mosaik Verlag 1985.

Jöcher, Christian Gottlieb: *Compendiöses Gelehrten=Lexicon* [...]. 3. Aufl., Leipzig: Johann Friedrich Gleditsch 1733.

Kluge, Friedrich: *Etymologisches Wörterbuch der deutschen Sprache.* 19. Aufl., bearbeitet von Walther Mitzka, Berlin: Walter de Gruyter 1963, S. 207.

Knobloch, Jürgen: Pest. In: *Dermatologische Infektiologie.* Hg. von Andreas Plettenberg und Wilhelm Meigel, 2. Aufl., Stuttgart: Georg Thieme Verlag 2004, Nr. 4.3.13.

Lausberg, Heinrich: *Elemente der literarischen Rhetorik.* 2. Aufl., München: Max Hueber 1963.

Paul, Hermann: *Deutsches Wörterbuch.* 7. Aufl., bearbeitet von Alfred Schirmer, Halle: Max Niemeyer Verlag 1960, S. 196.

Portalis, Roger: *Les dessinateurs d'illustrations aux dix-huitième siècle.* 2 Bde., Paris: Damascène Morgand et Charles Fatout 1877.

Riegler, Richard: Floh. In: Hanns Bächtold-Stäubli und Eduard Hoffmann-Krayer (Hg.): *Handwörterbuch des deutschen Aberglaubens.* Bd. 2, 3. Aufl., Berlin: Walter de Gruyter 2000, Sp. 1631–1635.

Robert, Paul: *Dictionnaire alphabétique & analogique de la langue française.* Ed. par A. Rey et J. Rey-Debove, Paris: S. N. L. Dictionnaire Le Robert 1978.

Schama, Simon: *Citizens. A Chronicle of the French Revolution.* New York: Viking Penguin Inc. 1989.

Schenda, Rudolf: *Das ABC der Tiere. Märchen, Mythen und Geschichten.* München: C. H. Beck 1995, S. 94–97.

Slawik, Eckhard; und Reichert, Uwe: *Atlas der Sternbilder.* Heidelberg, Berlin: Spektrum Akademischer Verlag 1998.

Spreng, Johann Jakob: *Allgemeines deutsches Glossarium. Historisch-etymologisches Wörterbuch der deutschen Sprache.* Hg. von Heinrich Löffler, 7 Bde., Basel, Berlin: Schwabe Verlag 2022.

Sulzer, Johann George: Nachtstük (Mahlerey). In: *Allgemeine Theorie der Künste.* 2. Theil, Biel: Heilmannsche Buchhandlung 1777, S. 294.

Weigel, Christoph: *Abbildung Der Gemein=Nützlichen Haupt=Stände* […]. Regensburg: Weigel 1698.

Willkomm, Moritz: *Die Wunder des Mikroskops oder die Welt im kleinsten Raume.* 4., wesentlich vermehrte und umgearbeitete Aufl., Leipzig: Otto Spamer 1878.

Willoweit, D[ietmar]: Vogt, Vogtei. In: *Handwörterbuch zur deutschen Rechtsgeschichte.* Hg. von Adelbert Erler und Ekkehard Kaufmann, Berlin: Erich Schmidt Verlag 1998, Sp. 932–946.

[Zedler, Johann Heinrich]: *Grosses vollständiges Universal-Lexicon Aller Wissenschaften und Künste.* 64 Bde. und 4 Suppl.-Bde., Halle, Leipzig: Zedler 1732–1752.

Bildnachweise

Frontispiz: Lyser, Johann Peter: Der über die Stadtmauer springende Floh. In: Johann Wolfgang von Goethe [eher: Otto Philipp Zaunschliffer oder Christian Heinrich Gottlieb Köchy]: *Juristische Abhandlung über Flöhe.* 3. Aufl., Altona: Verlags=Bureau 1866, S. 33, zu § 15. – Alte Juristische Bibliothek, ZrF, Universität Zürich, Signatur: Riklin 1744; bzw. Senn 6. – Mit Dank an Herrn Martin Kurz.

Abb. 1: La Perrière, Guillaume de: *Le Theatre des Bons Engins.* Nachdruck der 2. illustrierten Ausgabe Lyon 1545. Hg. von John Horden, Menston, Yorkshire: The Scolar Press 1971, o. S., Nr. 94. – Zentralbibliothek Zürich, Signatur: TQ 857.17.

Abb. 2: Busch, Wilhelm: Pater Filucius. Allegorisches Zerrbild. 1872. In: *Gesammelte Werke in sechs Bänden.* Hg. von Hugo Werner, Hamburg: Xenos Verlagsgesellschaft 1962, 3. Bd., S. 194.

Abb. 3: Anguissola, Sofonisba: *Bildnis ihrer Mutter Bianca Ponzoni Anguissola* (1557). – © Staatliche Museen zu Berlin, Gemäldegalerie Berlin. Kat.-Nr. 1705.

Abb. 4: Anguissola, Sofonisba: Flohpelz der Bianca Ponzoni Anguissola (Detail von Abb. 3).

Abb. 5: Mielich, Hans: Flohpelz der Herzogin Anna, Frau des Herzogs Albrecht V. von Bayern. Vorder- und Rückseite. Bayerisches Nationalmuseum, München. – Zit. nach Hefner-Alteneck, Jakob Heinrich von: *Trachten, Kunstwerke und Geräthschaften vom frühen Mittelalter bis Ende des Achtzehnten Jahrhunderts nach gleichzeitigen Originalen.* Bd. 8, 2. vermehrte und verbesserte Aufl., Frankfurt am Main: Heinrich Keller 1887, S. 12. – Bibliothek für Gestaltung Basel, Signatur: BfG_B_53 11 h.

Abb. 6: Anonym [Bruckmann, Franz Ernst]: *Die Neu=erfundene Curieuse Floh=Falle, zu gänzlicher Ausrottung der Flöhe* […]. 4. und viel vermehrte Aufl., o. O. 1739, Frontispiz.

Figura I. «Ist ein Frauenzimmer / welche weiset / wie dieses Machingen [d. i. Maschinchen] müsse getragen werden.»

Figura II. «Stellet eine Floh=Falle in ihrer rechten Grösse dar.»

Figura III. «Ist der Pistill, welcher mit Blut / Honig / Syrup / Therpenthin oder andern süssen und kleberichten Sachen bestrichen wird.» (S. 76) –

München, Bayerische Staatsbibliothek Oecon.620"Beibd.1. Münchener Digitalisierungszentrum. Digitale Bibliothek: urn:nbn:de:bvb:12-bsb10295172-9.

Abb. 7: Hooke, Robert: *Micrographia: or some Physiological Descriptions of Minute Bodies Made by Magnifying Glasses with Observations and Inquiries thereupon.* London: John Martin and J. Allestry 1665, Tafel XXXIV nach S. 210. Originalgröße der Abbildung. [xxx] – Universitätsbibliothek Basel, Signatur: h.c.8.

Abb. 8: Lesser, Friedrich Christian: *Insecto=Theologia Oder Vernunfft= und Schrifftmäßiger Versuch / Wie ein Mensch durch aufmercksame Betrachtung derer sonst wenig geachteten Insecten Zu lebendiger Erkänntniß und Bewunderung der Allmacht; Weißheit, der Güte und Gerechtigkeit des grossen GOttes gelangen könne.* Frankfurt und Leipzig: Michael Blochberger 1738. Titelblatt und Frontispiz. – Universitätsbibliothek Basel, Signatur: Hh VIII 2.

Abb. 9: Scheuchzer, Johann Jacob: *Kupfer=Bibel In welcher Die PHYSICA SACRA oder geheiligte Natur=Wissenschafft derer in Heil Schrifft vorkommenden Natürlichen Sachen Deutlich erklärt und bewährt* [wird] von J. J. Sch. Augsburg und Ulm: Johann Andreas Pfeffel 1731–1735, 3. Abt., 1733, S. 82 f., Tafel 398. – Privatbesitz, Aufnahme: Paul Michel.

Abb. 10: Ledermüller, Martin Frobenius: *Mikroskopische Gemüts= und Augen=Ergötzung: Bestehend in Ein Hundert nach der Natur gezeichneten Kupfertafeln, Sammt deren Erklärung.* Nürnberg: Wolffgang Winterscheidt und Christian de Launoy 1763, Frontispiz. – Universitätsbibliothek Basel, Signatur: Bot 4568a.

Abb. 11: Ledermüller, Martin Frobenius: *Mikroskopische Gemüts= und Augen=Ergötzung: Bestehend in Ein Hundert nach der Natur gezeichneten Kupfertafeln, Sammt deren Erklärung.* Nürnberg: Wolffgang Winterscheidt und Christian de Launoy 1763, Tafel XX vor S. 357. – Universitätsbibliothek Basel, Signatur: Bot 4568a.

Abb. 12: Rösel von Rosenhof, August Johann: Sammlung derer Mucken und Schnacken hiesiges Landes. Beschreibung des so bekannten als beschwerlichen Flohes. In: *Der monatlich= herausgegebenen Insecten=Belustigung Zweyter Theil,* Frontispiz. – Universitätsbibliothek Basel, Signatur: Hh VIII 32.

Abb. 13: Leeuwenhoek, Antonius van: *Arcana Naturae detecta.* Delft: Henricus Kroneveld 1695, Tafel vor S. 357. – Universitätsbibliothek Basel, Signatur: Bot 2303.

Abb. 14: Rösel von Rosenhof, August Johann: *Sammlung derer Mucken und Schnacken hiesiges Landes. Beschreibung des so bekannten als beschwerlichen Flohes.* In: *Der monatlich=her-*

ausgegebenen Insecten=Belustigung Zweyter Theil. Nürnberg: Johann Joseph Fleischmann 1749, Tafel IV nach S. 24. – Universitätsbibliothek Basel, Signatur: Hh VIII 32.

Abb. 15: Surugue, Louis: *Madame Bouvillon pour tenter le Destin le prie de luy chercher une puce.* Kupferstich, Paris 1733. – Privatbesitz, Basel. Foto: Ulrich Stadler.

Abb. 16: Fuchs, Eduard: Er soll ihr einen Floh suchen. Galanter französischer Kupferstich von P. Surugue dem Jüngeren nach einem Gemälde von J. B. Pater. 1735. In: E. F.: *Illustrierte Sittengeschichte vom Mittelalter bis zur Gegenwart.* 2. Bd., *Die galante Zeit.* München: Albert Langen 1910, S. 275, Nr. 252.

Abb. 17: Pater, Jean-Baptiste Joseph: In der Absicht ihn zu verführen, bittet Madame Bouvillon Destin, ihr einen Floh zu suchen (*Madame Bouvillon pour tenter le Destin le prie de lui chercher une puce*). Illustration zu Scarrons *Romant Comique*, um 1732/1735. – Stiftung Preußische Schlösser und Gärten. Berlin-Brandenburg. Dokumentations- und Informationszentrum, © Fotothek. Angelika Neumann, Am Grünen Gitter 7. 14469 Potsdam GK I 5073. F0020326. Fotograf: Wolfgang Pfauder.

Abb. 18: Van Leyden, Lucas: *Nackte Frau, einen Hund flöhend.* Kupferstich. – © ETH Zürich. ETH-Bibliothek, Graphische Sammlung der ETH Zürich (mit Dank an Frau Laura Vuille).

Abb. 19: Busch, Wilhelm: *Die gestörte und wiedergefundene Nachtruhe oder Der Floh* [1864]. In: *Münchener Bilderbogen* 17 (1864), Nr. 390. – Deutsche Digitale Bibliothek. Ruprechts-Karls-Universität Heidelberg. Universitätsbibliothek, https://doi.org/10.11588/diglit.51449.

Abb. 20: Glück, Gerhard: *Flohwalzer. Nur noch 3 Prozent aller Hunde können den Flohwalzer auswendig spielen.* – © Gerhard Glück und Lappan Verlag, Johannes Swirski, Schulung und Beratung für Print und Media, Oldenburg.

Abb. 21: Ter Borch, Gerard / Terborgh der Jüngere: *Ein Knabe flöht seinen Hund* (ca. 1655). – Bayerische Staatsgemäldesammlungen, Alte Pinakothek, Inv.-Nr. 589. – © bpk-Bildagentur, Berlin.

Abb. 22: Spitzweg, Carl: *Der arme Poet.* 1839. Bayerische Staatsgemäldesammlungen. Neue Pinakothek München, Inv.-Nr. 7751. – Sammlung | Der arme Poet (pinakothek.de). URL: https://www.sammlung.pinakothek.de/de/artwork/9pL3KbKLeb.

Abb. 23: La Tour, Georges de: *Femme à la puce* (ca. 1632–1638). © Palais des ducs de Lorraine – Musée Lorrain, Nancy. Claire Tiné / Bénédicte Pasques, Service de documentation du Musée Lorrain. Foto: Michel Bourguet.

Abb. 24: La Tour, Georges de: *Femme à la Puce* (Detail von Abb. 23). Palais des ducs de Lorraine – Musée Lorrain, Nancy.

Abb. 25: Čapek, Josef: *Blecha* (*Der Floh*), 1916. – © North Bohemian Gallery of Fine Art in Litoměřice. Inv.-Nr.: O – 326 (mit besonderem Dank an Alena Berankova). Foto: Jan Brodský.

Abb. 26: Blake, William: *The Ghost of a Flea* (ca. 1819/20). Tate Gallery, Inv.-Nr.: NO 5889. – © Picture Library Executive / Tate Images Millbank, LondonSW1P 4RG (mit Dank an Louise Burley).

Abb. 27 und Abb. 28: Hoffmann, E. T. A.; und Thiele, Carl Friedrich: Originalumschläge (Vorder- und Rückseite der Erstausgabe) von *Meister Floh. Ein Mährchen in sieben Abentheuern zweyer Freunde.* Frankfurt am Mayn: Friedrich Wilmans 1822. Privatbesitz, Basel. Fotos: Ulrich Stadler.

Abb. 29: Gravesande, Willem Jacob: *Physices elementa mathematica, experimentis confirmata* [...]. Leiden: Johann Arnold Langerrak und Johann und Hermann Verbeek 1742, Bd. 2, S. 878, Tafel 109. – Universitätsbibliothek Basel, Signatur: RC 345:2.

Abb. 30: Nollet, Jean-Antoine: Lichtstrahlführung beim Sonnenmikroskop (Fig. 23 und 24) und bei der Laterna Magica (Fig. 22). In: *Leçons de Physique experimentale.* Paris: Durand 1777, 5. Bd., 17. Übung, S. 580, Tafel 10. – © Bibliothek des Heinrich-Suso-Gymnasiums, D – 78464 Konstanz, Signatur: Ja 155–5 (mit Dank an die Herren Dr. Ralf Weissenborn und Arnd Rummler).

Abb. 31: Robertson, Etienne Gaspard: La fantasmagorie du professeur Robertson (1797). Aus: *Mémoires récréatifs, scientifiques et anecdotiques* du physicien-aéronaute E. G. R., 1. Bd., Paris: La Librairie de Wurtz 1831, Frontispiz.

Abb. 32: Gröhn, Carsten: *Einschlüsse im baltischen Bernstein.* Kiel: Wachholtz Verlag 2015, S. 379. – © Carsten Gröhn, der mir dankenswerterweise die hier gezeigte Abbildung unentgeltlich zur Verfügung stellte.

Dank

Allen, die mich ermutigt und durch Hinweise, Rat- und Vorschläge, aber auch durch Einwände unterstützt haben, möchte ich herzlich danken, namentlich Emil Angehrn, Daniel Arnet, Hans-Georg von Arburg, Michael Barczay, Thomas Bein, Alena Beránková, Peter Bichsel, Ursula Caflisch-Schnetzler, Horst Conradt, Evelyn Dueck, Elisabeth Frey Lutz, Davide Giurato, Wolfram Groddeck, Carsten Gröhn, Yvonne Häfner, Stefan Keller, Harald Liehr, Peter Litwan, Heiner Löffler, Suzanne Meier-Courtin, Dominik Müller, Sonja Peschutter, Christoph Riedweg, Ursula Seeber, Corinne

Siegrist, Katharina Steffen, Michael Stolleis†, Monika Stucky, Margrit Tröhler, Wilderich Voermanek, Karl Wagner, Ernest Wichner, Chris De Wulf.

Besonderer Dank gilt denen, die einzelne Kapitel begutachtet und kritisiert haben: Johannes Anderegg, Wilhelm Bleek, Wolfgang Bunzel, Andreas Chiquet, Thomas Fries, Christiaan Hart Nibbrig, Melanie Hart Nibbrig, Luzi Keller, Daniel Meister, Paul Michel, Claudia Roost, Felix Schneider, Eva Stadler, Anton Waldt, Christine Weder und Christoph Wegmann.

Personenregister

Erfasst werden die Namen der im Text (ohne Anhang) und in den Anmerkungen erwähnten Personen. Die schwarzen Zahlen verweisen auf Seiten im Text, die roten auf Anmerkungsnummern.

Das Signet des Schwabe Verlags ist die Druckermarke der 1488 in Basel gegründeten Offizin Petri, des Ursprungs des heutigen Verlagshauses. Das Signet verweist auf die Anfänge des Buchdrucks und stammt aus dem Umkreis von Hans Holbein. Es illustriert die Bibelstelle Jeremia 23,29: «Ist mein Wort nicht wie Feuer, spricht der Herr, und wie ein Hammer, der Felsen zerschmeisst?»